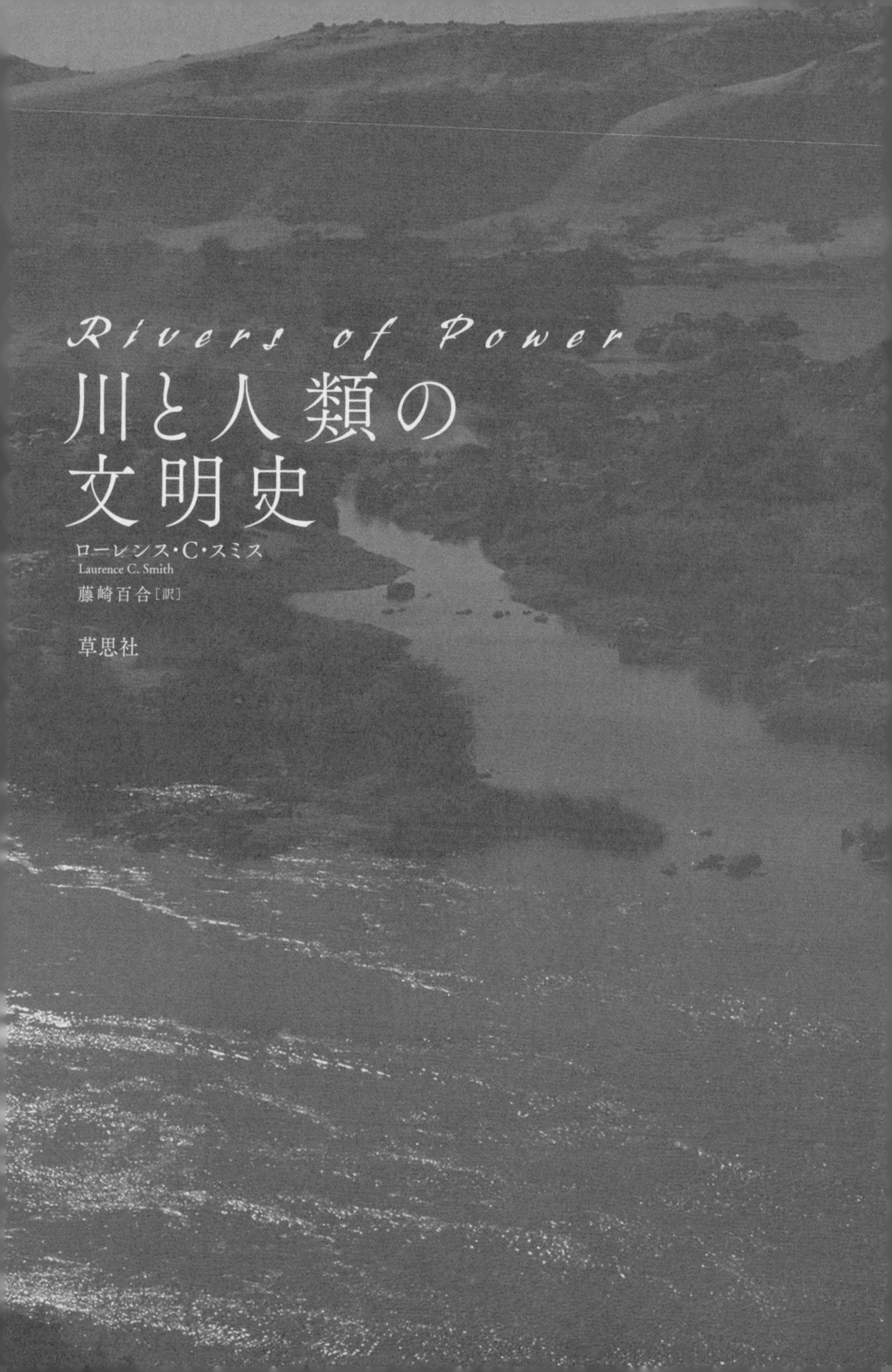

Rivers of Power

川と人類の文明史

ローレンス・C・スミス
Laurence C. Smith
藤崎百合［訳］

草思社

RIVERS OF POWER
HOW A NATURAL FORCE RAISED
KINGDOMS, DESTROYED CIVILIZATIONS,
AND SHAPES OUR WORLD
by **Laurence C. Smith**

Japanese translation rights arranged with
Brockman, Inc., New York

カイロのローダ島にあるナイロメーターは861年から1887年まで運用されており、古代エジプトの技術が最近まで使われた一例となっている。ナイロメーターで、ナイル川の年に一度の氾濫状況を把握することで、ファラオは農作物の生産高や民からの税収を最大化していた。(ルイ・アーグによるリトグラフ、1846年頃)

テキサス州エルパソに沿って流れるリオ・グランデは、テキサス州とニューメキシコ州の政治的境界線として(上図)、さらに米国とメキシコの政治的境界線として(下図)使用されている。アメリカとメキシコの国境には、リオ・グランデと並行してアメリカ運河の急な流れがあり(下図、右の水路)、不法入国をしようとする移民にとって危険な障害となっている。(ローレンス・C・スミス)

2017年、ミャンマー軍による激しい武力弾圧で追われた70万人以上のロヒンギャ（イスラム教を信仰する少数民族）が、国境のナフ川を渡ってバングラデシュに入国した。彼らの運命は今も不確定なままだ。（UNHCR/ロジャー・アーノルド）

現実世界で『地獄の黙示録』を経験したのは、メコンデルタの複雑な水路でベトナム戦争を戦った、リチャード・ローマンをはじめとするアメリカ合衆国や南ベトナム、北ベトナムの数知れぬ元兵士たちだ。米軍の機動河川軍は、河川戦のために特別改造した舟艇で編成される沿岸海軍を送り込んだ。そこには、土手で隠れたベトコン陣地を攻撃するために改造された、火炎放射艇「ジッポ」の姿もあった。

エジプトや世界銀行に逆らって、エチオピアはナイルの主要支流である青ナイル川に大エチオピア・ルネサンスダム（GERD）を建設している。写真は2018年に撮影されたものだが、GERDはエチオピアの国民的誇りの源となり、地域がもつ力の強い主張のあかしとなっている。（ギディオン・アスファウ）

1970年、共和党のリチャード・ニクソン大統領は就任後初の一般教書演説で、費用のかかる包括的な計画を発表した。その計画とは、アメリカの水質汚染と闘うこと、そして公害についての国家基準を科学的根拠に基づいて決定・施行する連邦機関を新設することだった。同年末に、ニクソンの大統領令によって環境保護庁（EPA）が設立された。写真ではニクソンの後ろに座っている民主党のジョン・マコーマック下院議長が驚いているように見える。

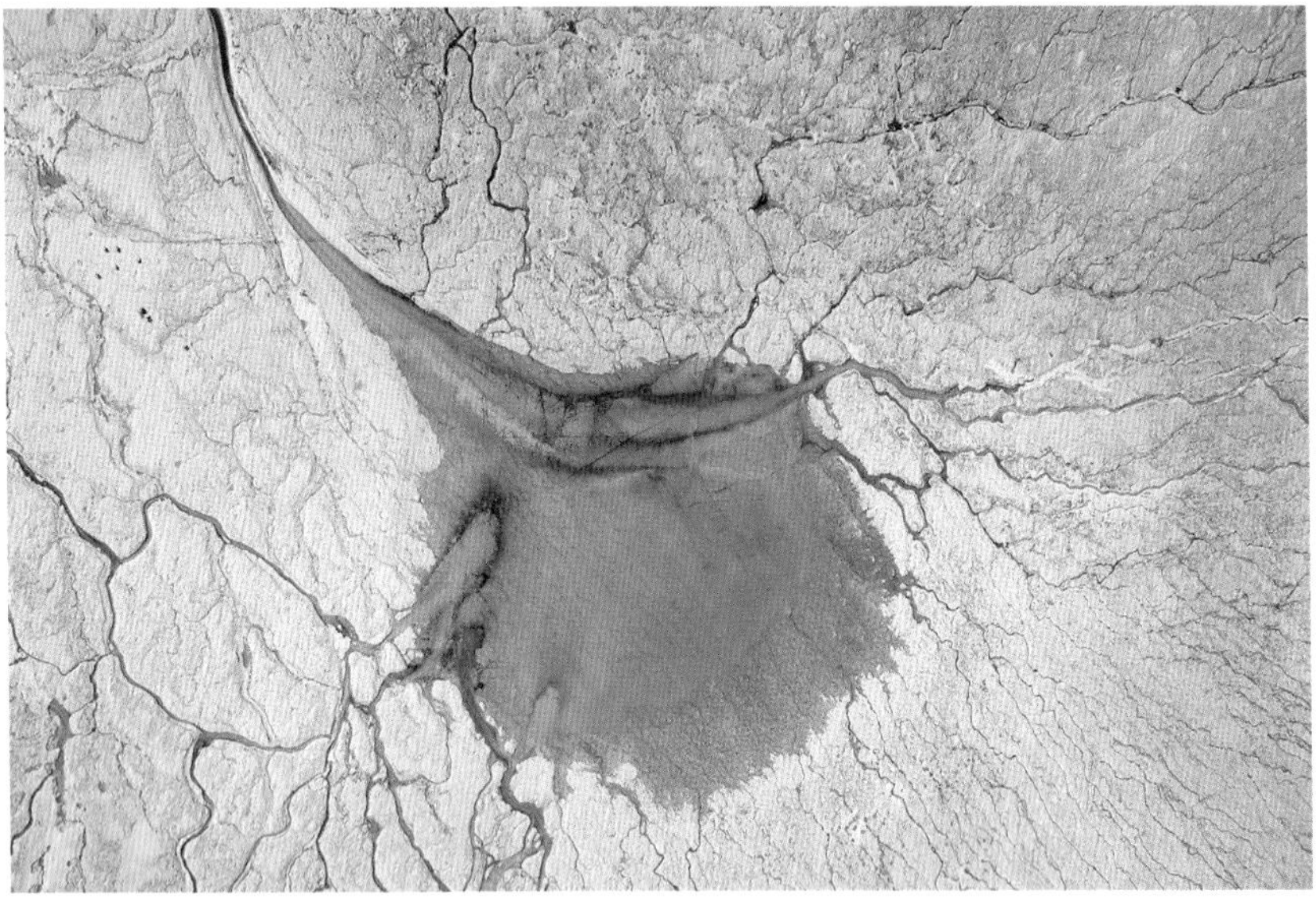

グリーンランド氷床の南西部では、夏に大規模な融解が起こり、氷河上に湖や小川、川、そして氷河甌穴（おうけつ）ができる。これらによって、融氷水は氷床から海まで排出される。このプロセスは地球全体の海面上昇に直接寄与するものであって、現在、科学研究が精力的に進められている。写真は科学用の固定翼型ドローンで撮影されたものだが、左上の隅に、現地調査を行っている著者らのテントがいくつか写っているので、縮尺がわかるだろう。（ジョン・C・ライアン）

故アルベルト・ベーハー博士。NASAジェット推進研究所で業績を残したロボット工学者で、極限環境において科学データを収集するための低コストの自律型センサーの開発に情熱を注いだ。写真は彼が、グリーンランド氷床上を流れる融氷水の河川に、無人探査船を進水させる準備をしているところ。（ローレンス・C・スミス）

水田漁業とは、季節ごとの洪水のサイクルを利用して作物とともに魚を育てるという、農村部の貧しい人々が採り入れられるユニークで持続可能な養殖方法だ。雨季になると、カンボジアの水田は水で溢れ、誕生した魚でいっぱいになる。水が引くとともに、魚も、掘ってつくられた捕獲用の人工池へと移動して、投網（上図）や池の排水（下図）によって捕獲される。（ローレンス・C・スミス）

ジェフリー・カイトリンガー（左）は、南カリフォルニア都市圏水道公社の代表執行役であり、新たな水のリサイクルプログラムの起工式を取り仕切っているところ。このプログラムによって、まもなくカリフォルニア州南部のロサンゼルスとオレンジ郡の住民に水が供給されることになる。水源は地域最大の下水処理施設のひとつであって、その一部が写真の背景に見えている。（ローレンス・C・スミス）

グラインズ・キャニオンダムは1世紀近くにわたりエルワ川をせき止め、チヌーク（キングサーモン）をはじめとする回遊魚の通路を塞いでいた。最後の爆破でダムが破壊されてから数日のうちに、この場所を泳ぐチヌークの姿が目撃された。老朽化したダムの撤去は北アメリカやヨーロッパで増加傾向にあり、河川をより自然で自由に流れる状態に戻すのに役立っている。（ジョン・グスマン）

SWOT（表層水観測衛星）衛星ミッションのイメージ図。NASA（アメリカ）、CNES（フランス）、CSA（カナダ）、UKSA（イギリス）の共同ミッションである。このSWOTによって、地球上に無数ある川、湖、貯水池の水位変化が追跡され、地球上の淡水資源に対する監視能力が大幅に向上するだろう。（NASA）

ハドソンヤードは、米国史上最も費用をかけた都市再開発プロジェクトによるもので、ロウアー・マンハッタンのハドソン川沿いの11万平方メートルに及ぶ鉄道車両用地にそびえ立っている。250億ドルが投じられて、複合的な住宅、店舗、公共緑地の建設が進められている。（ローレンス・C・スミス）

ニューヨーク市での結婚式、ピア61の先端部にて。ロウアー・マンハッタンでハドソン川に突き出しているピア61は、かつては船舶が発着する埠頭であったが、今ではイベントスペースとして再利用されている。（ローレンス・C・スミス）

上海では、黄浦江（こうほこう）沿いに豊かな緑地と公園の建造が進められている。上海の歴史的エリアである外灘（ワイタン）は2010年に再生され、黄浦江の両岸を再開発する長期計画の支柱となっている。（ローレンス・C・スミス）

川と人類の文明史　目次

すばらしきセルマ・アストリッドと、
彼女の力強い流れに捧げる

プロローグ

はじめての雨が降ったときに、世界のあり方は永遠に変わった。

本当はもう1億年ばかり早めに起きていたはずの変化だったが、他の惑星と衝突したのだから仕方がない。ぶつかってきたのは、火星ほどの大きさの惑星だった。衝撃はあまりに大きく、原始地球は炎に包まれてほとんど溶けてしまった。そして、そこから飛び出した巨大な欠片《かけら》が、月になったようだ。残った地球の表面では、荒れ狂うマグマの海が渦巻いていた。

その後、原始地球の地表が冷え始める。マグマの海の表面が固まり、鉄を多く含む岩が地殻となった。より軽い地殻も形をとり、溶鉱炉のスラグのように漂っていた。現在では安価な宝石として知られるジルコンが、少しではあるが、結晶化し始めていた。オーストラリアやカナダ、グリーンランドの太古の岩石のなかで、その時代の名残であるジルコン結晶が今も発見されることがある。

オーストラリアで発見されたジルコン結晶は、はるか44億年前のものと判明した。つまり、地表での大陸地殻の形成は、これまで考えられていたよりもずっと早くから起きていたのだ。46億年前に宇宙塵やガスが渦巻く円盤から地球が誕生して、そのわずか2億年後に始まっていたらしい。こういった結晶の化学組成からわかるのは、地球は他の若い惑星との衝突により激しい火山活動が生じ炎熱の世界が広がっていたにもかかわらず、少なくとも微量の液状の水がすでに存在していたことだ。

ミニチュアのタイムマシンであるジルコンをとおして、私たちは地球の最初の地質時代である冥王代（〈Hadean〉由来はギリシャ神話の冥府の神ハデス）と、次の太古代（〈Archean〉由来はギリシャ語で「はじめ」を意味するアルケー *arkhē*）をのぞき見ることができる。ジルコンの化学組成から、地球初期のマグマの海が急速に冷えて、その後すぐに大陸と水が現れたことがわかるのだ。

遅くとも40億年前には、原始の空から雨が降っていた。水が溜まって湖となり、地中へと染み込む。地表を伝う水が、細い流れに、小川に、そして川となって、新しく生まれた海へと注ぎ込んだ。水は蒸発して有毒な大気中へと広がり、凝結して雲となり、雨となって再び地面へと降り注ぐという循環が完成した。水は、まだ若く厚みを増しつつある地殻への浸食を開始し、こうして水と大地の永遠の戦いが始まった。

雨は少しずつ高地を崩し、低いところに溜まった。岩を砕き、鉱物を溶かす。山を削り、その残骸を低地へと押しやった。雨粒が出会い、集まり、その強さを増した。合流を何度も繰り返し、数えきれないほどの雨粒が合わさって、大きな力となる。こうして、川が誕生した。

川にはひとつの役割があった。すべてを下流へと運ぶことだ。下へ、下へ。そして海へ。衝突した地殻が隆起して山になった場所では、水と重力が協力して山を削った。地殻プレートが身をよじって新しく海ができると、川はそこをこつこつと埋め立てた。たくさんの根が1本の茎へと収斂するように、濁った泥水が合流する。砂利が押し合いへし合いして流れは分岐しつつ、すべてが最後の目的地を目指すのだ。

流れの終着点で、川はその生涯を終えて海や湖とひとつになる。旅路の果てまでやってきた川は、堆積物をそこに落とすと、蒸留酒のように蒸発し、再び空高く上昇し、舞い戻った先の高地を攻撃し、平らにし、運び、再び捨てる。山々は頑丈だが、もっとも力強い頂きですら、この休むことのない敵の前には陥落するしかない。水の循環は、あらゆるものに打ち勝つのだ。

遅くとも37億年前には、川は堆積物を世界中の海へと着実に押し出していた。その数億年後、地球で最初に光合成を始めた青緑色の藍藻《らんそう》（シアノバクテリア）が、酸素を含んだ空気を生成するようになった。そして、約21億年前に、この酸素生成量が急増する。黄鉄鉱（別名を fool's gold〈愚者の黄金〉という）など、酸化しやすい鉱物は川底から姿を消した。また、世界中で、鉄分を豊富に含む土壌が錆のように赤くなった。

さらに、10億年以上が経過した。そして、今から8億年から5億5000万年前にかけて、海で生成される酸素の量が再び増加した。海綿や扁形動物など、奇妙な姿をした海の生き物が誕生する。これらの初期の生物はその後もしぶとく生き延び、進化し、ついには奇妙にして豊かな形で世界中にはびこるようになった。

その間に、大陸は厚さを増し、そしてぶつかり合った。新しい山脈が盛り上がっては崩れた。山をつくりあげていた岩石は、その姿を変えはしたが、物質として失われることはなかった。容赦のない川の流れによって岩の欠片が低地へと運ばれ、流域に広大な平原が形成された。運ばれたものが何層にも分厚く積み重なって、盆地や海をゆっくりと埋めていった。河口にできた三角州が広がり、はるか沖合にまで新しく土地が押し広げられた。

川は、本当に、あらゆるところに存在する。軌道をめぐる宇宙探査機によって、私たちは他の世界にある川の姿を見ることができる。かつて水が豊富にあった火星の地表には、古代の川によってつくられた、今では乾いた水路や三角州、層状の堆積物が残っている。また、土星から遠く離れた衛星タイタンの極低温の表面では、今この瞬間にも川が盛んに流れている。流れているのは液体メタンで、その流れが削る川床は氷だと考えられているのだが、その流れがつくる谷や三角州や海などのパターンや地形は、薄気味悪いほど地球に似ている。

地球の海は、他の海とつながったり、陸に閉じ込められたりした。河川の堆積物の一部は、沈もうとする構造プレートに乗ってマントルの奥深くに引きずり込まれ、そこで猛烈な勢いで圧迫され、加熱された。このような堆積物は大陸の厚さを増すとともに、まるでラバランプのなかで熱せられたワックスのように上昇し、冷えて、新たな山脈の頑丈な基部となった。いずれは、この物質の一部が表出し、細かく砕かれ、またもや川によって運ばれて、海へと向かう新たな旅路につくのだ。

私たちの世界で、この破壊と建設のプロジェクトが終わりを迎えることはない。山脈は隆起し、叩きつけられて砂となる。岩屑は、流域へ、三角州へ、沖合の大陸棚へと運ばれる。プレートテクトニクスと水という古《いにしえ》の二大勢力が織りなす、世界の表面を形成するという戦いのなかにあっては、どれほどの地震も地滑りも荒れ狂う洪水も、ほんのわずかな痕跡にしかならない。この戦いは少なくともあと28億年ほどは続くだろう。死に向かい膨張し続ける太陽が、地球上の最後の一滴を蒸発させる、そのときまで。

現在、川は、その積み荷を海まで運ぶのに苦戦している。ガチガチに固められた都市部を通り、ダムに阻まれ、工学者により管理され、ほとんどの人からは顧みられることもない。それでも、最後に勝つのは川なのだ。人間がいなくなっても川は存在し続けるのだから。

だが人間はといえば、川がなくては生き延びられない。

人間が川を利用する方法は土地によって異なり、また時代とともに変化してきた。しかし、人間にとって川が重要であることに変わりはない。川から人間が得られる基本的な利益には5種類ある。アクセス、自然資本、テリトリー、健康な暮らし、力を及ぼす手段である。これらの利益の現れ方は変化してきた。しかし、これらの利益に対する人間の根本的なニーズは変わっていない。

たとえば、エジプトのナイル川は、かつては肥沃な泥土を多く含む氾濫という形で、自然資本を人々に与えていた。現在のナイル川から得られる自然資本は、水力発電、地元地域への給水、カイロ中心部の川沿いの高級不動産へと形を変えている。ニューヨーク州のハドソン川は、かつてはレナペ族に魚を与えていたが、やがて、ヨーロッパからきた移民たちにアメリカ大陸への輸送通路を与えるようになった。現在では、緑が少なく人で溢れかえる大都市ニューヨークに、貴重な水辺の公園へのアクセスを与えている。

このように細かい点は変化するとしても、5つの包括的な利益があることには変わりはない。現在のイラク、インドおよびパキスタン、エジプト、中国において、それぞれチグリス・ユーフラテス水系、インダス川、ナイル川、黄河のほとりに人類史上で最初に巨大社会が誕生して以来、川はこうしたさまざまな形によって、人類の文明に貢献してきた。

どの時代にあっても人間が常に川に惹かれ続けてきたことは、芸術や宗教、文化、文学などからはっきりとわかる。川は、ゴッホやルノワールの絵のなかに、ジョン・ミューアやH・D・ソローの描写のなかに、ヨハン・シュトラウス2世やブルース・スプリングスティーンの音楽のなかに流れている。マーク・トウェインの『ハックルベリー・フィンの冒険』から、コッポラの『地獄の黙示録』に至るまで、不朽の名作の数々が、想像の世界の深淵なる水のなかから生まれているのだ。

世界中の人々が、小川や噴水や睡眠補助装置から聞こえてくるせせらぎの音で癒やされている。ガンジス川での沐浴は、数多《あまた》のヒンドゥー教徒にとって感動的な宗教体験であって、それは熱心なキリスト教徒にとっての洗礼式と変わらない。人間の知識、文化、権力が生み出される場所であるほぼすべての大都市において、その中心に川が流れている。

本書で強く訴えたいのは、人間の文明に対する川の重要性が、とてつもなく過小評価されているということだ。もちろん、川にはさまざまな実用的な面での重要性があって、たとえば飲み水、発電所の冷却水、下水処理などに利用されている。しかし、もっと見えづらい形でも、川は人類に大きな影響を与えている。

世界の大陸で繰り返されてきた探検や植民地化は、川の流れが導いたものだ。戦争、政治、社会的人口動態は、川の壊滅的な氾濫によって大きく揺さぶられてきた。川によって国境が定められた場所もあれば、川が国境を横切って流れているために国家間の協力が余儀なくされた場所もある。私たちは、エネルギーや食糧を生産するために川を必要とする。国家の領有権の主張、国家間の文化的・経済的な連携、人々の移動、そして人類の歴史のいずれもが、それらをさかのぼってみれば、川へ、その流域へ、流れが大地に刻み込んだ地形的な分水界（流域の境目）へと行き着くのだ。

川は美しい。しかし、私たちの心を捉えているのは、川の美しさだけではない。川という自然の地理的特徴と人間とが先史時代からはぐくんできた密接な関わりによって、川の魅力が生まれるのだ。アクセス、自然資本、テリトリー、健康な暮らし、力といったものを得るために、私たちは川に頼ってきた。この関係が、何千年にもわたって私たちを支え、今もなお私たちを捉えている。

第1章　川と文明

ナイル川の氾濫を予測

カイロの賑やかな中心街のほど近く、造成された島の端に、目立たない正方形の建造物がある。分厚い石の壁の上には、円錐形の屋根がかぶさっている。周囲には小さな城や、アラブの名歌手ウンム・クルスームを記念する博物館があり、すぐそばをナイル川が流れている。

この構造物に入るとわかるのが、下部は石造りの井戸のようになっていることだ。広さは4平方メートル近くで、地下へとまっすぐに掘られている。周囲の壁に沿って、石の階段がぐるぐると取り付けられている。この空間の中央で真上に伸びているのは、まるで暗闇から生え出たかのような巨大な大理石の柱だ。この八角柱の側面には、深く刻みつけられた印がほぼ等間隔で縦に並んでいる。井戸の底近くの壁からは、3本の地下トンネルがナイル川へと放射状に延びている。

中東でもっとも人口が多い街の喧騒も、この井戸の内側までは届かない。見ただけではわからないが、縦穴全体がコンクリートで覆われているうえに、3本のトンネルも塞がれているのだ。これらのトンネルを再び開放すれば、ナイル川の水が流れ込み、川の水位と同じ高さまで水が溜まるだろう。つまり、中央の柱に刻まれた印は川の水位を測るために使われていたものらしい。この装置と他の何十という同様の装置が、5000年にわたり、エジプト文明の繁栄とその生き残りのために重要な役割を果たしていた。

この構造物は「ナイロメーター」（アラビア語で *miqyas*）と呼ばれる。これを使って、エジプトの統治者は毎年のナイル川の氾濫状況を常に把握し、治世の助けとした。ナイル川の氾濫は予測しやすさにおいて世界有数である。毎年夏になると、大地を焦がす灼熱の日差しのなか、雨も降らないのに、不思議なことに数週間かけて増水し、土手を越え、緩やかに氾濫して、その後ゆっくりと水が引いていった。現在のサハラ砂漠に住んでいた古代の人々にとって、この毎年起きる理解を超えたすばらしい現象は奇跡的な恩寵であった。なぜ毎年決まって水が溢れるのか、その具体的な理由はまったくわからないものの、その凄まじい力については理解していた。

古代エジプト人にとって、いかにナイル川の氾濫が重要であったのか、言い表しようがないほどだ。氾濫のおかげで、砂漠でも植物を栽培し、家畜を育てることが可能となり、その結果この地で文明が興り存続し得たのだ。そう考えると、ナイル川が氾濫する日や水位を正確に知ることが、エジプトの統治者にとってどれほど重要であったのかわかるだろう。

人々がナイロメーターをじっと見つめるなか、水位は少しずつ上昇し、やがて止まり、今度は少しずつ下がり始める（カラー口絵参照）。こうしてその年の最高水位に達したことがわかると、宣言が発せられ、触れ役が大声で知らせてまわり、奴隷たちは仮ごしらえの土堤を大急ぎで崩して、ナイル川の水を干上がった大地へと流し入れた。照りつける太陽のもと、川の水は低地いっぱいに広がり、数週間だけ大地を潤した後に引いていった。農民はすぐさま、残された肥沃な泥に種を押し込む。やがて、砂漠にうねる暗色の帯のようなナイル川沿いの低地と、その先にある地中海に突き出た葉っぱのような形の三角州とが、緑色に染まった。作物には水が行きわたり、今年もまた人々が生き延びられることが約束されたのだ。

エジプトの統治者たちは、種まきが始まる前から、その年の収穫量を予想できた。その年が豊作となって祭りをおこなえるのか、あるいは飢饉となるのかがわかっていたのだ。彼らはナイロメーターに残された洪水の最高水位から、周辺の土地がどれだけ広く浸水して栽培に適した状態になるのかを読みとった。穀物の生産量が前もってわかるので、それに応じてその年の税が決定された。

為政者たちの権力の源泉

現在のカイロにあるローダ島のナイロメーターは861年に建造されたもので、エジプトでも最古の部類に入る。初期のナイロメーターは、今はもうない古代の流路沿いに、何千年も前につくられた。

ナイロメーターは、これまでに少なくとも4タイプが発見されている。1つはシンプルな石柱。2つ目が、壁や通路に水中へと降りていく階段がついているもの。3つ目は、円柱状の井戸（壁面に階段が取り付けられていることが多い）が川とつながっているタイプ。そして4つ目が、ローダ島のナイロメーターと同じような、井戸と石柱が組み合わさったタイプだ。等間隔の印は、「キュビット」という長さの単位で計測するための目盛りだ。1キュビットは、男性の肘から指先までの長さ（45～50センチメートル）である。

定量的な科学的測定と公衆衛生とを直接結びつけたおそらくは最初の例と思われるが、古代ローマの博物学者プリニウスは、メンフィス（ナイル川河口のデルタ地帯にかつて存在した都市）のナイロメーターから得られるデータをもとに、古代エジプトの庶民の食糧状況を予測した。その記述によると、12キュビットが意味するのは飢饉による死、13キュビットは空腹、14キュビットは安心、15キュビットは万事問題なし。そして16キュビットならば、限りない喜びを意味していたという。

何千年にもわたり、エジプト人は（そして後には侵略者たちも）、ナイロメーターを利用して、ナイル川の年に一度の氾濫状況を把握していた。この測定値の意味は非常に大きく、農作物の生産高や税収といった他の主要な記録とともに、年間の水位も、王朝年代記として知られる重要な石板（碑）に刻まれた。この王朝年代記で現存するのは7つの断片のみで、カイロ、ロンドン、パレルモの博物館に所蔵されている。

ところが、何十年にもわたり、これらの断片の重要性は認識されていなかった。翻訳されておらず、ほとんどが適当な古物商から購入されたものだったためだ。戸口の敷居として使われていたところを発見された断片もあるという。なかでも特に大きくて保存状態の良い断片は、パレルモの博物館の中庭の片隅にずっと放置されていたのだが、1895年に博物館を訪れたフランス人によって再発見された。

現在「パレルモ石」と呼ばれているその断片は、6個のお仲間とともに、これまでのどの考古学的発見にも勝る、古代エジプトの歴史を解明するための光明となっている。紀元前25世紀のエジプト第5王朝期に彫られたこの石板には、ナイル川の毎年の氾濫時最高水位が、第1王朝の初期にあたる紀元前3100年頃にまでさかのぼって記録されている。つまり、ナイル川氾濫の歴史が、人類史上最長の科学データとして残っているのだ。研究者たちはこの記録をもとに、自然界の気候変動から古代エジプトにおける社会的動乱まで、さまざまなことを明らかにしてきた。

1970年代初頭にハーバード大学の天文学者バーバラ・ベルがはじめて気づいたのは、ナイル川氾濫時の低水位と、いわゆる第1暗黒時代との関係だった。この時代に、長く安定的に存続した文明が混乱のなか崩壊し、第6王朝が、そしてエジプト古王国の時代が終焉を迎えたのだ。エジプトの歴史においてもっとも悲惨なこの数十年間で社会秩序は大きく乱れ、反乱、殺人、略奪、墓荒らしなどが横行し、怯えた農民は種まきにも出なくなった。

これほどの状況に陥るのはまずないことだった。このような事態を防ぐために、エジプトの統治者は、ごく限られた人しかナイロメーターの情報を得られないようにしていたのだ。支配下にある神殿の内部や隣接地にナイロメーターを設置し、目盛りの読みとりが許されたのは神官や高官だけだった。農業計画はこのシステムを中心として立てられた。これが、ファラオを擁する王朝が約3000年にわたって存続し得た理由のひとつである。エジプトの統一的な国家（紀元前3100年頃の第1王朝）が誕生してからアレクサンドロス大王による征服を経て紀元前30年にローマ帝国に接収されるまでのあいだに、暗黒時代が到来したのは3度しかない。

エジプト最後の独立君主となった美貌の女王、クレオパトラ7世が、毒に侵され死の床にあってナイロメーターの重要性に思いを馳せたかどうかは知るよしもない。だが、ナイロメーターが王朝の遺産として確固たる位置を占めていたのは確かだ。エジプトがローマ帝国の属州となってからは、ナイル川流域での収穫で、ローマ帝国の穀物供給の約3分の1がまかなわれた。また、カイロのナイロメーターは1887年まで、1000年間も稼働し続けた。

洪水を利用した灌漑農業は1970年まで続けられた。この年にアスワン・ハイ・ダムが完成し、ナイル川下流域での氾濫はもうなくなった。つまりエジプトは、洪水灌漑というナイル川の自然資本を、制御可能で安定した農業灌漑および水力発電と交換したのだ。何千年にもわたり、毎年の洪水というナイル川の恵みによって、エジプトの人々の生活は支えられ、またその為政者たちの権力が強固に守られてきた。この洪水がなければ、史上もっとも安定した輝かしい文明のひとつは、存在しなかったに違いない。

「川の間の土地」に生まれた最古の都市

エジプトの古代王朝は類を見ないほど長く続いたが、河川によりつくられた最初の社会というわけではない。紀元前4000年には――エジプトで最初のピラミッドが建造される1000年以上も前のことだが――古代文明シュメールによって世界最古の都市がいくつも誕生していた。

場所はメソポタミアの下流域で、現在のイラクのバグダッドの南。チグリス川とユーフラテス川に挟まれた、乾燥しているけれども肥沃な平原である。この文明の起源はさらに古く、おそらくは紀元前7000～6000年頃に、イラク北部で小規模農業を営む人々が河川の灌漑を試みたのがその始まりのようだ。自然な流路から農地へと水を引くために彼らが考案した技術によって、人類の永続的な発明である「都市」への道が開かれたのだ。

「川の間の土地」を意味するメソポタミアは、エジプトとはまったく違っていた。ナイル川の水は、徐々に、穏やかに大地に溢れ、その到来は8月と、農業用水がもっとも必要となる時期に一致していた。一方、チグリス川とユーフラテス川の氾濫は3月から5月にかけてで、種まきには早すぎる時期だった。灌漑に使用するには、堰《せき》をつくって水を溜めておいたり、小さくて細長い複数の畑へとうまく水を流し込んだり、年の後半の水位が下がる時期には本流よりも高い場所へと汲み上げておく必要があった。

これらの川の氾濫の勢いは凄まじく、予測もできず、大きな被害がもたらされた。ナイル川は安定した1本の水路を緩やかに流れていたが、特にユーフラテス川は無鉄砲に枝分かれし、突然にそれまでの河道を放棄して新しい流れをつくることもあった。こうした突発的な流路の変転によって、堤防や灌漑用水路をつくるために費やされた長年の努力が一瞬にして無に帰すのだった。

メソポタミアの農民に選択の余地はなかった。変遷する流路に合わせて新たな水路を掘り、古い水路に詰まった泥土を取り除くしかない。流路が突発的に変わらなくても、「川の間の土地」は繰り返し破壊的な洪水に襲われては農民の労力が水泡に帰し、農地が無用の砂の下に埋もれた。洪水や、流路の突発的な変転、土砂の堆積による被害はしょっちゅうで、手間のかかる農地と、断続的な建設と放棄が繰り返される灌漑設備によって、この地は揺れ動くパッチワークのように変化し続けた。

このように問題は多かったが、肥沃な平原に水を引くことで生産性は大きく高まった。収穫は自分たちでは消費しきれないほどになり、余った農作物を売買できるようにもなる。人口は増加し、紀元前5200年頃にはエリドゥやウルクといった集落が、流路を変える川の近くに現れた。こういった動きを推し進めた経済的・政治的な機構については今なお議論されることころではあるが、ひとつだけ確かなことがある。灌漑農業による余剰食糧がなければ、これらの集落は発展しえなかったはずだ。

こうして誕生した町が拡大するとともに、農業生産は強化され、灌漑用水路は複雑さを増し、用水計画は一元化された。意思決定権は都市部の司祭や官僚の手に渡り、支配階級を支えるため農作物に課税されるようになった。たとえば、牛に引かせて畑を耕す犂《すき》や、細長い形状の畑（正方形の畑よりも方向転換の回数が少なくてすむ）など、他の技術的な進歩によって、小麦や大麦の生産量はさらに増えた。

ウルクやエリドゥをはじめとするチグリス・ユーフラテス両河岸の集落は、地域の中心地として権力が集中し、強力な都市国家へと発展する。交易が盛んにおこなわれ、河川それ自体が船による重要な輸送路となった。紀元前4000年には、メソポタミア南部全体で都市化が進み、全シュメール人の約80パーセントが都市部で暮らしていた。人口10万人とも概算されるウルクは、史上かつてない規模の都市だった。

紀元前2000年を過ぎた頃、ウルクでの流路が大きく変わり、川はウルクを捨て去った。水を失い、人々も都市を離れた。現在の衛星写真を見ると、「川の間の土地」を横断する長年涸れたままの古代の川のかすかな痕跡に沿って、シュメールの何十という打ち捨てられた都市の跡と、何百もの遺跡が並んでいることがわかる。ウルクは、風に吹かれる砂に半ば埋もれているが、この閑散とした遺跡こそが最初の帝国の跡なのだ。この歴史深い地域において、これ以降数千年にわたり、数多くの帝国が――アッカド、バビロニア、アッシリア、オスマン帝国、イギリス、イラクが――盛衰を繰り返すことになる。

チグリス・ユーフラテスの方舟《はこぶね》

チグリス・ユーフラテス水系の絡み合うような水路が、食糧、水、貿易の輸送路となって、シュメールの都市国家は繁栄した。これらの都市から、組織立った政府、商業、宗教、そして世界最古とされる文学作品の数々が生まれた。

そういった作品のひとつが、現在のイラクの都市モスルの近くにあるニネベ遺跡から出土した、楔形文字が刻まれた12枚の粘土板だ。ある粘土板では、古代の預言者が神の啓示を受けて巨大な船を建造した話が語られている。その船は、すべての生き物の代表を乗せられるほどの大きさがなくてはならなかった。建造後、地平線から黒い雲が立ちのぼり、大洪水が世界を襲い、6日と7晩にわたり猛威を振るってあらゆるものを破壊し、残ったのはこの巨大な船だけだった。洪水が引いたとき、預言者と乗船者たちは船が山頂にあることに気づいた。誰にも怪我はなく、再び世界に人や動物が増えたのだという。

この洪水の話は、聖書の創世記にある「ノアの方舟」の物語によく似ているが、実は旧約聖書より1000年以上も前に記されている。ウルクの伝説的な王を描いた『ギルガメシュ叙事詩』の12枚の粘土板の1枚に書かれていた。紀元前1200年頃につくられた粘土板だが、物語の原型は紀元前2100年頃のものが見つかっている。それさえも、さらに古くからあった物語が変遷しつつ伝えられたのだろう。

考古学的証拠からわかるのは、ギルガメシュという名の王がかつて実在し、紀元前2800年から2500年の間のどこかの時点でウルクを統治していたことだ。ウルクは旧約聖書にも登場しており（創世記10章10節のエレク〈Erech〉）、『ギルガメシュ叙事詩』と聖書の「ノアの方舟」の物語には他にも類似点が多いことから、ともに古代イラクに共通の起源をもつと考えられている。シュメールの粘土板（およびその参照元であるさらに古代の記述）がつくられた時代にもとづくと、

「大洪水」伝説の起源は数千年前、おそらくは8000～1万2000年前のメソポタミアの新石器時代にまでさかのぼる可能性がある。

この時代に（あるいは他のどんな時代にも）地球規模の大洪水があったことを示す地質学的な証拠はまったく存在しない。しかし、現実に起きた地域的な大災害からこの伝説が生まれた可能性を示唆する、信頼性の高い研究はたくさんある。支持者の多い仮説のひとつが、地球レベルで海面が上昇したために、ボスポラス海峡を越えて黒海へと海水が押し寄せたのではないかというものだ。他にも、古代チグリス・ユーフラテス流域の河口が、今ではペルシャ湾の海底だと指摘する声がある。

今から約2万1000年前、地球を最後に訪れた氷河期の最盛期（これを最終氷期極大期［LGM］という）には、世界の海面は現在よりも平均で約125メートル低かった。ペルシャ湾は、今でこそドバイからクウェート市まで広がっているが、当時は淡水湖が点在する広大な低地だった。いまや世界で有数の戦略的・軍事的重要性をもつ、海上交通の要衝となったホルムズ海峡は、平坦で広々とした肥沃な流域だったのだ。

この古代の流域は、そのなだらかな地形ゆえに、世界の海面が急激に上昇すると水に覆われてしまった。およそ紀元前1万年から紀元前4000年のことで、大陸の氷床が溶け、気温の上昇に伴い海水が熱膨張したのがその原因だ。海面は上昇し、海は内陸1000キロメートルを越えて押し寄せ、川の流域は海底に没して現在のペルシャ湾となった。流域の地形はきわめて平坦であったため、海が内陸へと進む速さは1年に平均100メートル以上、ときには1キロメートル以上進むこともあった。

ペルシャ湾の今は泥に埋もれた海底に、人々が暮らしていたのだ。何世代にもわたって故郷の土地が容赦なく水没していくのは、無視しようのない、トラウマとなるような出来事だったに違いない。移住を余儀なくされた経験が、口承で（やがては書き記されて）子孫へと伝えられ、それがもととなって、ギルガメシュ叙事詩や旧約聖書におけるノアの方舟の物語のような、古代の大洪水伝説が誕生したのかもしれない。

サラスヴァティー川の消滅

詳しい研究が進んでいるエジプト文明とシュメール文明ではあるが、これら2つの文明をその圧倒的規模で霞ませてしまうのが、南アジアのハラッパー文明だ。この驚くほど高度な文明は、およそ紀元前2500年から1900年のあいだに、現在のパキスタンとインド北西部の広い範囲にわたり、インダス川とガッガル・ハークラー川、そしてその支流に沿って繁栄した。

インドのビッラーナーでの考古学調査によると、それよりも早く紀元前7000年から5000年のあいだに、ガッガル・ハークラーで集落が形成された可能性があるという。これが事実であれば、シュメールの都市国家のもととなる集落が形成されたよりも2000年近く前に、ハラッパー文明が誕生していたことになる。

ハラッパーの村や町、そして都市は、やがて100万平方キロメートル以上の地域に広がった。

ヒマラヤ山脈の麓からアラビア海沿岸まで続くその面積は、エジプト文明とメソポタミア文明を合わせたよりもまだ広い。その地で、文字、穀倉、れんがで内張りした井戸、都市計画などが発明される。さらに、洗練された都市の配管システムもつくられて、水道を引いた風呂やトイレ、送水路、下水道、密閉された下水道まで備わっていた。これらは古代ローマの近代性を特徴づける設備とされているが、実は、その約２０００年も前から、すでに存在していたのだ。

　エジプト人やシュメール人と同じく、ハラッパーの人々もまた川の民であった。泥土が堆積した肥沃な氾濫原に水を引き、小麦、大麦、雑穀、ナツメヤシなどの農作物を植えた。その余剰食糧によって、都市住民の暮らしが支えられていた。焼きれんが造りの、きっちりと設計された都市で暮らす人々だ。

　調査がもっともなされているのはモヘンジョダロとハラッパーという特に大きな２つの都市であり、現在のパキスタンで発掘が進んでいる。これらの遺跡は19世紀半ばに植民地時代のイギリスの鉄道技術者によって掘り起こされ、出てきた古代のれんがは線路のレールを支える砕石として使われた。こういった遺跡がいかに古く、どれほど重要であるかについては、最初の考古学的研究が始まった１９２４年まで認識されていなかったのだ。

　ハラッパー文明とそのすばらしく高度な技術がなぜ失われてしまったのか、理由はよくわかっていない。紀元前１９００年頃、ガッガル・ハークラー川の流域から人々の姿が急激に消えていった。現在知られているハラッパー遺跡はおよそ１５００あり、その約3分の2が、干上がった古代のガッガル川とその支流の痕跡に沿っている。

文明滅亡の最有力仮説とは、インドのモンスーンが長期にわたり弱化したために、これらの河川が涸れて、作物を育てられないほど周辺が乾燥したというものだ。現在の衛星画像からは、この乾ききった地域に、遠い昔の河川の跡が無数に走っているのが見てとれる。今残るガッガル川は、不安定で断続的な一筋の流れとなって、タール砂漠のなかに姿を消している。この消えた川が、神話におけるサラスヴァティー川の消滅に影響を与えたのかもしれない。サラスヴァティー川が最初に言及されたのは、紀元前約1500年に編まれた最古のサンスクリット語の聖典『リグ・ヴェーダ』であり、この川の消滅は現在もインドの重要な伝説となっている。

大禹《たいう》の帰還

さらに東では、肥沃ながらも多大な被害が出ることのあった長江（揚子江）と黄河の氾濫原で、中国文明が根を下ろしていた。紀元前6000年頃には、長江沿いの遠く離れた2カ所において、初歩的な稲作がおこなわれていた。それぞれ、現在の上海市と長沙市の近くである。わかっているなかで中国最古の水田は、現在の杭州の近くにある跨湖橋《ここきょう》遺跡で発見された、紀元前5700年頃のものだ。初期の馬家浜《ばかほう》文化や河姆渡《かぼと》文化では、食糧を、淡水の水生植物である野生のイネやハスの実やガマ、そして淡水魚に頼っていた。

北部の黄河流域では、紀元前5000年から3000年頃まで、仰韶《ぎょうしょう》文化と呼ばれる、粟《あわ》を主作物とする農耕民族が栄えていた。中国の最初期の文字はこの黄河流域で誕生した。最初は骨に刻まれ、次に青銅、木、竹、最終的に紙に書かれるようになった。これらの記録によると、中国の文明は黄河に沿って興り、三皇（3人の天子）、五帝（5人の聖君）、そして最初の3つの王朝（三代という）の夏《か》・殷・周と続く。中国の口伝によると、最初となる夏王朝は紀元前2200年から2070年の間に誕生し、その始祖が禹《う》（敬称は「大禹」）であったという。

　禹は中国の伝説的な王だ。『史記』によると、かつて大洪水が何度も大地を襲い、黄河流域の粟作農家を苦しめた。9年間、禹の父親は堰堤《えんてい》や堤防をつくり洪水をせき止めようとしたが失敗に終わる。父の取り組みを引き継いだ禹は、水をせき止めるのではなく、水路を新たにつくって排水することにした。13年間、水路を掘り、ときにはみずから作業者と肩を並べて働き続けた禹は、ついに黄河の治水に成功し、民衆の崇敬を集めたのだ。禹は政治的な力を強め、夏という中国で最初の王朝を創始し、みずからが王となった。以降、王位は世襲にて決定されることとなった。

　この伝説的な歴史は今でも中国で広く受け入れられているものの、実証主義の考古学とは合致しない。1920年代、懐疑的な歴史家グループである疑古派が現れ、禹や夏王朝の実在に疑問を投げかけた。特に、夏王朝が始まったとされる時期（紀元前2200年から2070年）の、黄河流域で出土した考古学的遺物に、目立った展開や新奇なものが見られないことが指摘された。陶器や青銅器、玉器などの革新の波が見てとれる二里頭《にりとう》文化の登場はそれよりも後のことで（早くて紀元前1900年）、従来の説による、伝説的な夏王朝が開始したとされる時期から少なくとも2世紀は遅れていた。

疑古派の登場から1世紀近くが経過した今、古代の洪水堆積物の分析と年代測定における科学的進歩によって、この問題に決着がつくかもしれない。2016年に北京大学の呉慶龍（Wu Qinglong）率いる研究チームが『サイエンス』誌で発表したのは、黄河上流でかつて大規模な洪水が発生したことを示す、地質学上の刺激的な証拠であった。

彼らの研究によると、黄河上流の積石峡（チベット高原近くにある深い峡谷）において、地震による地滑りが起きたという。崩れ落ちた土砂で峡谷は埋まり、高さ240メートルもの自然のダムが形成され、川の流れをせき止めた。その後ろに巨大な湖が生まれ、ついにはダムが決壊。一気に流れ出した水により、黄河の流域で大洪水が起きた。この洪水の堆積物に対して放射性炭素年代測定をおこなった結果、大洪水が起きたのが紀元前1922年頃（誤差28年）だとわかったのだ。

この年代は、積石峡の下流約2500キロメートルに位置する、二里頭文化の始まりの時期と完全に一致する。黄河は積石峡から大きくコースを変えて、華北平原に新たな流路を切り開いた。新しくできた河道の流れを安定化させて制御するには長い年月がかかったに違いなく、おそらくはこれが大禹（と父親）が治水事業に長い年月を費やしたという伝説に対応するのだろう。この突発的な流路変化が起きたときに、近くの場所で、陶器や青銅器、玉器などの爆発的な技術革新が起きた。このタイミングの一致は、「中国の文明は黄河流域での大洪水の余波から生まれたものであって、二里頭文化は実は『失われた夏王朝』である」という考えの裏付けとなる。

大禹が実在したのか、神話なのか、明らかになることはないかもしれないし、この研究を肯定するにも否定するにも、さらなる研究が必要である。しかし、この古代の伝説が示しているのは、黄河の治水の成功が、大規模な組織的労働やトップダウンの政治力、そして政治王朝の起源と、明らかに結びついていることだ。言い換えると、社会の大洪水からの復興が、4000年近くに及ぶ中国の王朝支配体制のきっかけになったのかもしれない。

「水利社会」がもたらしたもの

これまでに紹介した4つの偉大な文明の物語には共通点がある。いずれの文明も広大で平坦な流域に沿って形成され、肥沃な泥を含む土壌に恵まれながらも、降雨量は少なかった。これらの地域では雨水を利用した農業の継続は困難あるいは不可能であり、社会が存続し成長し続けるには河川の灌漑が必須の要件だった。

灌漑用水や、農耕に適した氾濫原の肥沃な土壌といった河川の自然資本は、人間の独創的な発明であるナイロメーターや運河、堤防、ダム、水を汲み上げる装置（たとえばアルキメデスのポンプ）などによって、活用・管理された。

洪水や流路変化、旱魃《かんばつ》はどの場所でも起きていたものの、農業は成功を収め、食糧を余らせること、特に貯蔵可能な穀物を余分につくることが可能となった。この余剰分を税として徴収したり、売買したりすることで、新たな職業や社会階級が、さらには都市の出現が可能となった。

自分が食べるための食料を生産するという日々の労働から解放された人々によって、新たな職業が生まれた。たとえば、書記、主計官、司祭、商人、政治家、兵士などだ。こういった人々は、寄り集まって暮らすようになり、交流しやすいけれど略奪者に対しては要塞にも変わりうるような集落をつくった。集落が大きくなれば、川を利用する新たな方法が開発される。集落への給水、下水処理、他の同様の集落との交易のために、川を利用するのだ。

このような社会の数が増え、また複雑さも増すにつれて、農作物の生産性の向上も求められるようになった。実際のところ、こういった偉大な文明の存続と政治的な安定性は、灌漑用水路の適切な維持管理にかかっていた。この必須要件の重大性から、ドイツ系アメリカ人の歴史学者カール・ウィットフォーゲル（１８９６〜１９８８年）は、これらの社会を「水利社会」と名づけている。

ウィットフォーゲルは、ヒトラーの強制収容所を生き延びた人物だ。ゲシュタポに国際的な圧力がかかったおかげで解放され、後にアメリカに移住し、アメリカ国籍を取得して研究者となり、コロンビア大学やワシントン大学で教鞭を執った。ウィットフォーゲルは、「完全なる恐怖の地獄」（彼はナチスの収容所をこのように表現した）での苛酷な経験のせいもあって、全体主義的な権力の起源とその性質の研究に没頭した。

今日、彼は次の２つの事柄において記憶に残る存在となっている。１つ目は、マッカーシー時代に２つの調査委員会で、同僚の学者たちについて共産主義者の可能性があると冷徹にも証言したこと。２つ目は、『オリエンタル・デスポティズム――専制官僚国家の生成と崩壊』（１９５７年に出版）という大きな影響力を及ぼした本を書いたことである（訳注　邦訳は湯浅赳男訳、新評論、１９９５年）。

この著作や他の数々の研究論文でウィットフォーゲルは次のように論じた。河川灌漑によるインフラを維持するには——ひいては、余剰食糧や徴税、支配階級を維持するには——非常に高いレベルの組織や大規模な労働力が必要なのだから、そういった場所で政治的に何が起きたかというと、権威主義的な官僚社会が台頭した可能性がもっとも高いのだと。

ウィットフォーゲルの主張はこうだ。大規模で複雑な水路を管理し、その的確な運用を維持するには、水、土地、労働者、洪水対策、修繕などが必要であって、それをトップダウンで管理できるような、司祭や王が主導する支配階級が必然的に現れる。そのようなインフラを支配する国家というのは、抑圧的かつ官僚的な政府となるに違いなく、そのあまりの強大さに一般市民には抵抗できない。

つまり、水利社会は安定した社会だが、その存続は水路の継続的かつ適切な管理にかかっていた。だから強力な権威主義的支配と国家統制が促進されたわけだ。怠慢、戦争、流路変化、気候変動などによって、水路の管理が不十分になったり、壊滅的失敗が生じたりした場合には、食糧不足や政治的混乱が引き起こされ、社会の衰退や崩壊につながる可能性がある。このような混乱の事例は、古代メソポタミアやインダス川流域、中国の歴史に多くあるが、比較的安定していたナイル川流域においてさえも時折見られた。

『オリエンタル・デスポティズム』で示された画期的アイデアは、その後何十年にもわたって研究と議論が重ねられ進化した。たとえば、複雑な水路を備えた歴史的文明がすべて権威主義的国家に発展したわけではない。権威主義的な国家が先にあって、後に水路を開発した例も知られている。また、環境要因については、たとえば給水や食糧のシステムといった重要な要因でさえも、それだけで政治機構が決定されるわけではない。

だが、ウィットフォーゲルを批判する人々であっても、ナイル川やチグリス・ユーフラテス水系、インダス川、黄河の流域で初期文明が成立した中心的要件が、これらの川の自然資本の巧みな利用と、破壊的な洪水から回復し、突発的な流路変化に対応するための能力にあったことには同意している。これらの要件が満たされた場所で、食糧の余剰、税制度、社会的階層の形成が続いて起きた。つまり、河川の操作・管理がおこなわれてから、人口密度の高い、複雑で階層的な社会が（権威主義的であろうとなかろうと）誕生したのだ。これが、エリートが支配する、多職種・多階層の都市の夜明けとなった。

知識、それはハピ神の乳房から始まった

税制が整って職業が多様化した都市社会の強みのひとつは、少数の思想家を支える余裕が生まれることだ。では、初期の知識人たちは、どのような問題や疑問に取り組んだのだろうか。科学・工学・法律が人類にもたらした恩恵と、これらの問題解決手法によって今日の世界が広く支えられていることを否定する人はまずいないだろう。では、人間ならではのこれら3分野の起源はどこにあるのだろうか。

科学・工学・法律が今あるような形として認められるようになったのは早くてもルネサンスの

時代であったが、これらの起源は初期の文明にまでさかのぼる。そして往々にして、水路や河川のような流れる水を自然資本とし、また人間が健康に暮らすために流水を役立てることが、それらの起源と関わっていた。たとえば、紀元前3000年頃、名もなき芸術家が灌漑水路の図を彫り込んだ石造りの棍棒頭が、先王朝時代における下エジプトの謎の支配者であったスコルピオン2世のものとして残っている。

また、シュメール人、ハラッパー人、エジプト人、中国人は、試行錯誤の末に運河や堤防をつくり、川の流路を変えて集落から遠ざけ、水を農地へと導いた。古代ギリシャのヘレニズム文明では、素焼きれんが製の配管や下水道が広く使われ、後に古代ローマ人がそれを模倣した。ローマ人は公衆浴場や噴水、別荘などに、鉛や焼成粘土のパイプを引き入れ、大規模な水道システムを構築して、都市に水をめぐらせた。紀元前1世紀には、ローマのウィトルウィウスが、有名な著作『建築十書（*De architectura*）』のうちの1巻すべてを使い、水の分配と管理に関する諸問題を論じている。

ただし、これら初期のさまざまな実践は実用一辺倒で、知識にもとづくものではなく、今の土木工学の基礎的な考え方のあいだを手探りで進んでいるようなものだった。初期の草分けとなる技術者たちが成し遂げたことのなかには、たとえば古代ローマの有名なアーチ構造をもつ水道橋のように壮大で見事な建築もあった。これらの重力を利用した建造物の多くは今でも残っている。しかし他の点については、この古代の草分け技術者には驚くほど知識がなかった。

例として、河川のもっとも基本的な計測量のひとつである、流出量（流量とも呼ばれる）を取り上げよう。流量とは、単位時間あたりに、定められた場所を通過する水の体積である（たとえば、1分あたり何ガロン、1秒あたり何立方メートル、1年あたり何立方キロメートルなど）。この流量が、ダムや貯水池、あなたのお風呂場のシャワーヘッドの法定最大流量まで、あらゆることの管理に使われている。

河川、運河、水道橋などの流量は、流れの断面積に、それを横切る平均流速を掛け合わせたものに等しい。単純な考え方だ。しかし、古代ギリシャ人やローマ人は、流量を制御する方法は水路を広げたり狭めたりすることだけだと信じていた。不思議なことに、流速（水路の傾斜を変えれば制御可能）の重要性を見落としたり無視したりしていたのだ。

珍しい例外もある。紀元1世紀にエジプトのアレクサンドリアに住んでいた、数学者であり草分け技術者でもあったヘロンだ。現在では、２つの画期的な著作で名が知られている。ひとつは水理学の複数の基礎原理を説明した『気体装置（*Pneumatica*）』、もうひとつは実質的に土地測量を発明した『照準儀（*Dioptra*）』だ。

これらの書の内容があまりに先鋭的であったため、ヘロンは「最初の工学者」と呼ばれるようになった。『気体装置』では、たとえばサイフォンや灌漑、排水など、水に関するさまざまな概念が紹介されているが、注目すべきは、水路や川、湧水などの流量を正確に判断するためには断面積だけではなく流速が必要だとヘロンが説明している点だ。しかし、その明快な説明は同時代人たちには完全に無視され、流量という概念が用いられるまでにさらに約１６００年を要した。

ガリレオ・ガリレイの弟子であるベネディクト派の修道士ベネデット・カステリが１６２８年に

発表した『流水の測定について（*Della Misura dell'Acque Correnti*）』によって、ようやく流量の概念が確立されたのだ。

私たちは古代人の知恵を過度に美化するという罠に陥りやすい。古代ギリシャ人が好んだのは、曖昧で情動に訴えるような形で自然界を説明することだった。定量的な測定についてはぞんざいで、概して興味をもたなかった。１９７０年に出版された、アシット・ビスワスの『水の文化史――水文学《すいもんがく》入門』によると、史上最高レベルの知性をもつアリストテレスでさえ、「女よりも男のほうが歯の数が多い」という迷信を信じ込み、自分の妻や愛人の口のなかを確認さえしなかったという。

古代ギリシャ人が疑問に対して定性的な答えを好んだというのは理解できる。当時は自然界についての知識がほとんどなかったのだから。説明を要する不思議な自然現象はたくさんあった。しかし、それ以上ないほどに初期の哲学者たちを魅了したものといえば、夜空の星の動きとナイル川氾濫の起源であった。

タレスは、ミレトス（当時の重要な都市で、現在のトルコ西部に遺跡が残っている）の生まれで、超自然的と思われる現象を、超自然的にではなく、自然の枠組みにおいて説明しようとした最初の人物だ。当時、これは前代未聞の試みだった。ナイル川沿岸で３０００年前から何の問題もなく暮らしていた古代エジプト人は、生命を与えてくれる毎年の氾濫は、ハピ神の重く揺れる乳房から噴き出ているのだと信じていた。古代の彫刻に残るハピ神の姿は両性具有で、髭を生やし、腰布をつけ、妊娠しているのだろうか腹がぽっこりと膨らんでいる。タレスは、神様のおかげで氾濫するという説明を退けた。そして、夏のエジプトに吹く南向きの風が北へと流れるナイル川の水を押し戻そうとして流れが止まり、ついには流れが風に打ち勝って洪水となって溢れ出るという説を唱えた。

このタレスの仮説を否定したのがヘロドトスである。風がなくても洪水が起きることと、他の川で流れと逆向きの風が吹いても洪水が起きないことを観察したのだ。ヘロドトスは独自に、太陽の季節的な動きとエジプトに雨が降らないことによって洪水が起きるという、よくわからない物理的解釈を展開した。その後約600年にわたって、ディオゲネス、デモクリトス、エフォロス、ストラボン、ルクレティウス、プリニウスなど、多くのギリシャ・ローマの哲学者たちが、氾濫の起源についてそれぞれの物理的解釈を示した。実地調査や測定はおこなわれなかったが、今でいうところの科学的議論の最初期の兆候がそこにはあった。

だが結局のところ、どの説も間違っていた。はるか上流のエチオピア高原での季節的な降雨サイクルによってこの謎の現象が引き起こされていることは、誰にもわからなかった。しかし、他の天文学や宇宙論、数学に関するいくつかの議論とともに、ナイル川氾濫の原因をめぐる知識人たちの議論によって、周囲の世界を説明するために物理現象にもとづく合理的仮説を提案し議論するという新たなスタイルが生み出された。神秘主義を排し、そのものに対する知識の追求が始まったのだ。科学や合理的思考の起源は、毎年のナイル川氾濫の起源に関する、タレスや、初期の哲学的議論にまでさかのぼることができる。

「水の管理」を定めたハンムラビ法典

太古の昔から、社会は規則を用いて市民の秩序や天然資源の分配を管理してきた。規則が破られた場合には、犯罪者を罰するか、被害者に補償するか、あるいはその両方によって、正義が実現される。人々はなんらかの形での司法制度を強く求めるものだが、それは4000年前にはすでに誕生しており、知られるなかで最初の成文法が残っている。草創期の法律家たちは何に関心があり、彼らの取り組みは現代の法制度にどのような影響を残しているのだろうか。

わかっているなかで最初に書かれた法律が発見されたのは、ユーフラテス川のほとりにある古代シュメールの3都市、ニップール、ウル、シッパルの遺跡であって、楔形文字が刻まれた4つの小さな粘土板が出土している。ひとつは1954年に解読されたが、他の粘土板と突き合わせて翻訳するのにさらに30年近くを要した。骨の折れる言語学的な調査が終わりに近づいた頃、粘土板がつくられたのは紀元前2100年頃で、それまでに発見されたなかで最古の法律文書であることが判明した。これらの古代の粘土板に刻まれた少なくとも39条の明確な条文のうち32条が解読されており、ウル・ナンム法典として知られている。

この法典の約300年後に施行されたのが、高さ2メートルを超える巨大な黒い石碑に刻まれた282条もの広範な法律だ。石碑が掘り出されたのは、現在のイラン、チグリス川から東へ約250キロメートルに位置するスサの遺跡だったが、もとはメソポタミアの神殿に立てられていた。

これが「ハンムラビ法典」と呼ばれる理由とは、紀元前1792年から1750年にメソポタミアを支配したバビロニアの強力な王であるハンムラビが石碑を設置させたからだ。ウル・ナンム法典と同じく、ハンムラビ法典に書かれているのは、人類黎明期の文明において市民の秩序を維持し資源を管理するために必要となる規則や罰則だ。ウル・ナンム法典の粘土板とともに石碑は現在ルーブル美術館に所蔵されており、4000年前にチグリス川とユーフラテス川に挟まれた肥沃な氾濫原で発展した文明の価値観を、私たちに垣間見させてくれる。

ウル・ナンム法典とハンムラビ法典を読むと、当時の人々の関心事が、性と暴力、離婚、奴隷、嘘、そして灌漑用水だったことがわかる。ウル・ナンムの時代、ほとんどの処罰は罰金であった。たとえば、処女の奴隷少女が「力ずくで犯された」場合、加害者は罰として銀5シェケルを支払わねばならない。死刑にまで至るのは、殺人や強盗、他人の（奴隷ではない）処女妻を犯した場合であった。

ハンムラビ法典では、さらに多くの犯罪と刑罰が長々と詳細に規定されている。社会階層（貴族、自由民、奴隷）に応じて刑罰のレベルは異なり、同害報復（*lex talionis*）という処罰の概念がもっとも早く成文化されたのがこの法典だ。

他人の目をくり抜いたら、自分の目もくり抜かれる。他人の骨を折ったら、自分の骨も折られる。同じ身分の者の歯を折ったら、自分の歯も折られる。

同等の報復をもって正義とするというこの考え方（いわゆる「目には目を、歯には歯を」）は、ヘブライ語聖書やキリスト教の旧約聖書にも浸透しており、現在でも世界のあちこちで見られる。また、同じ罪を犯しても社会階級に応じて刑罰のレベルが異なるという概念は、植民地時代や奴隷制時代のアメリカにおいて再び用いられるようになり、今も目につかない形で残っている。

これらの草創期の法典には社会的弱者に対する保護が驚くほど多く定められていた。たとえばハンムラビ法典では、処女が強姦された場合、被害者には何の罪もなく、強姦犯は死刑となる。また、男性の奴隷が女性の自由人と結婚した場合、男性奴隷の主人は2人の子どもを奴隷にはできない。さらに、強盗の被害者には、政府から賠償金が支払われる。こういった考え方のなかには、古代にしては不思議なほど進歩的に感じられるものもあるし、住んでいる場所によっては今日でさえも進歩的だと感じる人もいるだろう。

天然資源の管理についてはどうだろうか。いずれの法典でも、川の水（または灌漑による収穫物）が主な天然資源として挙げられている。そして、これに関連する犯罪として、水路や堤の適切な管理を怠ること、誤って隣の畑に水を溢れさせること、灌漑のための農具の盗難などがある。つまり、草創期の法律には、不貞や性犯罪、暴行、盗難、債務不履行、収賄、他にも薄気味悪いほどなじみのある人間的犯罪のあれやこれやが書かれているだけでなく、水の責任ある管理、個人賠償責任、財産権などについての判例がはっきりと定められているのだ。

もちろん、これらの法典に出てくる他の法的概念のなかには、今の私たちにはまったく理解できないものもある。たとえば、裁きを下す権限が自然へと委ねられることもあった。男性に魔術を使った疑いがかけられたり、女性に密通の疑いがかけられたりすると、ユーフラテス川が裁判官と死刑執行人を兼任することとなるのだ。告発された者は水に投げ込まれ、生き残れば無罪、溺死すれば有罪となる。

川の所有権をめぐる歴史

今日では「川は所有できない」というのが、世界中での法律上の基本原則である。アメリカやイギリスのように、資本主義の強い伝統をもつ国でも、川は公共の利益のための特別枠にある。つまり、川は他のほとんどの天然資源とは明確に異なるカテゴリーに入れられているのだ。土地や樹木、鉱物、さらに他の天然資源から得られる水（湧水、池、帯水層など）といった自然資源が私有財産とみなされるのはごく普通のことだ。しかし、川や空気や海は、まったく異なる扱いを受けている。この慣例は何に由来するのだろうか。そして、今日の法制度にそれがどのように現れているのだろうか。

この考え方は、少なくとも古代ローマまでさかのぼる。『学説彙纂《がくせついさん》』とは、ユスティニアヌス1世により530年に編纂が命じられた、ローマの法学的著作の集大成だ。ここからわかるのは、初期のローマの法律家たちが、河川の使用、河川への一般の立ち入り、河川沿いに住む私有地の所有者の権利などについて、多くの法原理を確立していたことだ。ローマ社会では、永続的な流れをもつ川（*flumen*）は、他の淡水源とは違って公共の川（*flumen publicum*）だと強く信じられていたことが読みとれる。

また、ローマ人は、航行の自由を守ること、特に船の自由な移動を重要視していた。湧き水や、断続的に流れる小川、地下水井戸などの小さな水源は個人でも所有できたが、一年中流れる自然の川ならば、たとえ航行できないものであっても万人の利益のための公共物であった。紆余曲折はあるものの、この原則はほぼ守られ、今日に至るまで大きな河川においては一般の立ち入りや自由な航行が可能である。

ローマの法律家は、川岸の土地所有者の権利についても成文化していた。市民は誰でも川でボートに乗ったり、泳いだり、釣りをしたりできたのだが、川への*アクセス*にはまた別の問題があった。私有地を横切るには、ある種の公的な地役権または通行権（*servitus* と呼ばれた）を行使するわけだが、そのためには私有地の持ち主と交渉して、持ち主のニーズとすり合わせる必要があった。当時、地役権を担当していたのは測量士と裁判官で、これは今日のアメリカや他の国で地役権に関する決定がなされる場合と大して変わりはない。

古代ローマの政府には、分流やダム建設をはじめ、大規模な河川プロジェクトを承認する権限があった。必要とあらば私有地の収用も可能であり、これは古代における土地収用の先例である。ただし、川の「自然な流れ」を維持することは法的に定められていた。つまり、川岸に土地を所有している場合に、他の誰かによって上流で川が汚染されたり、川の流れを変えられたりといったことから守られていたのだ。

これらの核となる考え方、つまり航行の自由、公共財産（*res publica*）、私有財産（*res privata*）

という3つの考え方は、広大なローマ帝国全体に浸透した。最初の2つによって、帝国内の川に沿った貿易、通信、移動の自由が確立された。現在のイタリア、ドイツ、フランス、スイス、オランダ、ルーマニア、ハンガリー、セルビア、ブルガリア、スロバキア、ウクライナ、モルドバ、スペイン、ポルトガル、レバノン、シリア、トルコなどの地域を流れる、テベレ川、ポー川、ライン川、ドナウ川、ローヌ川、ソーヌ川、グアディアナ川、グアダルキビール川、エブロ川、オロンテス川、メンデレス川がこれに相当する。

3つ目の私有財産（*res privata*）という概念は、（イギリスで中世に成立したコモン・ローの影響と合わさって）、最終的に「水利権」という法的概念に発展した。河川沿いに私有地をもつ者は、川の水を使用する権利があるとするものだ。

何世紀も後になると、（アメリカの裁判所によって骨抜きにされることで、古代ローマの「自然な流れ」という要件が「合理的な使用」という要件へと緩和されて、水車場による汚染が容認されるようになった後で）、この原則にもとづいて川を利用する産業が爆発的に発展し、西ヨーロッパと北アメリカ東部では、水車が設置された水路沿いに新たな入植地が無数につくられるようになった。

河川を管理するために古代ローマ人が異なる概念を確立していたとしたら――たとえば「川は公共財産（*flumen publicum*）」ではなく「川は私有財産（*flumen privata*）」としていたら――今日の世界はまったく違った姿になっていただろう。

水車の力

私の生活は、おそらく皆さんと同じように、移動する機会がかなり多い。目的地まで4時間以上かかる場合には飛行機で、それ以下ならば車で移動する。アラスカ、カナダ北部、シベリアなど、私が仕事をする場所でもとりわけ人里離れた地域にいるときだけは、船での移動となる。

空港も道路もない場所では、カヌーがオートバイのように感じられる。船外機つきのアルミニウム製ボートなんて、まるでSUVだ。川は、荒野を縫って走る道路となる。川岸のけもの道にはたくさんの生き物の往来がある。北方の川は真冬でも人と動物が活発に利用する通り道であって、氷が張った滑らかな川面を彼らが行き交う様子は原始時代から変わらない。このような人里離れた場所を水路で移動するのは、今だと冒険じみた古臭い方法のように感じられるだろう。しかしごく最近まで、人々が内陸部を移動し探索するための主な方法は、川を辿ることだった。

船での移動は比較的簡単で、何千年も前からおこなわれている。最初の船がいつつくられたのか、誰も知らないし、今後も解明されることはないだろう。人類の歴史において、船は何度も繰り返し発明されてきた。丸太をくり抜いたカヌー、束ねた葦《あし》を結わえた船、木枠に樹皮や動物の皮を張った船など、最初期の船の数々が世界各地の遺跡から出土している。中国最古の水田が発見されたのと同じ、杭州の跨湖橋遺跡では、8000年前の丸木舟も出土している。他にも、エジプト、メソポタミア、西アフリカ、東南アジア、インド、アメリカ、ヨーロッパなどで、古代の船が発掘されている。

板張りの船は、堪航性《たんこう》（訳注　安全に運航・航海する能力）を高める画期的な技術で、イギリスでは遅くとも紀元前1670年に発明されていたが（1996年にその船の板の1枚が発見されている）、おそらくもっと古くからあっただろう。カリフォルニア州では、紀元後500年までにはつくられていた（沿岸部に住んでいたチュマシュ族による）。

9世紀から10世紀にかけて、バイキングは板張りの機敏な軍船を駆って、ヨーロッパを恐怖に陥れた。川を遡上して現在のバルト海沿岸部やロシアを襲撃し、今のノルマンディーやスウォンジー、ダブリンなどに新たな居住地を築いた。また、グリーンランドとそれまでは誰も住んでいなかったアイスランド島を植民地化し、北アメリカ北東部の岩だらけの海岸を、クリストファー・コロンブスが1492年に到着するより半世紀も前に探索していた。

11世紀から12世紀にかけて、西ヨーロッパのライン川・ムーズ川・スケルト川の河口デルタ地帯では、航行可能な河道に沿ってアントワープ、ヘント、ロッテルダムなどの都市が生まれ、海運と商業で栄えた。他にも重要な川沿いの都市として現在のアムステルダム、フィレンツェ、パリ、ロンドンなどが挙げられる。これらの都市間に張りめぐらされた貿易網は、ヨーロッパにおける都市型の重商主義経済の勃興と、荘園と農奴からなる旧来の農耕封建社会の衰退を予感させるものだった。

ヨーロッパの都市化をさらに推し進めたのが、川から機械的な力を引き出すことのできる水車への関心の高まりであった。遅くともローマ時代以降には、穀物を挽いて製粉するための小さな水車小屋が使われるようになり、ヨーロッパ中の村や荘園では当たり前の存在だった。

アラスカの、ユーコン川のそばにあったオオカミの足跡。有史以前から、野生動物と人間(北アメリカに到着した最初の人々など)は、川とその流域を自然の行路として利用してきた。(ローレンス・C・スミス提供)

もっとも単純な水車は次のような構造だ。羽根のついた車輪を水平に設置して、分水した川の流れが羽根に当たるようにする。車輪が回転することで垂直に立ち上がった車軸が回転する。この車軸の上部には石臼が取り付けられている。たいていの場合、車軸周辺は、流れの上に建てた小さな木製の小屋で覆われているので、車軸に取り付けられた石臼がゆっくりと回転して固定臼と擦れ合うあいだ、粉屋と穀物も守られる。歯車もなければ弾み車もない地味な装置ではあるが、着実な流れさえあればほとんどどこでもある程度の量の小麦を挽けるので、その役割はとても大きかった。重要なのは、ビールの原料である大麦を挽くのにも使われたという点だ。

遅くとも11世紀には、水車の技術が進歩してより強力な水車がつくられるようになっていた。下掛け水車には歯車も使われる。このタイプの水車は垂直型で、より大きな車輪を垂直に立てて、車輪の下の部分が流れに浸かるようにする。ダムがつくれないほど大きな川では、巨大な下掛け水車が船に搭載された。いわば浮かぶ製粉工場であって、ライン川やエルベ川、ドナウ川にはこういった船が何百艘も停泊していた。中世の、ウィーン、ブダペスト、ストラスブール、マインツ、リヨンなどの都市は、いずれもこの水車船に依存していた。12世紀のトゥールーズではガロンヌ川に少なくとも60艘の水車船が停泊し、パリではセーヌ川に１００艘近くが浮かんでいた。

上掛け水車もまた垂直型だが、車輪を回すために高い位置の水流が必要となる。通常は、川をせき止めて水車池をつくったり、自然の滝を使ったりすることで、車輪に上から掛けるための安定した水流を保っていた。この構造だと落下する水の重量が車輪の回転に加わるので、約２倍の動力が得られ、また水量も少なくてすむ。

こういった技術の進歩により、人間による河川の力の利用は、穀物を挽いて粉にするというささやかものから大きく拡大した。水車によって、製材所や製紙所、製鉄所が稼働するようになった。水車の力で、鉱山から水が汲み出され、木工用の旋盤が回転し、フェルトをつくるための羊毛が叩かれた。歯車、滑車、弾み車、カム軸、ピストン、ベルトコンベヤーなどを使って水流を機械的な動力に変換する最適な方法が考案され、機械工学の革新的技術が次々と生まれた。

こうして、ヨーロッパの川沿いで、水とエネルギーを利用する新しい産業が誕生する。特に製紙工場や繊維工場では、木材パルプや布、染料を処理し、廃棄物を流すために、大量の河川水が必要だった。このように18世紀半ばには、機械の世界で、産業革命に突入する準備が整っていたのだ。

新世界の発展と川の役割

一方、大西洋の向こう側では、北米大陸に人類がはじめて居住して以来ずっと、河川に沿って人々が移動し、暮らしていた。

2019年にアイダホ州のサーモン川（スネーク川とコロンビア川に合流する）の下流の川岸で考古学上の大発見があったと発表された。何十もの石の槍先や刃、炉、さらには石器や動物の骨が集められた穴などが見つかったのだ。今では「クーパーズ・フェリー」と呼ばれるようになったこの遺跡で採取された木炭や骨を放射性炭素年代測定にかけたところ、約1万6000年前に人々がこの場所をよく使うようになっていたことがわかった。

これは、放射性炭素年代測定で確認されたなかで、北米で人類が残した痕跡として最古の証拠である。非常に重要な点は、コルディレラ氷床を抜ける無氷の回廊ができたとき（約1万4800年前）よりも、時代を1000年以上さかのぼるということだ。つまり、北アメリカの最古の人々は、かつて考えられていたように、現在はベーリング海峡となっている地域を通り抜けて陸伝いにやってきたわけではなかった。氷河期が終わる前に海路でやってきて、太平洋岸を南下し、当時カナダ西部とアメリカ太平洋岸北西部を覆っていた巨大氷床の南側にあった最初の大河流域であるコロンビア川に沿って東へと遡上したのだ。

時代を下って8世紀から15世紀にかけて、ミシシッピ川流域で高度な文明が誕生して繁栄を極め、カホキアという首都が建設された。現在のセントルイスの近く、ミシシッピ川とミズーリ川の合流点付近の川が湾曲していた場所にあったが、うち捨てられて今はもうない。しかしかつては、流域に沿って存在していた小規模な人口拠点とともに、地域一帯に力を及ぼしていた。

人々は農業を営み、優れた手工芸品をつくり、土と木材で巨大なピラミッドを建造した。また、新奇な風習や思想、政治制度も生まれた。およそ1000年前、その影響が頂点に達した頃には、カホキアは行政と宗教の中心地であり、その政治文化が大陸の広い範囲に及んでいた。それから6世紀の後に、その地で代々暮らしてきた人々は、スペイン人探検家エルナンド・デ・ソトと相まみえ、その後、植民地を西へと拡大する白人移民と戦うことになる。首都のピラミッドの名残は、セントルイス中心部から車で数分のところにあるカホキア墳丘群州立史跡で今も見ることができる。

そこから南の中米に目を向けると、最近の考古学的発見により、謎に包まれたマヤ文明が一種の水利社会であったことがわかった。テュレーン大学を中心とする研究チームは、密林の樹冠を突き抜けて下にある物を確認できるレーザー探査技術によって、住居や宮殿、儀式場、ピラミッドなど、６万点を超える古代の建造物をグアテマラ北部で発見している。人口７００万人から１１００万人とも推定されるこの巨大文明を支えていたのは、１０００平方キロメートル以上の農地だった。現在のサンペドロ川の源流から、水路や段丘、運河、貯水池などを活用して水を引いた、高度に洗練された農地があったのだ。

一方、北アメリカ北東部に到着したヨーロッパの探検家や毛皮商人が目にしたのは、豊かに繁栄する先住民の社会だった。先住民が使っていたカヌーは軽くて丈夫で、湾曲した木製の骨格を樺の樹皮で覆ったものだった。

毛皮貿易にあたっては、この設計が非常に巧妙だと考えられた。フランス系カナダ人の「運び屋（*voyageur*）」たちはこのカヌーを大型化して、１６９０年代から１８５０年代にかけて、カナダの奥地にまで行動範囲を広げた。最大のカヌーは（*canots du maitre* と呼ばれた）、実質的には貨物船であって、全長11メートル近く、幅は船の中央部で2メートル近くもあった。頑健な運び屋たちは、大声で歌い、ペミカン（訳注　先住民の携帯用保存食で、乾燥肉と脂肪、果実を混ぜて固めたもの）をむしゃむしゃ食べながら、川を高速道路のように使い、毎日18時間もカヌーを漕いだり荷を運んだりして、アメリカ大陸からせっせと毛皮を運び出したのだ。

1800年代初頭に毛皮貿易がピークに達する頃には、運び屋の数は3000人ほどになっていたようだ。当時も今も彼らの生活はロマンあふれる冒険譚のように描かれがちだが、実際には低賃金で働く契約労働者の小さな集団であって、川での暮らしは恐ろしいほど苛酷だった。多くは読み書きを知らず、泳ぐこともできなかった。重労働のために背骨は曲がり、足は変形した。そして、溺れて、飢えて、事故で死んだ。自分で動物を狩るわけではなく、荷物を運ぶのが彼らの仕事だった。会社の物資を先住民に届けるうちに、先住民の衣類や生活様式を取り入れていった。この時代、運び屋とは、毛皮貿易の長距離トラック運転手だった。

彼らは、死を広めもした。カナダ中部および西部の結核患者から採取したサンプルをDNA分析した結果、いずれも結核菌のたったひとつの系統にさかのぼることがわかった。1710年頃からこの結核菌が、少数の、おそらくは2、3人の運び屋たちによって、交易路である川伝いにカナダの奥地にまで運ばれたのだ。そして1世紀以上にわたり細々と生き永らえた結核菌が、19世紀後半から20世紀初頭にかけて感染拡大した。病原体の蔓延に適した条件が整ったことで、致命的な結核の流行につながったのだ。

このように、川の流れという空間的パターンに従って、初期の入植者が探検し、取引をし、定住した場所が決まっただけでなく、カナダの初期の結核疫学の種までもが植えつけられたのである。

運び屋によって、五大湖やカナダ西部から北極圏に至るまで、北アメリカ北部が海外との交易に開かれることになった。カヌーによる苛酷なルートは、モントリオールあるいはケベック・シティを起点として、セントローレンス川やオタワ川の内陸深くの源流にまで至っている。ハドソン湾会社や北西会社といった毛皮会社は、これらの河道を利用して、テリトリーを、利益を、さらには現地での権力を強化した。そして河道沿いに建設された交易所や駐屯地は、北アメリカ内陸部における最初の外国人居住地となった。

ジョージ・ワシントンの着眼点

カナダの南側では、北アメリカでもっとも重要な水路のひとつであるミシシッピ川の管理をめぐってフランスとイギリスの争いが起きていたが、これには長い歴史がある。フランスのミシシッピ川に対する野心は、少なくとも1682年にヨーロッパ人としてはじめてミシシッピ川を上流からメキシコ湾まで下ったルネ＝ロベール・カブリエ・シュ・ド・ラ・サールの探検にまでさかのぼる。彼は刻印を施したプレートを河口に置いて、ミシシッピ川流域全体がフランス領であると宣言し、ルイ14世に敬意を表してその地をルイジアナと命名した。

ラ・サールは知るよしもなかったが、彼が領有権を宣言した面積は320万平方キロメートルにも及び、現在のアメリカ31州とカナダ2州にまたがっていた。フランスはこの辺境の領地についてほとんど何の行動も起こさなかったが、1749年にはイギリスの入植者との争いが激しくなっていた。オハイオ川はミシシッピ川の東側に位置する巨大な支流で、その流域はミシシッピ川流域の多くの部分を占めているのだが、このオハイオ川流域に対しては、イギリス、バージニア植民地、そして先住民のイロコイ連邦も領有権を主張していた。

バージニアの土地投機家たちはオハイオ会社という民間企業を設立し、イギリス王にオハイオ川上流域（現在のペンシルベニア州西部）の50万エーカー（約2000平方キロメートル）の所有権を要求した。土地の調査と、その後の入植者への販売を目的としてのことだ。国王はそれに同意し、まず20万エーカーを与え、さらに、会社が7年以内に100家族以上を定住させて、フランスから住民を守るための砦を建設すれば、残りの30万エーカーを追加供与すると約束した。

オハイオ会社の出資者として名を連ねたのが、バージニア植民地の副総督となったロバート・ディンウィディや、ローレンス・ワシントンである。後者の異母弟が、バージニア生まれの若者、ジョージ・ワシントンだった。

今日のアメリカにおけるビジネス文化の価値観の大部分が、もとを辿ればこの忍耐強い男ひとりに行き着くとは、まったく驚くべきことである。若きジョージ・ワシントンは、やがては独立戦争の果敢な司令官に、そしてアメリカ合衆国の初代大統領となるわけだが、彼は政治家としての名声や戦争という冒険を渇望する人物ではなかった。彼が心底愛していたのは、不動産だったのだ。

ジョージ・ワシントンが手に入れたかったのは土地である。それも、たくさんの土地だ。とにかく土地に興味があったので、10代にして測量士として働き始めている。稼ぎを貯めて、18歳になると、仕事で見つけた土地を吟味して購入するようになった。特に好んで購入したのが、広大な川沿いの低地である。平坦で肥沃な土地であることと、船で簡単に行き来できることを重要視した。

ワシントンはバージニア植民地の上流農園主の階級に生まれたので、富への道筋は土地を多くもつことにあると考えたとしてもおかしくはない。珍しいのは、ワシントンがアパラチア山脈の西側の土地にこだわったことだ。そこは、大陸東部のタイドウォーターという沿岸地域に設立されたイギリスの13の植民地からは、遠く離れた場所だった。

特にワシントンの興味をそそったのが、オハイオ川流域だ。１７４９年に異母兄のローレンスがオハイオ会社を介して開発を進めようとしていた地域である。ラ・サールの時代から流域を領土だとみなしていたフランスは、バージニア植民地による領有権主張と合わせて、この開発の動きに我慢ならなかった。そこでモントリオールから派遣されたのがピエール・ジョゼフ・ド・セロロン・ド・ブランヴィル大尉で、２００人以上の部下を引き連れてアレゲニー川とオハイオ川を下った。

ブランヴィルはフランス国王の紋章の写しを川沿いの木々にかけ、刻印を施した鉛の板を地面に埋めて、フランスの領有権を再び明確に示していった。この動きに反応して、イギリスとバージニア植民地は１７５３年に独自の遠征隊を立ち上げた。そのなかに、21歳の測量士、ジョージ・ワシントンがいた。

オハイオ川をその目で見たワシントンは、大陸への玄関口としての戦略的重要性をすぐさま理解した。そして急いでバージニアに戻ると、ディンウィディ副総督に、アレゲニー川とモノンガヒラ川が合流してオハイオ川となる「オハイオの分岐点（Forks of the Ohio）」に砦を建設するよう訴えた。ディンウィディはこれを了承し、プリンス・ジョージ砦という小さな砦の建設が始まった。

だが、1年も待たず、フランス軍はこの砦を占領して、同じ場所にさらに大きな砦を建設してデュケーヌ砦と命名する。ディンウィディはワシントンを送ってフランス兵に退去を命じる手紙を届けさせたが、フランス軍はこれを拒絶。イギリスは増援を決め、叙勲された少将であったエドワード・ブラドックと歩兵2連隊をデュケーヌ砦攻略のために派遣し、若きジョージ・ワシントンもこれに従軍した。

鮮やかな赤い軍服を身につけて4列で行進したブラドックの歩兵たちは、木陰に隠れるフランス軍にマスケット銃で狙い撃ちにされた。ブラドックは殺され、銃撃戦を戦った約1400人からは1000人近い死傷者が出た。生き残ったワシントンが指揮を執り、イギリス軍は撤退する。1758年、ワシントンは、イギリス兵とバージニア民兵によるさらに大きな部隊とともに、「オハイオの分岐点」へと再び向かう。今度はフランス軍が撤退し、その際にデュケーヌ砦を焼き払って放棄した。このときに、フランスはアメリカ中部を永遠に失ったのだ。

勝利したイギリス軍はすぐさまデュケーヌ砦の代わりにピット砦を建設した。巨大な五角形をしたこの砦は、イギリス軍の連隊すべてを収容できるほどの大きさだった。メキシコ湾を目指すオハイオ川の流れる方向、西を指す矢尻のような形をした鋭角的なこの土地に、貿易商や罠猟師、土地を求める人なども住みついた。ピット砦を中心として発達した集落が、やがて「ピッツバーグ」という今も残る名前で呼ばれるようになる。

ピット砦とその司令官たちが、アメリカ独立戦争で重要な役割を果たすまでに、そう長くはかからなかった。寄せ集めの反乱軍を率い、かつての同胞と戦ったジョージ・ワシントンは、まさかの勝利を収めて新国家の大統領となった。戦後、ワシントンはオハイオ川流域に何千エーカーもの土地を購入し、生涯にわたって地所の安全と発展に力を注いだ。

ピッツバーグは、アパラチア山脈やタイドウォーター地域から、チャンスを求めて西へと旅立つ移民たちの起点となる。ヨーロッパからの入植者たちは、オハイオ川を下り、家と土地を求めて辺境であった北西部領土へと向かった。この北西部領土は、後に、オハイオ州、ミシガン州、インディアナ州、イリノイ州、ウィスコンシン州、ミネソタ州北東部となった。

アメリカの運命を決めた土地取引

ジョージ・ワシントンがオハイオ川の戦略的重要性を認識したことで、イギリスの小さな植民地群に野望が生まれた。この影響を受けて、ベンジャミン・フランクリンとジョン・アダムズ、ジョン・ジェイといった、1783年に独立戦争を終結させたパリ条約の主な交渉人たちが、新しく独立したアメリカの西の境界線をミシッピ川まで広げるべきだと主張したのだ。その20年後、フランスの新大陸支配の衰退に乗じた第3代アメリカ大統領のトーマス・ジェファーソンによって、同じ戦略的思考が再び実行されることになる。

ジェファーソンがおこなったのは、近代史上最大の土地取引、「ルイジアナ購入」である。

1803年、ナポレオンからの最初の申し入れの後に、フランスに残された全領地であったルイジアナとニューオーリンズの町を、独立したばかりのアメリカがわずか1500万ドルで買いとったのだ。これにより、アメリカはミシシッピ川流域すべての支配権を獲得し――当時ナポレオンとジェファーソンには知るよしもなかったが――地球上でもっとも生産性の高い農地を含む土地が加わって、新生国家の面積は2倍以上に膨れ上がった。当時のアメリカの規模からすると、現在のアメリカがカナダ全土を5億ドル未満で買収したようなものである。

アメリカ先住民を立ち退かせ、国の政治的安定を確保し、領土の地図をつくるまでに、それから100年近くかかった。しかし何よりも、アメリカは北米最大の流域と、そこに無数に走る大動脈のような水路を、署名ひとつで正式に支配するようになったのだ。これにより、やがて船が大陸の奥地に入り込み、資源の豊富な内陸部と外の世界とを自由に行き来するようになる。

フランスとまだ交渉中の頃から、ジェファーソンは、アメリカの力を太平洋にまで拡大したいと考えて、河川の探検隊を派遣していた。有名なルイス＝クラーク探検隊もそのひとつで、ミズーリ川の源流に向かい「大陸を横断する最短かつ実用的な水路」を見つけるよう、ジェファーソンから命じられた。

メリウェザー・ルイスは1803年7月にピッツバーグを出発し、木造の大型平底船でオハイオ川を下った。数カ月後に、ウィリアム・クラークがケンタッキー州ルイビルにて探検隊に合流。その後3年にわたり、彼らはたくさんの川の地図を作成した。ミシシッピ川、ミズーリ川、オーセージ川、プラット川、ナイフ川、イエローストーン川、サーモン川、クリアウォーター川、スネーク川、そしてついにはコロンビア川が注ぎ込む太平洋岸まで、その長い旅は続いたのだ。

もしも、ワシントンとジェファーソンが内陸の大河の探索を強く推し進めなかったとしたら、どうなっていただろうか。植民地時代の北アメリカが、イギリス領カナダ、フランス領アメリカ中部、スペイン領西部、そして東部の独立した小さなアメリカ合衆国へと分割されていた可能性は十分にある。そうなっていれば、現在の世界はまったく違った姿になっていたはずだ。植民地の多くは、1950年代から1960年代、あるいは1980年代に至るまで、宗主国から独立できなかったのだから。

だが、大陸の主要な流域の獲得・探査を主導したワシントンとジェファーソンによって、大西洋から太平洋まで広がる巨大な単一国家アメリカという構想と運命とが動き出したのだ。

第2章

国境の川

移民の死因でもっとも多い「溺死」

そのとき私は、50メートルほど先の、傾斜したコンクリート壁の暗い割れ目をじっと見つめていた。私が立っていたのは同じように傾斜した壁の上で、そこに張りめぐらされたスチール製の金網は古いジーンズのように継ぎはぎだった。この2つの壁は緩やかに傾斜して底でつながっており、浅い川が細々と流れている。コンクリート製の水路の平らな底には、土や、小さな繁み、ぼろきれが点々と並んでいた。

再び、目の端に何か動くものが見えた。あそこだ。雨水管の薄暗い開口部の内側に人影がある。

1人ではない。2人だ。1人は黒色のシャツを着ているせいで、よく見えない。もう1人は青いTシャツと短パンを身につけている。2人は、傾斜した壁の半ばほどの高さにある台形の開口部から、私と2人の同行者の様子を観察していた。目が慣れてくると、2つの人影の後ろに、円形の下水管と衣類の束が見えた。リオ・グランデという川の固められた河道を撮影しているのでなければ、彼らには気がつかなかっただろう。

同伴者の1人、アメリカ国境警備隊の隊員のロレーナ・アポダカに、彼らへの質問を通訳してくれないかと頼んだ。彼女は、川の向こう岸の排水管に隠れている2人の男に手を振って、笑顔を見せながらスペイン語で言った。「こんにちは。写真を撮ってもいい?」1人は激しく首を横に振った。だめだということだ。もう1人はにっこり笑って、私たちに向けて陽気に手を振った。私はカメラを片付けた。私たちはしばらくの間、川を挟んで見つめ合っていたが、男たちはそれに飽きてしまった。下水管の奥の暗がりに引っ込んで、私たちが立ち去るまで待つことにしたようだ。

2人は、アメリカとメキシコの国境を無許可で越えるための、一瞬の隙を窺っていた。チャンスが訪れると、彼らはリオ・グランデの浅い流れを猛ダッシュで渡って、私が立っていた、傾斜したコンクリートの堤防をよじ登るのだ。そこから、金網を切り裂くか――毎日のように切られてはつくりなおされているので「トルティーヤ・フェンス」とのあだ名がついている――この近くでフェンスに開いた狭い道路を駆け抜けるかするのだ。私たちがいた場所の背後には、国境警備隊の白いSUVが2台待ち構えていて、その空間を注意深く監視していた。

トルティーヤ・フェンスと待ち構えている国境警備隊を出し抜くことができれば、川から約75メートル離れたところにある、はるかに高い鋼鉄製のバリケードへと突進するはずだ。高さ5・5メートル、人の指ではつかめないほど細かい網でできている。そこで、男たちが、この網目に刺せるようなドライバーを2本ずつ用意しているとしよう。これを使ってバリケードの上までよじ登れば、反対側に転がり降りて、テキサス州エルパソの中心街へと駆け込むことができるだろう。

すべてはタイミングにかかっている。流路に沿って一定の間隔で設置されている高い監視塔にはビデオカメラや赤外線センサーが取り付けられており、作戦の一部始終が映し出されるのだから。川を渡って2つの障壁を越えられれば、あとは上着を脱ぎ捨てて人ごみに紛れるだけなので、ものの数秒で姿を消すことができる。エルパソの市街地は、対岸の姉妹都市シウダー・フアレスとまったく同じように、メキシコ系や中米系の人々でごったがえしているのだ。

エルパソは美しい都市で、地図の上ではテキサス州最西端にギュッと詰め込まれているように見える。強い日差しに焼かれた赤い山々が、エルパソとメキシコのチワワ州最大の都市シウダー・フアレスの色彩豊かな背の低い街並みを見下ろしている。近くにある、ニューメキシコ州のラスクルーセスと合わせて、アメリカ国内のエルパソ都市圏には100万人が暮らしている。メキシコ側のシウダー・フアレスの人口を加えると、リオ・グランデで分けられた、アメリカとメキシコの3つの州と2つの主権国家にまたがるこの都市群で暮らす住民は、およそ230万にのぼる。

エルパソとシウダー・フアレスの間で、アメリカとメキシコの1100キロメートルにわたる陸地の国境が終わり、続いて2000キロメートルの川の国境が始まる。この分岐点の北では、リオ・グランデがロッキー山脈の南側から蛇行しながら南下し、流域に灌漑農地が連なる気持ちのよい緑地帯をつくり、やがてそれが短い範囲ではあるがテキサス州とニューメキシコ州とを分けている。

この緑地帯にやってくるのは鳥と農夫だけで、たまにカヤックを漕ぎにくる人がいるくらいだ。しかし、テキサス州とニューメキシコ州とメキシコの3つの領域が接する地点までくると、川は進路を東にとり、コンクリートと鉄でつくられた檻のような水路へと姿を変え（カラー口絵参照）、そこからメキシコ湾までの2000キロメートルにわたって、アメリカとメキシコの国境を厳格に隔てるという重責を担うこととなる。

この3地域が接する地点があるのは、エルパソの中心街から車でたった数分の場所だ。リオ・グランデは、国境線の少し上流で背の低いダムによって分水させられていて、大部分の水がアメリカン運河と呼ばれるコンクリート製の水路へと流れ込む。テキサス州で、リオ・グランデの左岸（下流を向いたときに左側の岸が左岸とされる）に立つと、川向こうにメキシコとニューメキシコ州の両方が見える。その国境の川岸からそう遠くはない場所に、白くて背の高いオベリスクが立っている。

これは1855年にアメリカとメキシコの国境委員会によって設置されたモニュメントで、ここから始まって太平洋まで西向きに続く国境を示す、276ある境界標の第1号だ。

このモニュメントの隣に立って山を見上げると、数キロメートル先の岩山の上に、次の境界標が立っているのが見えるだろう。J・R・R・トールキンが書いた、中つ国のローハンとゴンドールを結んで次々と点火される烽火《のろし》のように、この地域の境界標は隣の標識が直接見えるように戦略的に配置されている。

アーティストでありアリゾナ大学の教授でもあるデイヴィッド・テイラーは、7年という歳月をかけて、ほとんど忘れられていた境界標をひとつひとつ探し出して写真に収めた。多くは、すでにアメリカ側からは触れることができない。それらは壁の向こう側にある。アメリカの鋼鉄製フェンスが国境から数メートル内側に建てられたため、事実上メキシコに譲り渡されてしまったのだ。

第1号の境界標から南東に少し進むと、メキシコ側のリオ・グランデの川岸があり、ピクニックのゴミが散乱し、寂しげな白鷺が佇んでいる。下流のどこかから、泳いでいる子どもたちの楽しそうな大声と水音が聞こえてくる。境界標のすぐ近くにある古い日干しれんが造りの建物は、メキシコ革命初期の1911年に革命軍の本部だった。この建物からフランシスコ・マデロとパンチョ・ビリャがシウダー・フアレスに攻め込んだのだ。短い戦いの末、誰もが驚いたことに革命軍が勝利を収め、最後にはメキシコ連邦政府を倒した。

川のエルパソ側のアメリカ人たちはホテルの屋上から蜂起の様子を見ていた。革命軍を支援するためにオレンジや現金を携えて国境を越えた者たちもいた。1世紀前にはリオ・グランデは自然のままの状態で簡単に渡ることができた。川は両国が管轄区域を分けるために便利に使っていただけで、特に警備もなかったのだ。ところがいまや、世界でもっとも要塞化が進んだ危険な国境となっている。

1日に何万人もの人々が、エルパソとシウダー・フアレスを隔てる厳重に警備されたこの国境を、合法的に渡っている。コンクリートで固められた水路をもつリオ・グランデと、それに沿って掘られた分身のようなアメリカン運河をまたいで、歩道と車道のある橋が架かっており、人々の往来がある。片方の都市に住み、もう一方の都市で働く者もいれば、川を挟んで分かれて暮らしている家族もある。毎年、400万人以上が合法的にこれらの橋を歩いて行き来しているのだ。

しかし、この明るい喧騒の陰には、死が潜んでいる。橋の下にも、都市の西にある灼熱の砂漠の山々にも、死が待ち構えている。陸では、地面にセンサーが埋め込まれ、鋼鉄のフェンスが張りめぐらされ、縦横に走る未舗装の道路をアメリカ国境警備隊の白いSUVが巡回している。リオ・グランデに排水する両都市の雨水管は、移民や麻薬密輸業者が地下を密かに移動するのに使われている。アポダカ隊員の話によると、近年にローマ教皇フランシスコがシウダー・フアレスを、そして当時のバラク・オバマ大統領がエルパソを訪れた際、国境警備隊の隊員たちは安全確認のために、拳銃だけの軽装備でこれらの排水管を這い回らねばならなかったそうだ。

私たちが視線を交わした2人の男たちは、エルパソでもっとも危険度の低い場所を選んで国境を越えようとしていた。リオ・グランデの、特にこの2・5キロメートルの区間では、川の水の大部分が私たちの足下のトンネルへと排出されて地下水路を流れている。約200メートル下流で、その水がアメリカン運河に再び流れ込むのだ。運河の幅はたった12メートルと狭く、これに勘違いをした人たちが誘われるようにフェンスを越えて運河を泳いで渡ろうとする。そして、深さ5メートルにも達する流速40キロメートルの強烈な流れに呑み込まれて、多くの人が命を落としている。

アメリカン運河は両側を頑丈な金網で囲われており、スペイン語の警告の看板も据えられているのだが、ここを渡ろうとする人は後を絶たない。見渡せば、運河沿いには数百メートルおきに、ロープと救命具が入った緊急ボックスが設置されていた。エルパソでは、国境警備隊の隊員たちは急流での救助の訓練を受けており、その訓練を生かすことが頻繁に求められる。同伴してくれた隊員たちによると、その年の溺死者数はすでに8人を超え、救助活動が何度もおこなわれているという。

国際移住機関（ＩＯＭ）は、「Missing Migrants Project（死亡もしくは行方不明の移民に関するプロジェクト）」という移民の死者数などの世界的データベースをつくる政府間組織だが、このＩＯＭによると、移民の死因でもっとも多いのが溺死である。そのほとんどが地中海での死亡なのだが、それは移民をぎゅう詰めにした貧弱なボートが北アフリカからヨーロッパ大陸を目指す危険な旅の途中で転覆事故を起こすためだ。遺体の多くは、リビアの美しいビーチに打ち上げられる。

陸地では、川を渡ろうとして移民が溺れている。リオ・グランデ（ＩＯＭのデータベースではメキシコにおける呼称のリオ・ブラボーも使われている）は世界でもっとも危険な国境のひとつであり、

2015年から2018年の間に、200件を優に超える溺死事故が記録されている。

もうひとつ、世界有数の危険な川がある。ミャンマーとバングラデシュを隔てるナフ川だ。この川の犠牲となっているのが、少数民族ロヒンギャといって、仏教国ミャンマーのラカイン州北部でまとまって暮らしているベンガル系ムスリムである。ミャンマーでは、ロヒンギャは外国からの侵入者だとみなされている。ロヒンギャの祖先がイギリスの植民地時代に移住してきたためだ。1960年代以降、ラカイン州の仏教徒とミャンマーの中央指導部は断続的にロヒンギャの権利を剝奪し、暴力的な国外追放を続けてきた。2017年には異例の武力弾圧により数千人の死者が出て、約70万人がナフ川を渡ってのバングラデシュ入りを余儀なくされた（カラー口絵参照）。その年だけで少なくとも173人が溺死している。

また、トルコとギリシャを隔てるエブロス川、セルビアとハンガリーの国境にあるティサ川、ブルガリアとルーマニアを隔てるドナウ川でも死者が出ている。ジンバブエと南アフリカの国境であるリンポポ川では、移民がカバに殺されたり、ワニに食べられたりすることもある。

アメリカの国境警備隊員から聞かされたのは、移民に対する同情と、まともな装備もない越境希望者を死者が出るような急流や灼熱の砂漠の山へと追いやる「コヨーテ」と呼ばれる密入国斡旋業者への嫌悪の言葉だった。隊員のひとりは辛そうにこう言った。「密入国者たちは、自分が死んでも構わないと思っているんです」。彼女は本心から同情していた。それでも、何千何万もの人々が、そんな彼女を避けるために命を懸けるくらいに絶望している。国境とは複雑な場所なのだ。

青い境界線

テキサスを訪れてから、私は、人類が川を政治的な境界線として利用していることに強い関心を抱くようになった。古代の水利社会では、人々を分断するのではなく団結させるために、また力を断片化するのではなく集約するために河川が利用されていたのだが、そこで私が見たのはまったく違うものだった。しかし、世界地図をよく見ると、今日の多くの国が、河川とその地形的な分水界を使って国土の境界を定めていることがわかる。

メキシコとの境界である、要塞化したリオ・グランデとコロラド川だけではない。アメリカは、レイニー川、ピジョン川、セントメアリーズ川、セントクレア川、デトロイト川、ナイアガラ川、セントローレンス川、セントジョン川、セントクロイ川で、カナダと国境を接している。

２００１年９月11日の世界貿易センタービルとペンタゴンへのテロ攻撃以前には、これらの川はほとんど警備されることはなく、夏にはボートで、冬には凍った川の上を徒歩や車で簡単に渡ることができていた。しかし今では、ミシガン州とニューヨーク州をカナダのオンタリオ州から隔てているセントクレア川とナイアガラ川は、塔に取り付けられた赤外線ビデオカメラによって監視されている。また、冬になると、セントローレンス川が凍ってできた白いハイウェイを、密輸業者とアメリカ国境警備隊員がスノーモービルで追いかけっこをしている。

中国北東部と極東ロシアの国境では、アムール川（黒龍江）とその支流のアルグン川、ウスリー川が、およそ２５００キロメートルにわたり流れている。鴨緑江《おうりょくこう》は中国と北朝鮮を隔てる川

鴨緑江によって隔てられた、開発レベルに大きな差のある2つの世界。
左岸が北朝鮮で右岸が中国。(ミカル・ハーニエヴィッチ提供)

だが、その両岸の開発状況には驚くほどの開きがある。ドイツは、ライン川、ドナウ川、イン川、ナイセ川、オーデル川を国境としている。ブラジル、パラグアイ、アルゼンチンはパラナ川で、ポルトガルとスペインはドウロ川で、イングランドとスコットランドはツイード川で隔てられている。さらに細かく、国よりもっと下のレベルで見ても、世界中の州や県、郡、市町村を区切るために、川や地形的な分水界が使われているのだ。

驚いたことに、このように川を政治的な境界線として多用していることに関して、定量的な調査はほとんどなされていなかった。そこで、当時UCLA(カリフォルニア大学ロサンゼルス校)で地理学を専攻していた優秀な学部生のサラ・ポペルカを説得して、地理情報システム(GIS)のソフトウェアを使ってこの問題に取り組んでもらうことにした(第8章で見るように、衛星や地理空間の新たなデータセットが急増したおかげで世界的な「ビッグデータ」分析が容易になっている)。

私たちは、政治的な境界と人口密度のデータを、衛星での遠隔測定により得られた世界の河川の高解像度地図と重ね合わせることで、政治的な河川の境界をまとめた新たな地理空間データベース「世界地域河川境界(Global Subnational River-Borders)」、略してGSRBを作成した。GSRBを使えば、大河川が定める政治的境界を、国や地域のレベルで明確に特定し、確認できる。この新しいデータベースからわかるのは、世界の内陸部の(沿岸部ではない)国境の少なくとも5万8000キロメートル(23パーセント)と、世界の内陸部の州や県の境界のうち18万8000キロメートル(17パーセント)、世界の内陸部の郡や市町村レベルの政治的境界のうち44万2000キロメートル(12パーセント)が大河川であることだ。実際に大河川をその範囲内に含む政治的地域に限定したならば、これらの割合は、それぞれ25パーセント、20パーセント、22パーセントに上昇する。

南米では、すべての国境の半分近くが河川である。世界的に見ると、大河川を境界として隣接する政治的地理区分は、国同士では少なくとも218組、州または県は2267組、郡や市町村は1万3674組ある。大きな数字だと思うかもしれないが、私たちの研究では小さめの川や分水界を考慮していないので、これらの数字では政治的境界としての河川の真の利用が少なく見積もられている。

簡単に言うと、この研究は、人々がそのなかで生活し、隣人が誰であるのかが決まるような政治的地理区分を形成するうえで、河川がどれほど重要な役割を果たしているのかを定量化するものだ。第9章では、世界的な人口と都市の将来という切り口で、この独創的な研究に立ち返ることとしよう。

川を国境にするメリット

河川と地形的な分水界を使って政治的な領土を定義するという人間の傾向には、長い歴史がある。征服者や帝国は、領土の範囲を定め交渉するための便利でわかりやすい方法として、こういった地形を往々にして利用した。

中世のフランス王国は、ソーヌ川やローヌ川、ムーズ川、スケルト川を用いて自国の境界線を定めていた。第1章で説明したように、フランスの探検家ラ・サールはミシシッピ川の地形的な分水界を利用して、地図づくりや測量を一切おこなわないままに広大な未踏の地の領有権を主張した。ラ・サールは、自分の主張が310万平方キロメートル（現在のアメリカ本土の面積の約40パーセント）に及ぶものだと認識していなかった。その主張で範囲を明確にするために用いた地形が、その後の何十年、何百年の間に所有者を変えてどんどん分割されながらも使用され続けることなど、知るよしもなかったのだ。

後に、独立戦争終結のためにイギリスと交渉する際、アメリカの交渉人たちは、明確でとてもわかりやすい領土の目標点としてミシシッピ川を使用した。そしてその20年後、トーマス・ジェファーソンとナポレオン・ボナパルトは、その川と、ラ・サールが最初に主張した西部の流域範囲を使って、未踏の地を含むルイジアナ購入の交渉をおこなった。このルイジアナ購入は、新生アメリカ合衆国にとって血を流すことなく領土を獲得した勝利であり、史上類を見ない規模の土地獲得であったことが後に証明された。

まともな地図が存在しない世界においては、河川やその分水界といった境界線は、外国からやってきた十分な情報をもたない征服者が、領土（テリトリー）を定義し交換するために都合のよい自然の境界線となる。結局のところ、河川は明確で、連続的で、長さがある。時間も費用もかかる土地調査とは異なり、川は無料で、すでにその場に存在している。軍事的征服や条約交渉のための明確で客観的な目標物となってくれるのだ。

こういった地籍という意味での利便性に加えて、河川そのものが探検や貿易へのアクセスとなり、流域の森林資源や、肥沃な土壌、魚、ときには金といった形の自然資本をも与えてくれる。軍事的には、河川は遠くの戦域への人員や物資の輸送手段であると同時に、攻めてくる軍隊を阻む仕組みにもなりえる。上記すべてのテリトリー・アクセス・自然資本・軍事力といった理由から、遠方の宗主国にとっては、河川こそが、地図のほとんどない大陸の探検・軍事戦略・領土確定を進めるにあたって非常に頼りになる地形だったのだ。

初期のアメリカが領土を拡大していく様子を見れば、信頼できる地図がまだない時代に、政治的境界線として通常使われていたのが河川とその地形的な分水界だったことがわかるだろう。1763年のイギリスの「国王宣言」（ミシシッピ川流域と東に流れるアパラチア源流との間の地形的な分水界を利用してタイドウォーター地域の植民地群を画定）に始まり、パリ条約（独立戦争終結）、ルイジアナ購入、オレゴン条約の交渉において、ミシシッピ川自体かその分水界が利用された。他の川も、テキサス併合や、アメリカの多くの州と太平洋岸北西部の多くの部分の設立に大きく関わっている。18世紀から19世紀にかけて、河川と分水界は、アメリカの境界線と政治力の拡大に重要な役割を果たしたのだ（地図参照）。

たとえば、1845年にジェームズ・ポーク大統領がテキサスを併合してメキシコを挑発し、一方的な戦争に持ち込まなければ、現在のアメリカとメキシコの国境はリオ・グランデではなくヌエセス川で、テキサス州の玄関口はエルパソではなくコーパスクリスティだったかもしれない。テキサス州を手に入れたポーク大統領は、メキシコがテキサス州との北の境界線とみなしていたヌエセス川の南にアメリカ軍を配置した。これが引き金となり米墨戦争（アメリカ＝メキシコ戦争）が始まったのだ。この戦争により、まだ若い国だったメキシコは130万平方キロメートル以上の国土を失い、半分程度の大きさになってしまった。

1848年のグアダルーペ・イダルゴ条約により戦争は終結し、メキシコはリオ・グランデ上流以西のすべての領土を失った。この地域は現在、アメリカのニューメキシコ州、アリゾナ州、コロラド州、ユタ州、ワイオミング州、ネバダ州、カリフォルニア州の全部または一部となっている。テキサス州の南の境界線は、ヌエセス川からリオ・グランデへと、南に向けてぴょんと移動した。1853年から1854年におこなわれたガズデン購入（アメリカがメキシコからさらに7万6850平方キロメートルを購入）がなければ、現在のアリゾナ州の南の国境は、フェニックスのすぐ南を流れるヒラ川の、曲がりくねった形となっていたことだろう。

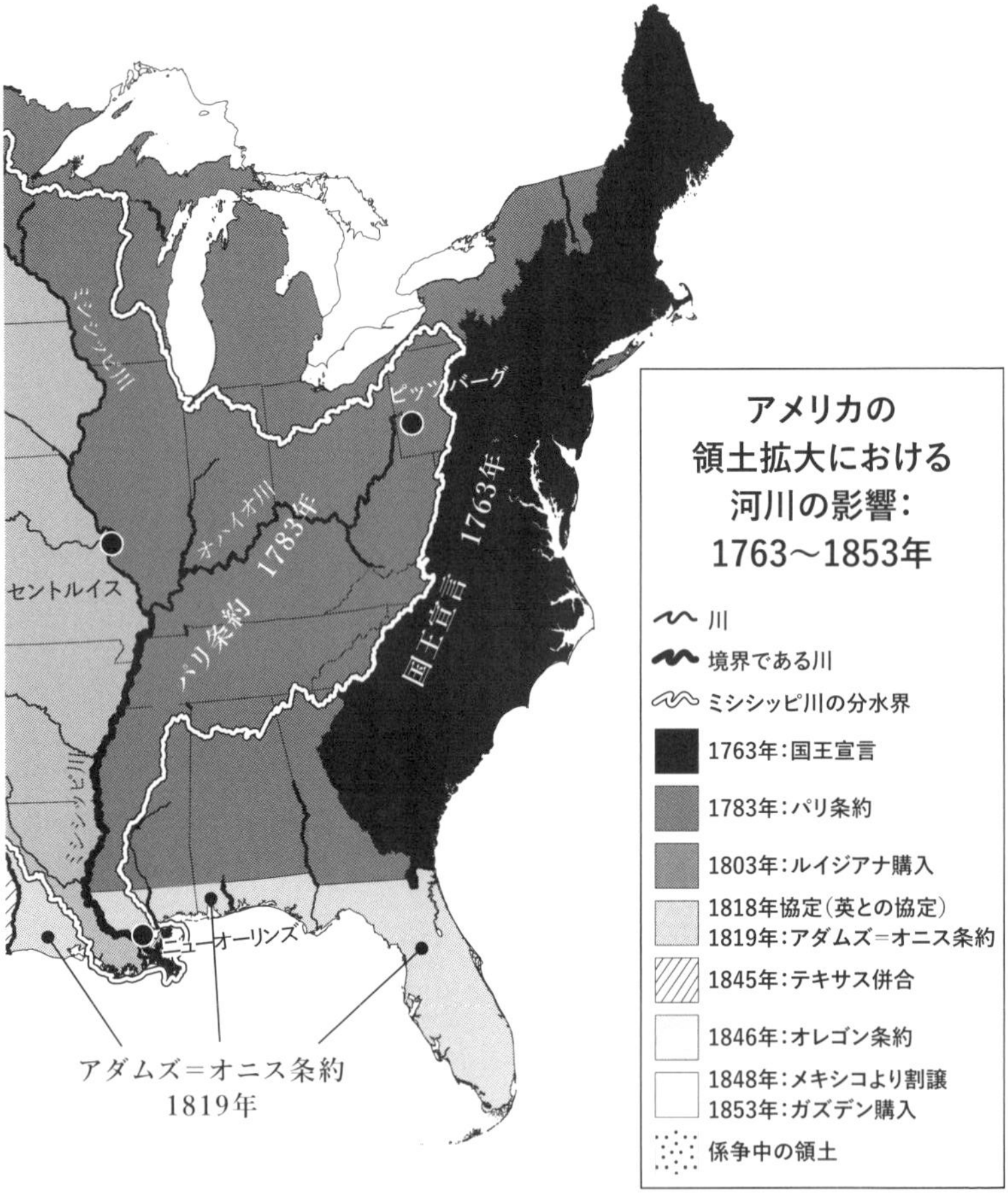
アメリカの
領土拡大における
河川の影響：
1763〜1853年
川
境界である川
ミシシッピ川の分水界
1763年：国王宣言
1783年：パリ条約
1803年：ルイジアナ購入
1818年協定（英との協定）
1819年：アダムズ＝オニス条約
1845年：テキサス併合
1846年：オレゴン条約
1848年：メキシコより割譲
1853年：ガズデン購入
係争中の領土
ミシシッピ川
ピッツバーグ
オハイオ川
1783年
パリ条約
1763年
国王宣言
セントルイス
ミシシッピ川
ニューオーリンズ
アダムズ＝オニス条約
1819年

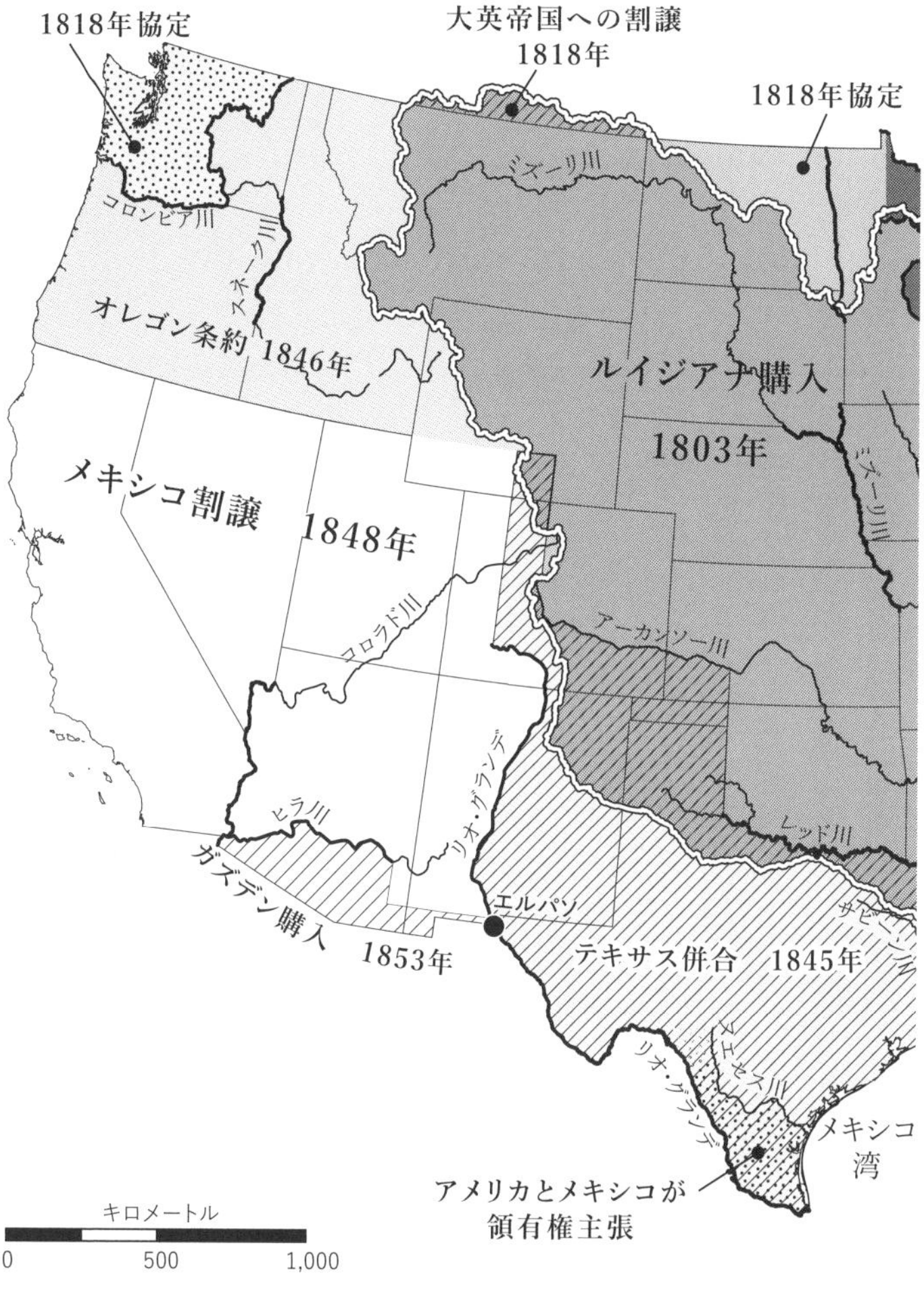

植民地および国家の権力者たちは、河川とその地形的な分水界を利用して、土地の境界を定め、土地取引をおこなってきた。この地図では、1763年から1853年の間にアメリカ本土で締結された重要な領土拡大の条約と、主要な河川や分水界を重ねて示している。

アメリカ国務省で働いてからUCLAの地理学部の大学院に進学したウェスリー・ライザー博士によって、物理的・社会的な既存の条件が国境交渉にどのような影響を与えるかについて、興味深い事実が明らかとなった。彼の博士号論文は、後に『ブラック・ブック――ウッドロウ・ウィルソンの平和のための秘密の計画』というタイトルで出版されたが、そのテーマは、第一次世界大戦中に密かに集められたアメリカの地理学者、歴史家、政治学者、経済学者によるほとんど知られていないチームについてだった。

ウッドロウ・ウィルソン大統領が集めたこのチームの目的とは、世界の政治的境界線を引き直すためのマスタープランの作成だった。チームは地図や計画などが充実した「ブラック・ブック」という極秘文書をつくり、ウィルソンは毎日これを抱えて、戦争を終わらせるためのパリ講和会議の席に臨んだ。これらの計画では、言語、民族、政治といった要因だけでなく、河川や分水界といった「地形」も考慮されていた。

ヴェルサイユ条約の交渉においてウィルソンが最優先事項のひとつに挙げたのが、主要河川の支配だった。チグリス川とユーフラテス川の源流をメソポタミア地方のある一国（現在のイラク）だけに与えるという「ブラック・ブック」案は交渉を経て残らなかったが、生き残った案もあった。提案された国境の多くは河川の利用が考慮されており、ときには優遇する国に河川の支配権が意図的に移された。チェコスロバキア（現在のチェコ共和国とスロバキア共和国）は、ブラチスラバという都市でドナウ川の利用権が認められた。

また、内陸国ポーランドをビストゥラ川下流からドイツの港町ダンツィヒ（現在ではポーランドの都市グダニスク）へとつなげる、いわゆる「ポーランド回廊」をつくるという物議を醸す案が出された。ダンツィヒの人口の90パーセントはドイツ人であり、回廊は事実上ドイツを分裂させるものだったが、最終的にはこの案が通った。

そこから月日は流れて第二次世界大戦の終了後には、ソビエト連邦はポーランドの国境をさらに西のオーデル川とナイセ川まで広げた。このように、第一次および第二次世界大戦後のヨーロッパや中東の政治的地理の形成において、特定の河川やその地形的な分水界が大きく影響を及ぼしたのだ。他にも歴史に残るような数多の征服や条約が河川を基準としており、世界の内陸部にある政治的境界線の4分の1近くに、今なおその影響が残っている。

国の大きさと形

もちろん、政治的な境界線を引くのは人間だけの発明だ。境界線は、実際の地形ではなく人間が考案するものであり、交渉の対象となる。

海岸線、河川、山脈などは境界として便利な地形だが、境界線の決定にはさまざまな思惑や野望が絡む。本土からハワイ諸島のあいだには4000キロメートル近くも海が広がっているが、その距離も、アメリカがハワイ諸島を組み込むことの妨げとはならなかった。では、国の大きさと数を決定する、純粋に人間的要因とはなんだろうか。

政治経済学者のアルベルト・アレシナとエンリコ・スポラオーレは、『国家の大きさ』という重要な本のなかで、経済学、人口統計学、政治的自由度によって国の大きさの限界が決まると論じている。一般的に、国の理想の大きさは、人口が多いことによるメリットとデメリットのトレードオフによって決まる。メリットは、経済規模が大きく、地政学的な影響力も大きく、インフラや公共サービスに対する一人当たりのコストが抑えられること。大国ならば、より大きな軍隊の組織が可能となり、また、富を再分配するべき人口が分散しているので、局所的な経済不況や自然災害にも対処しやすい。

しかし、人口の多い大国は往々にして不均質であり、ニーズや優先事項、文化などが多様化している。この多様性を管理しようとすれば市民に不満が生じ、特に開かれた民主主義国家においては国の統治能力の低下につながる。そして、統治の失敗により、市民の秩序と国家の安定が脅かされる。

現在、大国の多くは、多様な希望をもつ不均質な集団を抱えており、すべての希望を満たすのは困難な状態にある。たとえばイラクが現在の大きさを保つには、スンニ派、シーア派、クルド人のそれぞれの希望を調整しなくてはならない。ドイツでは移民排斥派のナショナリストとリベラルなグローバリストへの対応が必要だ。アメリカには不満を抱えた派閥が数多くあり、農村部の保守派と都市部のリベラル派をはじめ、社会経済的地位や性別、人種もばらばらな有権者たちが対立している。これらの国は、国内の対立や政治的行き詰まりを代償として抱えつつ存続している。

こうした圧力によって解体した国も多く、たとえばソビエト連邦、チェコスロバキア、アラブ連合共和国、ユーゴスラビアなどがある。実際、20世紀後半というのは並外れて政治的断片化が進んだ時代であり、世界の主権国家の数は2倍以上に増えた。この政治的断片化の背景には、民主化が進んだ結果としての分離独立の増加がある。簡単に言うと、多くの国が、大国であることの経済的・地政学的な利点を手放してでも、国民の求めに応じるために規模を縮小するという決断を下したのだ。

『国家の大きさ』が説明しようとしているのは、国の拡大や分裂をもたらす社会的・経済的な力だ。しかし、これらの力の影響が最終的に表れるのは、やはり、物理的なこの世界においてである。海岸線、地形上の分水界、河川などが政治的な境界線として有用であることは、はるか昔に帝国をつくりあげた人々にとっては当たり前だったが、奇妙にも今日の学界では無視されている。こういった物理的なリアリティーについては、たとえば『国家の大きさ』でも一度も言及されていない。世界の政治的境界線が今ある位置で定まった理由を政治学者に尋ねたとしたら、歴史を紐解きながら、民族、言語、植民地時代の歴史、宗教、民主主義、独裁政治などが果たした役割について聞かせてくれるだろう。だが、海岸線や川、地形的な分水界の話は出てこないはずだ。

しかし、サラ・ポペルカとの研究やアメリカの領土拡大の地図を見れば、あるいはどんな世界地図でも見てもらえれば、政治的国家が自分の境界を決めるときに、物理的な世界からの影響も受けているのだとわかるだろう。人々は政治的な目標を描くが、何もない場所に目標を描くわけではない。純粋に社会的な力だけでなく、海岸線や河川にも影響力がある。河川、もっと一般化すれば自然界の地理もまた、国の大きさと形、ひいては全世界における政治権力の地理空間的パターンに影響を及ぼしている。

「水戦争」の21世紀

近年、国際紛争において河川がきわめて大きな役割を果たしているが、それは国境線の定義の問題にとどまらない。さらに差し迫った問題が、水そのものだ。

出生率が低下している場所は世界各地にあるが、世界の人口と発展途上国の所得は依然として増え続けている。約100億人（2050年の世界人口の予測値）が、動物を食べながらさらに豊かな暮らしを送るには、世界の食糧生産量を現在の2倍近くに増やす必要がある。節水対策や、害虫や病気に強い遺伝子組み換え作物などの技術進歩は、この問題への取り組みにおいて役立つだろう。しかし、地球上で増え続ける人間や家畜を養うためには、やはり水が必要なのだ。つまり、世界中ですでに過度の取水がなされている河川や小川、地下帯水層に、さらに大きなプレッシャーがかかることになる。

これがどのような事態を招くのか、恐ろしい展開が容易に想像できる。実際に、水をめぐる武力衝突の脅威を扱った文章が次々と生み出されている。本書執筆時点で、「water wars」という言葉でグーグル検索すると100万件が、学術文献に絞ると1300件がヒットした。長年このテーマでの研究を続けてきた、オレゴン州立大学の地理学者アーロン・ウルフは、水とは「代替物がなく、国際法が十分に整理されておらず、その必要性が圧倒的であるような、唯一の希少資源」だと指摘している。コフィー・アナン、潘基文《パンギムン》、アントニオ・グテーレスというここ3代の国連事務総長は、不適切な水の利用によって、社会不安、大規模な移住、武力紛争が全世界で引き起こされる可能性があると警鐘を鳴らしている。

特に懸念されるのが、人口が少なく、他の理由から国家間の緊張がすでに高まっているような地域だ。この条件に当てはまる、国境をまたぐ主要な水系が少なくとも4つある。現在、ナイル川は11カ国を流れ、5億人近くが利用している。ヨルダン川は、イスラエル、ヨルダン、レバノン、パレスチナ自治区、シリアを流れている。チグリス川とユーフラテス川は、トルコ、シリア、イラク、イランが利用している。アフガニスタン、中国、インド、パキスタンを流れるインダス川は、カシミール地方の山岳地帯という激しい紛争地帯に源流をもつ。

すでに利用する者が多すぎるうえに人々の生存に欠かせない河川を、宿敵と共有しているのだ。これらの河川が支える人口は増加し、工業化が進み、それに伴い水の需要が増す。こういった重要な川の管理をめぐる争いは、暴力を伴うものになるのだろうか？　21世紀の国家間戦争とは、水をめぐる戦いなのだろうか？

マンデラはなぜ隣国を襲撃したのか

これらの問いの答えが「その可能性あり」だとする、理に適った議論はたしかにある。たとえばネルソン・マンデラといえば平和と社会正義の推進者として世界的な尊敬を集めた人物だが、その彼が、水をめぐって人を殺すのもやむなしと考えていたくらいなのだから。

マンデラは政治犯として27年間の獄中生活を送ったのちに、先進的な社会運動を展開し、その活動が認められてノーベル平和賞を受賞した人物だ。南アフリカ共和国の人種差別的なアパルトヘイト体制の撤廃に向けて尽力し、1994年には同国の大統領となった。

マンデラが大統領に就任して4年目のこと、南アフリカ国防軍がレソト王国を襲撃した。レソト王国とは、アフリカ南部の高地にある、南アフリカ共和国に周囲を囲まれた小さな王国だ。南アフリカ国防軍は攻撃ヘリコプターや特殊部隊を使って、カツェ・ダムを守るレソト兵の駐屯地を壊滅させたのだ。

建造されたばかりのアーチ式コンクリートダムと、マリバマトソ川につくられた貯水池は、「レソト高地水プロジェクト」という、レソトと南アフリカが80億ドルを投じた共同治水プロジェクトの一環だった。オレンジ川（センク川）の源流から流れ出る水をいったん溜めて、輸送用トンネルを通して南アフリカの産業の中心地であるプレトリア、ヨハネスブルグ、フェリーニヒングに年間およそ22億立方メートルの水を供給するという計画が進められていたのだが、そのための5基のダムの1基目が、このカツェ・ダムだった。

南アフリカ国防軍の兵士たちがダムを占領した際に、16人のレソト兵が死亡した。ダムを制圧すると、国防軍はレソト王国の首都マセルへと向かい、攻撃の表向きの理由であった波乱含みの選挙で生じた動乱の鎮圧にとりかかった。マンデラは、平和主義者という自分のイメージを意識してのことだろうが、部下のマンゴスツ・ブテレジに攻撃命令を発出させた。マンデラがクリントン大統領から議会名誉勲章を授与されるためにワシントンＤＣへと向かった数日間だけ、彼が大統領代行に任命されていたのだ。

専門家や法律家たちは、南アフリカがこの攻撃を正当化するために後になって提示したさまざまな主張や条約を精査した。しかし、そこで示された理由は十分なものではなかった。選挙抗議活動の鎮圧は、南アフリカが、南部アフリカ開発共同体との合意や国連憲章などに違反する十分な理由にはならないのだ。攻撃の真の動機は、レソト高地水プロジェクトへの脅威に対する懸念だったと考えられる。当時、このプロジェクトは、アフリカのこの地域における最大級の河川分水計画であり、南アフリカの長期的な水の安全保障戦略の要だった。

少し時間をとってよく考えてみよう。崇敬を集め、ノーベル平和賞を受賞したネルソン・マンデラ。アパルトヘイト撤廃を求めた平和的活動をやめるよりも、投獄を受け入れたこの人物が、水のためならば、国際法を破ってまでも他の主権国家を侵略せざるをえないと感じたのだ。これは、マンデラの偉大さを損なうというよりも、いかに川が重要であるかを示しているのではないだろうか。どんな大統領も――ネルソン・マンデラでさえも――国民の福祉と国益を考えるときに、水の安全保障の決定的な重要性には逆らえないのだ。

「ウォータータワー」がもたらす支配力

南アフリカの人々の福祉にとってレソトがこれほどまでに重要である理由とは、この地のマロティ＝ドラケンスバーグ山地が「ウォータータワー（給水塔）」を形成しているからだ。典型的なウォータータワーとは、乾燥した低地に囲まれた山地がとにかく大量の雨水を蓄えて、それが漏斗《じょうご》を通すように下流の大きな川へと注ぎ込むような地形だ。

この地の場合、下流でその利益を享受しているのがオレンジ川（センク川）だ。アフリカ大陸南部を流れる巨大な幹線水路であり、南アフリカにとって重要な水源である。他にもウォータータワーの例はいくつもある。

青ナイル川とナイル川の水源であるエチオピア高原。ドナウ川、ポー川、ライン川、ローヌ川の水源であるヨーロッパのアルプス山脈。オカバンゴ川とザンベジ川の水源であるアフリカのビヘ高原。中央アジアではパミール高原、アルタイ山脈、ヒンドゥークシュ山脈、天山《テンシャン》山脈がアムダリア川とシルダリア川に、中東ではタウロス山脈とザグロス山脈がチグリス川とユーフラテス川に、アメリカではロッキー山脈がコロラド川とリオ・グランデに水を供給している。なかでももっとも壮大なウォータータワーがチベット高原とヒマラヤ山脈だ。インダス川、ガンジス川、ブラマプトラ川、イラワジ川、サルウィン川、メコン川、長江、黄河の水の流れをつくりだし、全人類の約半分がこの水源に依存している。

世界中のウォータータワーと、それにより支えられている川の位置を調べると、多くの国が他国の水に依存していることがわかる。レソト王国は南アフリカ共和国にとって重要なウォータータワーを管理している。エチオピアはスーダンとエジプトにとって、アンゴラはナミビア、ボツワナ、ザンビア、ジンバブエ、モザンビークにとって重要なウォータータワーを管理している。

ネパールはインドにとって、インドはパキスタンとバングラデシュにとって重要なウォータータワーを部分的に管理している。トルコはシリアとイラクにとって重要なウォータータワーを管理している。チベット、ネパール、ブータン、そしてカシミールが取り囲んでいるのは、下流9カ国と地球の全人口の半分近くが生存するために不可欠な、巨大なウォータータワーである。中国は、1950年にチベットを制圧することで、自国だけではなく、バングラデシュ、ミャンマー、ラオス、カンボジア、タイ、ベトナムにとってきわめて重要なウォータータワーを支配する力を得た。

川の水が生まれる場所と、それが消費される場所との、この驚くべき非対称性が意味するのは、政治国家に対する強大な影響力である。ウォータータワーやそこから流れ出る河川を支配する国は、下流の隣国に対して、存亡に関わるような脅しをかけられるわけだ。下流にある「下流域国」と呼ばれる国々は、川の水が自国に届く前に上流域国によって枯渇させられたり汚染されたりする可能性を恐れている。

こうした仮定としての脆弱性がもっとも高まるのは、上流域国において、自国内で分水や貯水ができる地形的な条件が整っている場合だ。たとえばアメリカは上流域国としての力をメキシコに対して振りかざしている。リオ・グランデとコロラド川は、メキシコに入る前に、アメリカ国内で長い距離を流れて大変な流量を生み出しているが、分水やダムの建造をおこなうのに適した場所が数多くあるのだ。中国もまた、同様の力をミャンマーやカンボジア、タイ、ベトナムに対してもっている。これら近隣国の上流域には、メコン川をせき止めたり流れを変えたりできる場所がいくらでもあるからだ。

アメリカ司法長官ハーモンの過ち

理屈の上では、上流域国は、周辺国を気にすることなく、そうしようと思えば川の水を一滴残らず消費したり汚染したりすることができる。1895年、ワシントンに駐在するメキシコ大使がアメリカの国務長官に緊急報告書を送った。その内容は、リオ・グランデの、アメリカとメキシコの国境沿い約800キロメートルが、夏季に完全に干上がり始めているという警告だった。メキシコの農家は、300年にわたってこの川から水を引いていた灌漑農地を放棄しつつあった。すでに、シウダー・フアレスの人口は半減していた。その理由は、国境からはるか上流で、リオ・グランデの水をコロラド州やニューメキシコ州の新たな農地へと引きこむ分水路がいくつもつくられたためだった。大使の報告書によると、シウダー・フアレスやエルパソ周辺のリオ・グランデ沿いで何世紀にもわたっておこなわれてきた伝統的な水利用が、これらの分流によって破壊されたという。

アメリカ司法長官のジャドソン・ハーモンは、この訴えに応えて、冷徹な法的見解を出した。それは実質的に、自国内におけるリオ・グランデの利用を制限する義務はアメリカにはないとの主張だった。アメリカは国土に対する絶対的な主権を有しており、したがって、国内を流れるあらゆる川に対しても絶対的な主権を有する。つまりリオ・グランデがメキシコとの国境に到達するまでの上流にある水資源をどう使おうと、自分たちの勝手だというのだ。

やがてハーモン・ドクトリンとして知られるようになったこの方針は、弱い立場にある下流域国のいずれもが抱く存亡への危機感が形をとって現れた例である。上流域国が水の供給を妨げる可能性を突きつけたのだ。しかし実際には、多くの下流域国は同時に上流域国でもあって、お互いさまであることも多い。

渡航可能な河川であれば、上流の隣国が内陸にある場合は特に、下流の国もまた別種の力をもつことがある。たとえばドイツは下流域国でありながら、チェコ共和国に対して力をもつ。チェコはドイツを通らずにはエルベ川から北海に船を出せないからだ。ドナウ川上流のハンガリーも、クロアチアとセルビア、ルーマニア、ブルガリアの同意なしには、この川を使って黒海まで行けない。また、内陸国のパラグアイは、アルゼンチンの同意なしには大西洋まで船で到達できないのだ。

ハーモン・ドクトリンの論理に従えば、メキシコが正当な報復として、リオ・グランデ下流の大きな支流でテキサス州との国境に沿って流れるリオ・コンチョスをせき止めてもいいことになる。カナダも、ブリティッシュ・コロンビア州を流れるコロンビア川を、ワシントン州とオレゴン州に入る前にせき止めてもよくなる。アメリカでもっとも強硬なナショナリストでさえ、ハーモン・ドクトリンがアメリカ第一主義によってみずからの首を絞めるものであることをすぐに理解した。

ハーモンの次のアメリカ司法長官は、ハーモン・ドクトリンを無視した。リオ・グランデのさらなる分流を阻止するために、国務省は法的措置を講じて、ニューメキシコ州で進行中だった民間のダム建造プロジェクトを差し止めた。一連の判決を経て、アメリカ最高裁はそれらの判断を支持した。ハーモン・ドクトリンは効力を失い、アメリカは、リオ・グランデの水を隣国まで到達させると決めたのだ。

そして、両国は協議のうえ拘束力のある国際協定を結び、川の水を公平に分け合うことにした。1907年に発効したこの協定は、アメリカがはじめて締結した越境河川についての協定だった。この協力モデルが基礎となって、現在世界中で、数百本の越境河川が管理されている。

1907年のアメリカとメキシコの協定と同じく、そのほとんどは二国間条約である。なかには、他の問題では合意点がまったく見出せないような敵対国の間で結ばれたものもある。1960年のインダス水協定を締結して以降も、インドとパキスタンは互いに向けて核ミサイルの照準を合わせ、戦争を2回もしているが、インダス川の水を公平に分け合うという合意条件が破られたことはない。

また、長期化しているアラブ・イスラエル紛争のさなかの1979年から1994年にかけて、国家間に正式な外交関係が存在していない時期でありながらイスラエルとヨルダンの代表団が密かに会合を開き、ヨルダン渓谷の重要な水源であるヤルムーク川を共有するための協力計画を練り上げたという事例もある。

同様に敵同士が協力した例は、古代メソポタミアにまでさかのぼって見られる。シュメール人の「ハゲワシの碑」という石碑（何千もの戦死者の肉を貪る鳥が描かれていることからこう呼ばれる）

の碑文には、メソポタミアの都市国家ラガシュとウンマが、血みどろの戦いの末にチグリス川を公平に共有する協定を結んだことが記されている。また、1804年には、ライバル関係にあったドイツとフランスの両国がライン川を永遠に共有することに同意した。以来、この協力関係は拡張されて、ベルギー、スイス、オランダも加わっている。協力関係の拡張が始まったきっかけは1815年のウィーン会議であった。この会議によって、ナポレオン戦争の残骸から、新たなヨーロッパの秩序が築かれたのだ。

越境河川を共同管理するためのルール

現在、全世界で施行されている越境河川の共有協定は500近くにのぼり、その数は増え続けている。水をめぐる武力紛争の火種として取り沙汰されることの多い、ナイル川、ヨルダン川、チグリス・ユーフラテス水系、インダス川のように、奪い合いが絶えず、利用したがる国があまりに多いような川の流域には、多国間協定が定められ、委員会が設置されている。

何十年も続くこの動向にさらに弾みがついたのは、2014年のことだった。国連水路条約（正式名称は「国際水路の非航行的利用に関する条約」）に、ベトナムが35番目の国として加盟したことで、この重要な国際法が44年もの歳月の後にようやく実を結んだのだ。発効するために、少なくとも35カ国の署名が必要だったのである。

国連水路条約の起源は、1970年の国連総会にある。国家間での河川の公平な共有に関する世界的な枠組みの草案を、国連国際法委員会（ＩＬＣ）が作成すると決定されたのだ。ＩＬＣは過去の研究に目を向けて、国際法協会（ＩＬＡ）という学術グループが１９５０年代後半から１９６０年代前半にかけて発展させていた取り組みに注目した。その取り組みの集大成が、１９６６年にヘルシンキで開催されたＩＬＡ会議で誕生した「国際河川の水利用に関するヘルシンキ規則」であり、越境河川を共同管理するための高水準の規則を集めたものだ。

重要なのは、この通称「ヘルシンキ規則」の要請として、国際河川沿岸のすべての流域国が「合理的かつ公平に」河川を使用することを、どの流域国も認めねばならないという点だ。今日では、この基本的な考え方が、国連水路条約をはじめとする世界中の数多くの越境河川に関する条約で具体化されている。

国連水路条約は、越境河川に関する協定が現在のところ結ばれていない場合や、河川のすべての流域国が協定に参加していない場合に、交渉の出発点として役立つ。またこの条約は、既存の条約の対象外であるような他の問題（たとえば汚染）に対するガイドラインにもなる。国連水路条約は２０１４年に正式に発効し、執筆時点では、イギリス、ドイツ、フランス、イタリア、フィンランド、そして中南米や中東、アフリカの多数の国を含む36カ国が加盟している。

メコン川をめぐる緊張

国連水路条約ですべての決着がついたわけではない。水資源の需要が高まり、地政学的な力関係が変化すれば、多国間の協力的な河川共有の取り決めのあり方も変わってくるだろう。

メコン川は全長4500キロメートル近くあり、その流域はおよそ80万平方キロメートルに及ぶ。チベットで水を集めてから、中国、ミャンマー、ラオス、タイ、カンボジアそしてベトナムを流れて、最後に南シナ海へと辿り着く。上流の中国とミャンマーの流域は「メコン川上流域(Upper Mekong Basin)」、下流のラオス、タイ、カンボジア、ベトナムの流域は「メコン川下流域(Lower Mekong Basin)」と呼ばれることが多い。メコン川は、中国では「瀾滄江《ランツァンチャン》」と呼ばれているので、これが混ざってランツァン・メコン川とされることもある。

実際にはひとつの連続する巨大な流れに対して、さまざまな名称や流域の定義が使われていることから読みとれるのは、この大動脈のような水路の将来を取り巻く政治やビジョンがいかに分裂しているかである。その分裂が特に顕著なのが東南アジア、つまりメコン川下流域であり、そこは地球で最後に残されたダム未建設の地なのだ。

メコン川によって、東南アジアの食文化の骨格がつくられ、地域全域の漁業経済と稲作経済が支えられている。タイ、ベトナム、ラオス、カンボジアは、農業やタンパク源となる魚、輸送手段といった面で、メコン川とその支流に強く依存している。ベトナムのメコンデルタとタイのコーラート台地は地域でもっとも重要な農業地帯であり、2国で生産される米のおよそ半分がつくられている。4国を合わせると、年間の米の生産量は約6000万トン。その3分の2は自国で消費され、約2億人の食糧となる。残りは輸出されて、世界の米輸出市場の約40パーセントを占めている。

メコン川とその支流は、大切な漁場でもある。たとえばカンボジアのトンレサップ川では逆流による洪水が毎年起きるのだが、そのおかげでこの地は世界最大級の淡水魚の宝庫なのだ。私は最近、東南アジアを訪れたのだが、トンレサップ川、メコン川、バサック川の合流点にあるプノンペンの賑やかな市場やレストランから、トンレサップ湖周辺の集落に至るまで、カンボジアの食生活には淡水魚が欠かせないことに驚いたものだ。集落のなかでも特に有名なのがトンレサップ湖の「水上集落」だ。内陸にあるこの巨大な湖は季節ごとに大きくなったり小さくなったりするので、湖岸線は劇的に変動し、それに合わせて水上集落も行ったり来たりを繰り返している。

メコン川とその支流に沿って、分水路や水力発電ダムの建造計画が複数提案され、国民を巻き込んだ議論が過熱するなか、タイ、ベトナム、ラオス、カンボジアの4カ国が1995年に設立したのがメコン川委員会（MRC）である。MRCは協定と言えるほどのものではなく、加盟国が共同で運営する実用的な管理機構だ。MRCには、各国の大臣による閣僚級会議、省庁の責任者で構成される実務協議会、そして運営を担う事務局がある。事務局の場所は4カ国の間で移動し、これまでにバンコク、プノンペン、ビエンチャンといった各国の首都に事務局が置かれた。

メコン川沿岸の開発を求める圧力はとても大きく、MRCはその開発がどのようにおこなわれるかの強力な調停役である。MRCは何よりもまず開発のための委員会であって、4カ国すべての相互利益と各国国民の福祉のために、メコン川の「賢明な利用の方法」を見つけるのがその使命だ。川の開発が複数国にまたがる場合も含めて、農業と漁業、地域社会が開発により受けるダメージを特定して、それを最小限に抑えることを目指している。

ＭＲＣの主な役割は、４カ国すべてと協議して、水力発電ダムや灌漑用水路などの具体的な開発プロジェクトを決定し、優先順位をつけることだ。ＭＲＣは、大きなプロジェクトにゴーサインを出す前段階として、通知や協議、合意形成の細かなプロセスを設けている。加盟国はこれらの手続きを常に順守するわけではなく、たとえばタイは最近、短期間ではあったけれども深刻な旱魃の際にＭＲＣを無視してメコン川からファイルアン川に水を引いた。しかし大体のところでは、加盟国はこの手続きに従う。ＭＲＣはまた、水質のモニタリングや科学研究、専門者会議、教育普及プログラムの支援をとおして、透明性のある包括的な方法で流域を監視・管理している。

ところが、２００６年に入ると、このＭＲＣの力が大きく脅かされることになる。ラオスがメコン川でダム2基を建設する計画を立てたのだ。国の北端のサヤブリダムと、南端のドンサホンダムである。完成すれば、メコン川下流域ではじめてのダムとなる。ラオスの目的は「東南アジアの電力源」となることだった（現在もその目的は変わらない）。水力発電によりこの地域の主要供給国となって、タイとカンボジアに電力を輸出するのだ。そうなれば、世界でも最貧国のひとつであるラオスが必要とする歳入を得られると同時に、工業化が急速に進みつつある隣国に安定したエネルギー源を提供できるだろう。

ラオスの意思表示を受けて、他の流域国や環境保護団体、国際ＮＧＯのあいだに懸念の声が広がった。これらの団体は、ダムによる稲作や漁業、自然の生態系、地域社会への影響についてはほとんど調査されておらず、その影響は壊滅的なものとなりうると反発した。しかし、いずれにせよ、ラオスはサヤブリでの38億ドルのダム建設計画を２０１０年にＭＲＣに提出した。ＭＲＣはダムによる影響がほぼまったく明らかになっていないと判断し、ラオスに対して、計画を進める前にさらなる科学研究とデータ収集をおこなうよう要求した。また、メコン川下流域については、より広範なリスクが明らかになるまで、すべてのダム建設の10年間の中断を提案した。

ところが、業を煮やしたラオスは一方的な行動に出た。民間の電力会社であるサヤブリ・パワー社、そしてタイの国営の最大手電力会社であるタイ王国発電公社とのあいだで長期的なエネルギー契約を結んだのだ。2012年、ラオスは、MRCが最終決定を下すよりも早く、サヤブリダムの建設を開始する。1年後、ラオスは2基目となるドンサホンダムの建設計画と影響評価をMRCに提出したが、今回は申請ではなく「通達」であった。

どうしようもなくなったMRCは、すぐに加盟国政府のトップ層に問題をもちこんだ。しかし、閣僚クラスでの圧力や外交努力も失敗に終わり、ラオスは長期的なエネルギー契約をさらに結んでダム建設に着手した。本書執筆時点では、さらなる攻防と短期間の差し止めの後に両方のダムはほぼ完成しており、3基目のパクベンダムの着工準備が進んでいる。そして、2018年にセーピアン・セーナムノイ水力発電プロジェクトの補助ダムのひとつが決壊し、40人が死亡、数千人が避難するという大惨事が起きたにもかかわらず、4基目のパクライダムの計画は継続されている。

メコン川下流にダムを建造するというラオスの一方的な決定によって露呈したのは、MRCの弱点だった。委員会の権限は限られており、強制執行の仕組みはほぼなく、ダム建設プロジェクトへの拒否権もない。鋭い牙をもたないままに、MRCが善意ではあるとしてもはっきりしない態度で研究と延期を何度か呼びかけたことで、結果的にラオスは手続きを放棄して自国中心的な行動に走ったのだ。

MRCの活動の多くに資金提供している約20の国際的支援者（フィンランド、オーストラリア、スウェーデン、ベルギー、デンマーク、欧州連合など）は、驚きと失望のあまり、2015年に2500万ドルだった援助額を2016年と2017年にはわずか400万ドルにまで減らした。MRCの加盟国がルールを守らないのであれば資金提供の意味なしと考えたのだ。20年以上にわたり協力的な運用・管理を成功させてきたMRCは、メコン川下流域に大規模ダムを建設しようとする国家主義的な開発圧力を前にして、難局に立っている。

だが、MRCと、下流域の開発に対するMRCの監視力に対して最終的に引導を渡すのは、ラオスではなく中国かもしれない。

中国は、MRCにもASEAN（東南アジア諸国連合）にも正式加盟していない。1995年にMRCへの正式加盟を辞退し、「ダイアログ・パートナー」となることを選んだので、自国での河川開発プロジェクトがMRCの審査対象とならずにすんでいる。2018年までに、中国はメコン川上流域に8基のダムを完成させており、少なくとも20基が建造中あるいは計画中である。これにより、下流域まで届く水と堆積物の量が大きく変わりつつある。上流域国と下流域国のあいだに見られる典型的な力の格差だ。2016年には、川の水位が下がりすぎたベトナムが、メコンデルタでの深刻な不作を防ぐためにダムからの放水を中国に懇願せざるをえなくなった。

2014年にミャンマーで開催された第17回ASEAN・中国首脳会議で、中国はメコン川の地域的な運用・管理のための新たなモデルを提案した。そのわずか16カ月後には、すべての流域国（中国、ミャンマー、ラオス、タイ、カンボジア、ベトナムの6カ国）の首脳によって、中国を常任議長とする「瀾滄江・メコン川協力枠組」が署名された。

これは東南アジアにおいて中国がはじめて主導した政府間地域組織である。この組織がつくられると、すぐさまMRCの将来について、憶測が飛び交った。また、東南アジアでの牽引力を強めようとしていた競合する3つの地域組織が弱体化した。たとえば、2009年にアメリカが提案したメコン川下流域開発（アメリカと中国を除いた流域5カ国からなる）や、2009年に日本が提案した日本・メコン地域諸国首脳会議（同じ5カ国との会議）などである。

瀾滄江・メコン川協力枠組は、MRCと同じく、協定というよりも管理機関である。複数の政府レベルで定期的な会合が開かれており、たとえば各国首脳は2年に1度、外務大臣は毎年、集まっている。表向きのテーマは「川を共有し、未来を共有する」だが、その守備範囲ははるかに広く、法執行、テロリズム、観光業、貧困、農業、気候変動、災害対策、銀行などの分野での国境を越えた協力関係の構築が目標として掲げられている。

中国は、東南アジア全体の地域インフラへの投資として、15億ドルを超える融資と100億ドルの信用供与枠を決定した。資金は、東南アジアと中国を結ぶ水路と鉄道、高速道路に使われることになっている。この新たな協力枠組の目的は、河川管理の範疇をはるかに超えているのだ。

この一連の流れからは、メコン川の越境管理が、東南アジアにおける権力のための目的かつ手段なのだとわかる。かつて、メコン川への各国の競合するビジョンをとりまとめるために、国際的な協力的プロセスへの必要性が高まり、１９９５年にＭＲＣが設立された。そして20年間にわたり、比較的良好な協力関係が維持されてきた。だが、ラオスの水力発電への渇望によって、ＭＲＣの弱点が露呈した今、はるかに広い権益が絡む新たな河川管理モデルが登場しつつある。

メコン川を公平に共有するという差し迫った必要性が、さらに巨大なもの――中国を地域開発の後ろ盾とする、東南アジアのより広範囲に及ぶ統合――のための戦略的手段になっているのだ。


政治的境界となった川によって、絶望した人々は溺れ死に、国の形や大きさが変わる。また、水を運ぶ川によって、隣国間で不安が掻き立てられ、権力の不均衡が生み出される。しかし、世界情勢のなかで我々が目にするのは――水資源の共有協定から、協力的な運用・管理体制、地域経済の統合という壮大なビジョンに至るまで――川の果たす作用が「分断」よりも「統合」である場合がはるかに多い。

戦争は別として。

第3章 戦争の話

イスラム国の支配流域

２０１４年から２０１９年にかけて、古代文明発祥の地であるチグリス川とユーフラテス川沿いで、残忍な新興組織の勢いが増し、そして失速していった。ＩＳＩＳ、ＩＳＩＬ、ダーイシュなど、さまざまな名称で知られる暴力的な過激派ジハード主義組織「イスラム国」は、民主化運動「アラブの春」の混乱に乗じて登場し、超正統派イスラムが理想とするカリフ制をシリアとイラクで実現させるという束の間の夢を追った。

チグリス川とユーフラテス川に沿って真珠のように連なる町や都市を、さらにはダムや水力発電、周辺の油田や農地を手に入れれば、新たな神学的文明の中心がそこから生まれるはずだった。ジハード主義者のなかでもとりわけ狂暴なＩＳＩＳは、イラクの主要都市であるモスル、カイム、ファルージャ、ティクリートを短期間で占領して世界の舞台に躍り出ると、一時は首都バグダッドをも脅かした。また、シリアで進行中だった内戦による混乱に乗じて北西部におけるその勢力を強固にし、ユーフラテス川流域の大部分と、シリアの主要都市であるデリゾールとアブ・カマル、ラッカを制圧した。ＩＳＩＳはこのラッカが、彼らの新たなカリフ制国家の首都であると宣言した。

2万人近いＩＳＩＳの強靭な戦闘員には、シリア人とイラク人だけでなく、サウジアラビア、ヨルダン、チュニジア、遠くはオーストラリアやフランス、ドイツ、イギリス、アメリカからやってきた外国人もいた。この組織は熱心に、捕虜にした兵士や西洋人を斬首しては処刑の動画をネットで公開し、世界中から激しい非難を浴び、恐怖を煽った。

その勢力がピークに達した２０１４年後半には、ＩＳＩＳはシリアとイラクで、約１０００万人の人口と10万平方キロメートルを超える領土を支配していた。そして、石油収入や外国からの資金支援、誘拐の身代金、略奪、制圧した町や都市への課税によって、積極的に現金を集めた。ＩＳＩＳは、制圧した市民を強引に支配するために、ユーフラテス川の主要ダムを破壊すると脅しさえした。推定20億ドルのその資産に、石油収入だけでも1日あたり１００万〜２００万ドルが加わっていた。それを資金源として、武器や車両を購入し、戦闘員に賃金を支払い、ソーシャルメディアでプロパガンダを垂れ流した。このプロパガンダの影響を受けて、世界中で何十もの海外テロが起きていた。

　フロリダ州オーランドでは、ＩＳＩＳに忠誠を誓った男が、突撃ライフルとグロック社の半自動拳銃で武装して同性愛者向けのナイトクラブに押し入り、１００人以上を平然と撃つ事件を起こした。これは短期間ではあるがアメリカ史上最悪の銃乱射事件となった。また、フランスのニースでは、海辺でおこなわれていた革命記念日のイベントにＩＳＩＳ支持者がトラックで突っ込み、４００人以上の死傷者が出た。

　それほど目立つ報道にはならないような銃撃、爆破、斬首、意図的な車両破壊などの残虐行為が着実に発生し、さまざまな国で犠牲者の数が増えていった。アフガニスタン、アルジェリア、オーストラリア、バングラデシュ、ベルギー、ボスニア・ヘルツェゴビナ、カナダ、デンマーク、エジプト、フランス、ドイツ、インドネシア、イスラエル、クウェート、レバノン、リビア、マレーシア、ナイジェリア、パキスタン、パレスチナ自治区、ロシア、サウジアラビア、チュニジア、トルコ、イギリス、アメリカ、イエメンなどだ。２０１６年半ばまでに、ＩＳＩＳが影響を与えた、あるいは関与したテロ攻撃によって、イラクとシリア以外の地域で１２００人以上が殺されている。

　この動きに世界は反応し、カリフ制国家を目指すＩＳＩＳにアメリカ主導の連合軍がミサイルの雨を降らせた。２０１８年はじめまでに、イラクとシリア国内のＩＳＩＳを標的とした空爆が３万回近くおこなわれている。地上では、ロシアが支援するシリア政府軍が西から、アメリカが支援するイラクとシリアの反政府組織が東から進軍し、ジハード主義組織は徐々に足場を失っていった。この戦争はオバマ政権からトランプ政権にまで持ち越された。アメリカが支援するクルド人勢力が、シリア国境のユーフラテス川のほとりにある小さな村、バグズからすべてのＩＳＩＳ戦闘員を撤退させると、２０１９年３月にトランプ政権が勝利宣言をおこなった。

ＩＳＩＳの残虐な勢力が世界的に拡大していたこの５年のあいだずっと、メディアによる詳細な報道が続いた。『エコノミスト』誌やＢＢＣニュースが抱える専門の地図製作チームがこの地を注視して、ＩＳＩＳの支配地域が拡大し、揺れ動き、空爆や地上攻撃によって削られて縮小する、その変遷の様子を発表していた。私は早くからこの紛争に関心を抱いていたので、こういった地図を熱心に追っていた。戦いの進展を見るにつけ、イラクを流れるチグリス川とシリアのユーフラテス川というこの地域の２本の主要水路が、この地域に対するＩＳＩＳの野心にとっていかに重要であるかを繰り返し思い知らされた。

ＩＳＩＳにとって、川という形のこれらの回廊を支配することは、明らかに当初からの重要な目的だった。地理的に見ると、地域でも特に人口が集中している地区と豊かな灌漑農地は、川の周辺に広がっている。特にシリアはイラクに比べると電力網の集中管理が進んでおらず、水力発電ダムによって地域の電力のかなりの部分が供給されている。

文化的に見ると、これらの低地の流域では保守的なスンニ派が優勢で、ＩＳＩＳの原理主義的なサラフィストの勢力に対して一般に寛容だった。だがＩＳＩＳは、この地域の人々からの協力をさらに引き出すために、水の供給を止めたり、ダムを爆破するぞと脅したりして、川のダムを武器として使った。

公開されたどの地図からも、ＩＳＩＳの勢力の中心が、チグリス川とユーフラテス川の流域にあることが見てとれる。特にユーフラテス川は、ＩＳＩＳの領土が最大時の２パーセントにまで縮小した後でも、その支配下に残っていた。ラッカが陥落し、軍事作戦が終盤に差し掛かった段階での最終的な地図では、イスラム国は川に沿って蛇行する細長い回廊のようになっていた。

あの川を越えて

この２本の川がジハード主義組織ＩＳＩＳにとって重要であることは明らかだ。だが、彼らの戦い以前にも、こういった自然の地形によって左右された戦いはいくらでもある。古来、河川はさまざまな軍事衝突に影響を与えてきた。先の２つの章では、自然資本、アクセス、テリトリー、力を得るために、いかに社会が河川に頼っているかを説明した。本章では、まさにこれらの性質を有するがために、河川が戦時下で戦略として用いられることを見ていこう。

まず、戦時下の残虐かつ直接的な力として用いられた例だが、川は集団処刑の道具にされたことさえある。フランス革命期に恐怖政治がおこなわれていた１７９３年のこと、フランスのロワール川西部流域のヴァンデ地方で、何万人もの住民が虐殺された。カトリック教会の司祭たちが共和国の新政府の指示を拒否したためだ。新政府による対応は迅速かつ苛烈であった。ロワール川沿いの大都市ナントでは、指揮官のジャン＝バティスト・カリエが、ヴァンデに住む男、女、子どもを、できるだけ多く虐殺するよう兵士たちに命じた。恐ろしいほどの効率で、ロワール川

1793年から1794年にかけての恐怖政治の時期には、新たに誕生したフランス共和国が、ロワール川流域のヴァンデ地方の人々による反乱を鎮圧した。都市ナントでは、王党派に与する数千人を処刑するために川そのものが使用された。その際に使われた艀は、縛られた犠牲者を効率よく溺死させられるよう特別に改造されていた。

そのものが、「ナントの溺死刑(*Noyades des Nantes*)」と呼ばれる大量溺死の処刑方法として用いられた。あらゆる年齢の一般市民が裸に剝かれ、縛られて、艀《はしけ》に載せられてそのまま沈められたり、溺れるまで銃剣で水中に突っ込まれたりした。推定5000人がロワール川で溺死させられたが、これはヴァンデ地方の人々に対する残虐行為のほんの一部であった。

川が政治的境界線として用いられている場合、軍隊を引き連れて川をあえて渡ることで、指揮官の豪胆さを象徴的に印象づけることができる。たとえば、紀元前49年、やがて古代ローマを征服することになる当時のガリア総督が、軍を南下させてのローマ入りを決断した。そのためにはルビコン川を渡る必要があった。現在のイタリア北部にあるこの小さな川は、地方の政治的境界線だった。軍を率いてこの川を渡るのは、ローマ共和国の法で明確に禁じられた行為にあたる。もし渡れば、それは反逆であり、取り返しのつかない戦争行為だったのだ。

このユリウス・カエサルによる渡河の決断によって、ローマ共和国は内戦へと突入。最終的に勝利を収めたのはカエサルだった。その5年後にカエサルは暗殺されるのだが、それまでに彼が次々と実行した大規模な政治改革によって、ローマ共和国は巨大なローマ帝国へと変貌を遂げた。伝えられるところによると、禁を破りルビコン川を渡ったときのカエサルの言葉が、「賽は投げられた」だという。また、今日でも、「ルビコン川を渡る」は、あとに引けない決定的な行動に出るという意味でよく使われている。

次の例はアメリカ独立戦争から。この戦争では数少ない、誰もが知るような瞬間のひとつである。実際のところ、現在のニュージャージー州トレントン近くにおいて、ジョージ・ワシントンが軍を率いて氷の浮かぶデラウェア川を渡るという奇襲作戦を決行しなければ、アメリカ合衆国は存在していなかったかもしれない。

それは、1776年の、クリスマスの夜のことだった。ワシントン率いる大陸軍は、湧き起こる反乱を鎮めるために送り込まれたイギリス軍との数々の戦いに敗れて、ぼろぼろになり士気も落ちていた。ニューヨークは制圧され、大陸軍は内陸のペンシルベニア州まで退却していた。大陸会議は、代議員が捕まって拘束されるのを恐れて、首都としたフィラデルフィアでは開催され

1776年のクリスマスの日までは、アメリカ独立革命は、イギリス軍によって打ち砕かれようとしていた。敗戦を目前としたジョージ・ワシントンは、ペンシルベニア州とニュージャージー州の境界である、氷の浮かぶデラウェア川を決死の覚悟で渡った。この奇襲攻撃によりトレントンを占領、それに続くプリンストンの戦いにも勝利したことで、革命軍は息を吹き返し、戦局は逆転した。数十年後にドイツ人画家のエマヌエル・ロイツェが描いたこの「デラウェア川を渡るワシントン」は、アメリカの愛国的文化を象徴する作品となっている。

なくなった。イギリス軍はニュージャージー州を支配し、州境であるデラウェア川沿いの町トレントンにドイツ人傭兵部隊を駐屯させていた。

ワシントンは、軍隊と物資の大半を失っていた。脱走者が続出し、イギリス側の勝利はもう間近かと思われた。戦況の悪化を感じたワシントンは、残っていた兵士をかき集め、トレントンへの奇襲作戦を深夜に開始する。そして、約2400人の兵士とともにデラウェア川を渡った。みぞれ混じりの吹きすさぶ氷雨によって攻撃は数時間遅れたが、結局これが有利に働いた。襲撃が夜明け時となり、ドイツ人傭兵たちは熟睡しきっていたのだ。

ワシントンはこの傭兵部隊を捕獲し、続くプリンストンでの、独立戦争の趨勢を決する戦いにおいても勝利を収めた。これらの予想外の勝利によって、戦況は大きく変わり、大陸軍の新兵も増えた。もしもデラウェア川の危険な夜間渡河に失敗していたら、アメリカ独立戦争はおそらく鎮圧されて、短命に終わった「アメリカ合衆国」は歴史上のちょっとした一幕となっていたことだろう。

ワシントンの大胆な反撃はアメリカの神聖なる伝説となり、後に「デラウェア川を渡るワシントン」と題される巨大絵画として不滅の名声を得た。この絵は現在、ニューヨークのメトロポリタン美術館に展示されている。1850年に絵を制作したドイツ人画家のエマヌエル・ロイツェは、この絵がドイツ連邦の統一運動のきっかけになることを望んでいたが、その期待は叶わず、ヨーロッパではほとんど注目されなかった。

だが、アメリカではあっという間にセンセーションを巻き起こし、全米各地で巡回展示の呼び物となった。メトロポリタン美術館に所蔵されると、わずか4カ月間で、5万人もの人々がかなりの金額を払ってこの絵を見にきたという。1年後には、アメリカの多くの教科書にこの絵が掲載され、また家庭で複製画が飾られるようになった。ジョージ・ワシントンが敵のいる対岸をじっと見つめ、寄せ集めの兵士たちが凍った川を渡ろうと奮闘する姿を描いた、実物大よりもさらに大きなこの絵画は、アメリカの愛国心の揺るぎない象徴として瞬く間に定着した。

分断の大きな代償

かつてアメリカで、世論が大きく二分された大統領選があった。選挙結果が出たときには国民の多くが自国から疎外されているように感じたほどだった。社会的対立は深刻で、地域差が大きく、新大統領を支持する地域もあれば、抵抗を誓う地域もあった。

対立の根本的原因は、アメリカの経済と人種に関わる根深い問題にあった。保守派が求めるのは伝統的な経済と生活様式の維持だったが、リベラル派が支持するのは進歩主義と平等だった。国全体が、古くからの価値観を守るか新たな方向に足を踏み出すかで揺れており、どちらが国にとって最善であるかという点でアメリカは完全に二極化していた。

この葛藤は、民主党というひとつの政党の支持者をも分断した。民主党は、それぞれ異なる将来的ビジョンをもつ2人を、強力な大統領候補として擁立した。熾烈な予備選挙により民主党の両候補者がともに力を弱めたこともあって、共和党のぱっとしない候補者が、11月の一般投票では過半数に達しないままに大統領選での勝利を収めた。国全体が強い不安感に覆われていた。この新大統領、エイブラハム・リンカーンの1861年3月4日の就任に先立って、少なくともアメリカの7つの州がすでに合衆国からの離脱を表明していたくらいだ。

その5週間後、アメリカ合衆国は戦争に突入した。戦いの根底にあったのは、合衆国に新たに加わった領土で奴隷を認めるべきかどうかについての、奴隷制を認める州と認めない州の譲れない相違だった。奴隷を認めない自由州の考えは、連邦政府には新領土において奴隷制を禁止する権限があり、禁止すべきだというものだった。一方、奴隷州はそれに反対し、禁止するなど連邦政府の行きすぎた行為であって、決定は各領土に任せるべきだと主張した。

大統領選において、リンカーンと奴隷制廃止を主張する共和党は、新領土での奴隷制廃止を政策に掲げた。リンカーンの当選が決まると、奴隷制を支持していたサウスカロライナ州、ミシシッピ州、フロリダ州、アラバマ州、ジョージア州、ルイジアナ州、テキサス州は速やかにアメリカ合衆国から脱退し、新国家「アメリカ連合国」を結成。その首都はバージニア州リッチモンドで、初代大統領として、ミシシッピ州の上院議員を辞任したばかりのジェファーソン・デイヴィスが満場一致で選ばれた。

大統領就任後のリンカーンは、迫りくる戦争を回避するために懸命の努力を重ねた。アメリカ議会議事堂の階段でおこなった大統領就任演説では、奴隷制度を認める州に対して、制度を廃止させようとしているわけではないと保証し、奴隷制度がすでにある州ではその制度を守ることを約束した。そして、何よりも大事なのはアメリカ合衆国の連邦制を維持することなのだと強く訴えたのだ。

しかし、その訴えは無駄に終わった。脱退した州が建てた国は、軍事基地をはじめ、国境内のすべての連邦資産の管理を要求した。だが、リンカーンはそれを拒否する。戦闘が始まったのは1861年4月12日。南軍が、サウスカロライナ州のチャールストン港にある連邦軍基地、サムター要塞を砲撃したのだ。北軍は安全のため要塞に撤退したが、軍備の差は圧倒的で、北軍指揮官はすぐに降伏した。数日後には、バージニア州がアメリカ合衆国からの脱退を表明してアメリカ連合国に加盟。短期間のうちに、アーカンソー州、ノースカロライナ州、テネシー州がそれに続いた。

こうして、アメリカ史上、もっとも血なまぐさい戦争が始まった。7月21日、北軍と南軍の最初の大きな戦闘がおこなわれたのは、ブルランというバージニア州の小さな川だった。一般に、北軍は戦場となった川や小川から戦闘の名称をとるのに対して、南軍は近隣の町の名前を使う傾向にあった。そのため、この最初の戦いは、北部では「第一次ブルランの戦い」、南部では「第一次マナサスの戦い」と呼ばれている。

アメリカの内戦は4年という長きにわたった。320万人以上の兵士が、全米各地でおこなわれたおよそ1万回の戦闘や小競り合いで戦った。現在のアメリカの23州とコロンビア特別区によって管理されている土地と水路をかけて、ノースダコタ州からバーモント州、フロリダ州まで、また東海岸からテキサス州、そしてニューメキシコ州まで、戦いが繰り広げられたのだ。

すべてが終わったとき、勝ち残ったのは北軍だった。350万人の奴隷が解放され、大統領は暗殺されていた。亡くなった兵士の数はおよそ62万人。これは、アメリカが現在までに戦った他のすべての戦争――独立戦争、米西戦争、米墨戦争、1812年戦争（米英戦争）、第一次世界大戦、第二次世界大戦、朝鮮戦争、ベトナム戦争、そして最近のイラク、アフガニスタン、シリアでの小規模な戦争――における全戦死者数にほぼ匹敵する。

この死者数の多さをさらに理解するために考慮しなくてはならないのは、当時のアメリカの人口は3150万人と、現在の人口の10パーセントにも満たなかったという点だ。南北戦争では、少なくともほぼすべての町で、すべての家族が、親戚の誰かを亡くしたのだ。

そして、ミシシッピ川がなければ、もっとひどいことになっていたかもしれない。

「南軍のジブラルタル」攻防戦

短期決戦を想定していた北部が落胆したことに、兵士数は北軍のほぼ半分だった南軍が、装備の整った北軍を相手に、優れた指導者の下で非常に効果的な戦いを見せた。ロバート・E・リー将軍や「ストーンウォール（石の壁）・ジャクソン」と呼ばれたトーマス・ジャクソン将軍など、熟練の将軍たちに率いられた南軍は不運な北軍を圧倒した。北軍は数々の戦闘での大敗によって、戦争開始時には考えられなかったほどの死傷者を出していた。

北部では「リンカーンの戦争」への支持は薄れ、リンカーンの政敵は南部に秋波を送り始めた。1862年の中間選挙では、共和党は民主党に大敗し議席数を大幅に減らした。しかも、バージニア州とミシシッピ州、テネシー州では、流動的な戦線で死者が続出していた。政治的支持が低下するなか、リンカーン大統領は、戦局を好転させるために何でもいいから手を打つよう将軍たちに圧力をかけた。そのなかのひとりがユリシーズ・S・グラント将軍である。彼は、目的を果たすにはミシシッピ川を制圧しなければならないことを理解していた。

初期の、ラ・サール、ワシントン、ジェファーソンの時代からその価値を認められていた、この大動脈のような巨大水路の戦略的重要性は、両陣営にとって明らかだった。1861年当時、アメリカの幹線路は河川と鉄道であって、なかでもミシシッピ川とその支流はスーパーハイウェイとして北米の内陸部を自国にも他国にもつないでいた。

北部の人々にとっては、このアクセスのおかげで中西部の工業製品や農産物の商取引と輸送が可能になったし、南部の人々にとっては、この川によって北部州から食料や物資が運ばれ、プランテーションの安い綿花をもっていってもらって現金収入を得ることができた。船は大陸の内陸部を出て人口の多い東海岸へ、さらには世界各国へと航行した。ミシシッピ川はとてつもない規模でのアクセス、人々の健康な暮らし、戦略的な力を提供しているのだが、現在のアメリカではその大部分が見過ごされている。

領土という観点でも、ミシシッピ川はできたばかりのアメリカ連合国の中心を貫いていた。テキサス州、ルイジアナ州、アーカンソー州という西側の大きな州と、東側の8州とを隔てていたのだ。戦争が目前に迫ると、奴隷州の知事たちと連合国大統領は、ミシシッピ川沿いに砦や砲台を大慌てで設置した。

なかでももっとも強力だったのがミシシッピ州ビックスバーグの要塞都市だ。川を見下ろす高い崖の上に位置し、ここから水面に向けて発射する大砲の狙いの正確さとその威力たるや恐るべきもので、ビックスバーグは「南軍のジブラルタル」として知られるようになった。約240キロメートル下流のポートハドソンもまた、要塞化された川辺の町であり、これらの要塞都市によってミシシッピ川でもっとも防衛力の高い流路が形成されていた。

ビックスバーグはまさしく要塞だった。北軍の船の南下を阻みながら、連合国内における兵士や武器、物資の自由な移送を守っていた。ビックスバーグの重要性は絶対的で、デイヴィス大統領は当地の駐留軍司令官だったジョン・C・ペンバートン将軍に次のような断固たる命令を出している。「ビックスバーグは2つに分かれた南部をつなぎとめる釘の頭だ！　なんとしてでも守り抜け！」

一方、両大統領は、海戦での技術的ブレークスルーを実地試験していた。1862年3月、世界初の装甲艦が世界の舞台に登場した。場所はバージニア州沿岸で、ジェームズ川、ナンセモンド川、エリザベス川が合流する汽水域だ。異様な姿をした2隻の艦船、USSモニターとCSSバージニア（旧USSメリマック）は、ともに重装備が施され、船体は鉄板で覆われていた。

CSSバージニアが北軍の木造艦2隻（USSカンバーランドとUSSコングレス）を易々と破壊したその翌日に、これら装甲艦2隻は攻撃態勢をとり、砲弾を浴びせ合った。だが、膠着状態に陥り、それぞれが軽い損傷を受けただけだった。世界中の海軍に、衝撃が走った。木造戦艦の時代が終わりを告げ、金属による装甲艦の時代がここに始まったのだ。

この新技術の重要性を確信したアメリカ海軍は、セントルイスの土木技師でありビジネスマンでもある、河船建造の豊かな経験をもつジェームズ・B・イーズに依頼して、ミシシッピ川用に設計された特別な装甲砲艦を建造させた。完成したのは、喫水（水面から船底までの深さ）を短くするために、全長からすると奇妙なほど幅を広くした船だった。水面上に出る部分は金属板で覆われて傾斜がついており、弾丸や砲弾をそらせるようになっている。傾斜部分には覆いが並んでいて、それが持ち上がると重砲が顔を出して、水上から思いのままに砲撃できるという仕組みだ。

河川用装甲砲艦が、北軍によるミシシッピ川制圧と南北戦争での勝利に貢献した。写真はUSSカロンデレット。河川装甲艦隊の一隻として、川沿いの都市ビックスバーグ陥落に貢献した。この陥落が重要な転回点となり、戦争の趨勢が決した。

1862年に入ると、北軍の装甲艦がミシシッピ川とその支流で威力を発揮し始めた。これらの奇妙な砲艦の活躍もあって、北軍は南軍の2つの砦、テネシー川沿いのヘンリー砦とカンバーランド川沿いのドネルソン砦を占領し、メンフィスを降伏させた。またこれらの砲艦は、有名なシャイローの戦いにおいて地上部隊の支援もしている。これらの戦いの後、砲艦はビックスバーグへと向かった。目的は、南軍によるミシシッピ川封鎖を破り、メキシコ湾に至るまでの全流路の支配権を奪いとることだ。

こうして、ビックスバーグ方面作戦と呼ばれる、複雑な一連の作戦と戦闘が始まった。北軍の河川装甲艦隊は、アメリカ海軍提督デイヴィッド・ディクソン・ポーター率いるミシシッピ川艦隊の根幹をなすものだった。地上部隊の指揮を執ったのはユリシーズ・S・グラント将軍だ。これに対する南軍はビックスバーグに駐留しているペンバートン軍であった。

グラント将軍は陽動作戦と大規模な包囲運動により、ルイジアナ州の湿地を抜けてビックスバーグの西から南へと回り込んだ。そこから東に進み、ビックスバーグから南へおよそ60キロメートルの、ミシシッピ川右岸（西岸）の防備がなされていない地点まで北軍兵士を導いていた（下流を向いたときに右ならば右岸、左ならば左岸と呼ばれる）。

そして、南北戦争でとりわけ劇的な作戦がおこなわれる。ポーター提督は、ビックスバーグからの砲弾が降り注ぐなか、装甲艦隊を率いて川を下ってグラント軍と合流し、グラント軍を左岸へと渡したのだ。こうしてグラント軍は１８６３年4月末にミシシッピ州へと上陸した。グラント軍はその後北東に向かい、数々の激戦の末にミシシッピ州都ジャクソンを5月14日に陥落させ、町を焼いた。そこから再び西へと進路を変えてビックスバーグに向かった。

ペンバートン軍は孤立していた。東はグラントの歩兵隊によって、西は火を吐くワニの群れのようなポーターの艦隊によって封鎖されている。ペンバートンは、都市に撤退して守りを固めるよう、軍に命じた。勝ちを急いだグラントはこの要塞化したビックスバーグを攻撃したのだが、これにより大きな犠牲を出してしまう。要塞の攻略を二度にわたり失敗すると、今度はポーターの砲艦に川から砲撃させつつ都市を包囲することにした。野営する北軍の下には、はるか北から延びる長い補給線によって、食糧と弾薬、衣類が運ばれていた。

包囲されたビックスバーグでは、兵士や市民のあいだで、食糧や水、医薬品が不足し始めた。人々は絶え間ない砲撃から逃れるために、穴を掘った。動物の飼料や、馬、犬、ネズミなどを食べるようになり、ついには餓死者が出始めた。

1863年7月4日、アメリカ独立記念日に、ペンバートンはやせ細った兵士の軍を差し出して降伏した。3万人の南軍兵士はただ銃を積み上げて、家路についた。5日後には下流のポートハドソンも落ちた。こうしてミシシッピ川が北軍に制圧されたため、南部連合国は東西に分断され、双方が封じ込められることとなった。兵士や銃、物資を積んだ北軍の船が、ミシシッピ川というスーパーハイウェイを、ビックスバーグからはるかニューオーリンズや東部の各地まで、わが物顔で自由に行き来するようになった。「南軍のジブラルタル」は陥落したのだ。

ペンシルベニア州ゲティスバーグ近郊の激戦でのロバート・E・リー将軍の敗北、ビックスバーグの陥落、そしてミシシッピ川の喪失によって、南部連合国の破滅は決まった。4カ月後、リンカーン大統領は近場のゲティスバーグを選んで、演説をおこなった。これが、やがてアメリカ史上もっとも称えられるようになる「ゲティスバーグの演説」だ。

演説のなかで、リンカーンはこの戦争の目的を見事に再定義してみせた。人間を財産として所有する権利をめぐる争いではなく、アメリカの憲法に定められた平等の原則のための苦闘として描き直したのだ。リンカーンが暗殺されたのは、その17カ月後のことだった。南部連合の支持者、ジョン・ウィルクス・ブースに頭部を撃ち抜かれたのだ。副大統領のアンドリュー・ジョンソン（民主党）が後を継いで大統領となったが、政治的には壊滅的な状況となった。そして1868年の大統領選で勝利したのは、他ならぬ、あの戦争の英雄であるユリシーズ・S・グラントだった。

中国の「屈辱の世紀」

南北戦争の陰で忘れられている船がある。USSサギノーという、喫水の浅い地味な外輪砲艦だ。1859年にサンフランシスコ近郊のメア島の造船所でつくられて進水したこの船は、アメリカ海軍の軍艦としてははじめて西海岸で建造されたものだった。サムター要塞への砲撃が始まる約2年前に完成していたにもかかわらず、南北戦争では使われなかった。カリフォルニア沖合でのんびりしていたわけでも、メア島でいざというときのために待機していたわけでもない。この船が航行していたのは、中国の内陸深く、長江を1100キロメートルも遡上した場所だったのだ。

USSサギノーが造られた理由とは、中国だった。ジェファーソン・デイヴィスとエイブラハム・リンカーンの両大統領が臨戦状態に入った1861年の春にこの砲艦を使うことができなかったのは、中国の砲台と砲火を交わすのにすでに忙しくしていたからだ。ユリシーズ・S・グラントがミシシッピ川の封鎖を破って南北戦争を終わらせる計画を立てていた頃には、長江を蒸気の力で遡上して中国の中心部に向かっていた。

まだ誰も知らないことではあったが、USSサギノーがおこなっていたのは河川における軍事戦略の確認であり、その戦略を使って、アメリカやイギリス、ドイツ、フランスをはじめとする諸外国が、ほぼ1世紀にわたり中国に軍事的圧力を加えることとなる。

長江の砲艦をめぐるこの長い物語は、イギリスが中国にアヘンを違法に持ち込んで、無理やり国際市場を開こうとする場面から始まる。1839年、世界最強の海軍国イギリスが、自信には満ち溢れているものの技術面では時代遅れだった中国を攻撃した。アヘンに対する中国の取り締まりに対して、イギリスが報復したのだ。アヘンを供給していたカルテルはイギリスの商人とその出資者たちであり、大量のアヘンを売りさばいていた（現在では精製されてヘロインやオピオイド系鎮痛剤に加工されるが、当時は吸引されていた）。違法売買によりアヘンを銀に換えて、この銀で中国茶や陶磁器、絹などを買って、ヨーロッパに戻って販売し、儲けを出していた。

当時、中国の経済規模は世界随一だった。中国には、ヨーロッパで人気の高いエキゾチックな商品をつくる莫大な製造力と、急激に工業化を進めるイギリスが自国の製造品の輸出先にと見込んだ巨大な国内市場があった。そんなイギリス政府の誤算とは、中国は他国との貿易はおろか、他国からの訪問も固く禁じたままだったことだ。清朝の歴代皇帝は、他国からの渡航や国内での外国人による商売を禁じていた。唯一の例外が広東省の広州である。珠江《しゅこう》の河口にあって、厳格に管理されていた港湾都市だ。中国製品は銀との交換でしか売らないという条件の下で、限定的な貿易が許可されていた。

この方式はしばらくのあいだはうまく機能していたが、1830年代になるとイギリスの銀保有量が減少し、植民地化が進むインドで安く栽培されたアヘンが出回るようになっていた。アヘンは中国では古くから医薬品として用いられていたが、快楽のためのアヘン吸引は禁止されており、広まってもいなかった。しかし、そんな状況が一変する。イギリス商人が広州沖に浮かぶ小さなリンティン島（内伶仃島）までインド産アヘン約60キログラム詰めの荷箱をいくつも運ぶようになったのだ。

リンティン島で降ろされたアヘンは、中国の密売人の手に渡り、小型船に載せられて本土へと運ばれた。そこから、麻薬の売人や汚職官憲らのネットワークによって、アヘンの吸引が広州全域、さらには中国の広い範囲へと急速に広まった。

1837年には、清国内でアヘン吸引の問題が深刻化していた。地元の官憲が密輸業者の船を捕らえて焼き払うまでになったが、それでも吸引の流行は収まらなかった。自国における中毒者の爆発的増加に危機感を抱いた道光帝はアヘン撲滅を宣言し、林則徐を特命全権大使（欽差大臣）に任命して広州に送り、イギリスから中国へのアヘン流入の封じ込めにあたらせた。

アヘン取り締まりという戦いにおいて、林則徐は有能な指揮官だった。密売人や汚職官憲を逮捕し、煙が漂うアヘン窟を閉鎖した。外国のアヘン商人にも真っ向からぶつかり、倉庫に山と積まれたアヘンの引き渡しを求めた。商人たちはこれを拒否したものの、林則徐は2万箱以上のアヘンを没収して海に捨てた。

この事件は外交騒動へと発展し、まもなくしてイギリス海軍が広州の珠江を封鎖する。こうして、第一次アヘン戦争が勃発し、やがて第二次アヘン戦争（アロー戦争）が続いた。これらの戦争は、イギリス海軍の砲弾が清軍のジャンク船を沈めたことで始まり、最終的には清国の市場が強制的に開かれ、西欧列強に領土が割譲されることとなった。

そもそも、清国の海軍は技術面で大きく水をあけられていた。英軍の船は回転式砲塔と炸裂弾を備えた蒸気船であり、清国海軍の、大砲が固定された帆船に比べれば圧倒的に優位だった。特に恐るべき力を発揮したのがネメシス号だ。イギリス東インド会社が秘密裏に建造を依頼した浅喫水の装甲艦である。リバプールの造船所で誕生し、海洋に出て広州まで直行すると、珠江デルタの水路や河口で恐ろしいほどの戦果を挙げた。当時のロンドンの新聞には、この暗色で浅喫水の船が不運なジャンク船の艦隊を次々と意のままに破壊する様子が掲載されている。

その後、イギリスの軍艦は、戦争を中国の奥深くにまでもちこんだ。長江を遡上して重要な沿岸都市の占領を目指し、上海、鎮江を陥落させ、南京にも迫った。北京などの北方各地と長江を結ぶ、「大運河」という非常に重要な輸送水路が古くから使われているのだが、この大運河と長江が合流する要所が、鎮江である。イギリスは圧倒的な海軍の火力によってこれらの都市を征服し、長江を支配することで、中国を切り裂いたのだ。

清軍は絶望的なまでに劣勢だった。1842年には、道光帝は屈辱的な南京条約を締結せざるをえない状況に追い込まれていた。この条約を皮切りに、中国を西洋の経済体制に無理やり組み込むことを目的とした、多数の不平等条約が結ばれることとなる。

南京条約によって、1760年以来、強い制限のもと広州でのみおこなわれていた貿易体制が廃止され、広州と他の4都市（上海、厦門《アモイ》、福州、寧波《ニンポー》）は、自由貿易をおこなう「条約港」として開港させられた。中国製品の輸出を許可させられ、国内市場では外国製品を輸入しなくてはならなくなった。さらに、イギリスへの香港の割譲も決められた。林則徐が没収・廃棄したアヘンの代償金の銀６００万ドルをはじめ、多額の戦争賠償金を支払うことにもなった。

中国にとって何の益もない取り決めであり、国が陥っているアヘン中毒の危機は無視された。これに便乗したアメリカも、１８４４年に、同様の貿易譲歩を強要した条約を中国と締結している。たしかに、イギリスと違って、アメリカとの条約ではアヘン売買を違法とすることが盛り込まれてはいたものの、それ以外は同様に不平等な内容だった。

その後の数年間はある種の平和が訪れたものの、条約に対する中国の抵抗と、さらなる譲歩を求める欧米の要求が相まって、関係は再び悪化する。１８５６年、お粗末な口実をひっさげたイギリスが第二次アヘン戦争（アロー戦争）を起こし、またもや広州と、今度は天津を攻撃。今回はフランスも参戦した。アメリカは、公式には中立の立場をとっていたものの、ヨーロッパ勢の攻撃を目立たない形で支援した。

結局、中国は再び、軍事的にも外交的にも屈服させられた。イギリスにより、天津で新たに複数の条約に調印させられて、開港する条約港を増やさざるをえなくなった。外交使節が北京に駐在できるようになり、外国人が内地で自由に旅行や布教活動ができるようになった。しかも、いわゆる最恵国条項によって、他の外国勢力も中国に対して同様の譲歩を求めることができた。こうして矢継ぎ早に、フランスとアメリカ、ロシアが中国に同様の条約への調印を迫った。その結果、中国はさらに領土を失うこととなった。たとえば、ロシアはその後の複数の条約締結によって、中国北西部および北東部の１５０万平方キロメートルの領土を中国に割譲させた。

そして、アムール川（黒竜江）が、中国北東部とロシアの政治的境界となった（現在でもそれは変わらない)。今回も、中国にとって何の益もない取り決めであり、アヘン中毒の危機はまたしても無視された。実際に、天津条約調印のわずか数カ月後に、イギリスは中国に圧力をかけてアヘン取引を完全に合法化させている。

さらに2年間の戦いが繰り広げられた後に、中国政府は不承不承に、次々と突き付けられる条約を受け入れた。受け入れるまで、イギリス艦船が中国の砦を砲撃し続けたのだ。一方、西欧諸国は、中国に外界との貿易を強制する100年にわたるプロジェクトを開始していた。さらに多くの条約を押し付けては調印させて、20世紀初頭には中国で40を超える条約港で貿易がおこなわれていた。

こういった飛び飛びの居留地に、外国勢は、行政機関や企業、学校、裁判所などを設立した。怨嗟に満ちた国のなかで、外国の艦船が停泊し、実業家が取引をおこない、宣教師があちこちで改宗を迫った。反乱が勃発しては鎮圧された。アヘン中毒の問題はさらに深刻化した。現在の中国人が「屈辱の世紀」と呼ぶ時代が、始まっていたのだ。

天津条約を読み進めると、次の2つの条文が目に留まる。

イギリスの軍艦が敵対的な目的をもたず入港する場合や海賊の追跡に従事している場合には、清国皇帝の領土内のいずれの港でも入港できる自由をもち、食糧購入……(中略)……のためのあらゆる便宜を受けるものとする。

2つ目がこの部分だ。

イギリス商船は長江（揚子江）にて貿易をおこなう権限を有するものとする。

それは、みずからを世界の支配者であり、かつ地球上でもっとも優れた国家だと長いあいだ信じていた誇り高い国に無理やり押しつけられた、爆発寸前の状況だった。そして、条約港以外の場所で暮らす多くの普通の中国人に対して、外国による占領をもっともあからさまな形で見せつけたのが、長江に浮かぶ砲艦だった。1858年から1949年までの90年間、大型のものも小型のものも、老朽化したものから近代的なものまで、さまざまな国の軍艦が中国の沿岸を航行し、あるいは長江を遡上して中国の奥深くまで入り込んだ。

90年にわたり、外国の軍艦が長江を行き来していた。それは、条約を執行し、居留地を守るためであり、海賊を追い、自国民を守り、自国のビジネスと政治的利益を守るためだった。つまり、中国に対して、外交的・軍事的な力を誇示するためだった。

これらの水路をたびたび巡回していたのは、イギリス王立海軍、アメリカ海軍、フランス海軍、ドイツ帝国海軍、イタリア海軍、日本海軍の砲艦だった。艦隊には、イギリス王立海軍の場合には長江船団（*Yangtze Flotilla*）、アメリカ海軍の場合には長江哨戒（*Yangtze Patrol*）といった名称までついていた。国際化した経済秩序を順守させるために、これらの艦船が中国国内に入り込むことが条約で認められていたのだ。

砲艦の司令官たちには、居留地を守るための「保護措置」と、自国民や企業に対する中国の攻撃に報復するための「懲罰措置」をとる権利があった。軍事史家のアンガス・コンスタムはこう記している。「砲艦は、欧米の商業や特権、安全を保障するためのものであり、往々にして、中国にある外国人居留地を守るための手段が砲艦しかない場合があった」。砲艦は、外国の利益と重商主義的利益の安定を守るための平和維持作戦にあたっていたのだ。

長江を砲艦が行き来する時代は、中国で内乱が勃発し、世界大戦の波が押し寄せたことで、幕を閉じた。1911年に清王朝が滅亡すると、孫文と蔣介石によって政治統一がなされたものの、その期間は短く、やがて毛沢東率いる中国共産党と蔣介石の中国国民党が対立して内戦状態となる。最終的に毛沢東が勝利するのであるが（第4章で見るようにこの話にも川が絡んでいる）、この国共内戦は1937年の日本による中国への全面侵攻によって中断される。この侵攻がエスカレートして、第二次世界大戦の一局面である太平洋戦争へと拡大するのだ。1941年に日本が英米との戦争に突入すると、長江から砲艦が去る時がきた。

日本の降伏後すぐ、長江に砲艦が戻ってきたが、旧来の条約に強く反対していた毛沢東率いる共産党はこれを容認せず、イギリスの砲艦HMSアメジストを砲撃した。HMSアメジストは砲撃をかいくぐり、かろうじて長江を脱出する。こうして、中国における欧米の砲艦外交は幕を閉じた。その後、毛沢東は、西側の支援を受けた蔣介石率いる国民党を本土から追い出す。1950年には中国への外国からのアクセスは再び遮断されて、香港、マカオ、台湾のみに制限されることとなった。

アメリカでは、多くの人が「アヘン戦争」という言葉を聞いたことはあっても、詳しく知っている者はまずいない。そのため、まもなく世界一の経済大国へと返り咲こうとしている中国という国が歴史的に抱えているものや、その国家的野心を、アメリカ人はなかなか理解できない。アメリカでは、4年間の南北戦争により国が引き裂かれ、その傷痕は今もなお疼《うず》いている。今日でも、南軍の銅像や記念碑を公共の場から撤去しようとする動きが物議を醸している。抗議運動や破壊活動を避けるために、遠い過去の将軍たちの銅像を、夜間に密かに運び出さねばならないような状況だ。

もしも、ミシシッピ川を巡回していたのが北軍の装甲艦ではなく外国の砲艦で、南北戦争が普通の大学生の在学期間程度ではなく1世紀近くも続いていたとしたら、現在のアメリカにはるかに深い傷跡が残ったことだろう。中国の苦しみは、1839年から1949年まで続いた。現在、中国のすべての小学生が、この「屈辱の世紀」について教わっている。外国人、麻薬、河川を行き来する砲艦といった複数世代に及ぶ悲劇が、今日の中国の世界観と欧米勢力との付き合い方のすみずみにまで染み込んでいるのだ。

戦争に関わる話にはちょっとした逸話がつきもののようで、長江の砲艦の話もその例外ではない。

1941年、大日本帝国はハワイの真珠湾にあったアメリカ海軍の基地を奇襲攻撃し、2403人のアメリカ人が亡くなり、1178人の負傷者が出た。米軍艦船19隻と航空機300

機以上が破損した。この攻撃がきっかけでアメリカは第二次世界大戦への正式な参戦を決め、アメリカ議会による最後の宣戦布告のひとつがおこなわれた。しかし、ルーズベルト大統領が「恥辱として記憶に刻まれる日」になると演説したこの1941年12月7日は、日本がはじめてアメリカ海軍を攻撃した日ではなかった。

はじめて日本に攻撃されたのは、長江にいた砲艦のUSSパネーだった。この攻撃が起きたのは、真珠湾攻撃の4年前の混乱期だ。乗員55名のパネー号は、南京に残っているすべてのアメリカ人を避難させるためにきていた。長江に停泊し、アメリカの国旗を掲げていたのだが、日本軍の戦闘機による爆撃と機銃掃射を受けた。3名の乗員および民間人が死亡し、負傷者は48名にのぼった。日本政府は謝罪し、誤爆だと釈明したが、パネー号が米艦船であることは識別できたはずだと主張する生存者や歴史家もいる。攻撃に対してアメリカは報復をせず、沈没したこの船のことはほとんど忘れられている。

金属の川

1939年から1945年にかけて、世界は史上最大の大規模戦争で燃え立っていた。何千もの場所が戦場となり、世界のほぼすべての国になんらかの形で影響が及び、推定で5000万～8000万人が亡くなったとされる。この底知れぬ戦いの詳細は、河川との関係も含めて、今なお解明が進められている。たとえばこんな話がある。ヨハン・キューベルガーというドイツの少年の、ある勇敢な行動さえなければ、この戦争すべてが避けられた可能性が高いというのだ。

キューベルガーが暮らしていたのは、イン川を挟んで向こう岸はオーストリアという、国境の町パッサウだった。子どもたちはよく川沿いで遊んでいたが、1894年1月のある寒い朝、キューベルガーは川のなかでもがいている人影に気づいた。ひとりの少年が薄く氷の張った川に踏み込んでしまい、氷が割れて、強い流れのなかで溺れていたのだ。キューベルガーは氷が割れたところから飛び込んで、その少年の命を救った。

この救出劇は噂になり、町の伝説となった。キューベルガーはその後で司祭になっている。仲間の司祭であったマックス・トレンメルは、自身が亡くなる直前の1980年に、キューベルガーから聞いたこの出来事について語った。その話はずっと裏付けがなかったのだが、2012年にドイツのとある公文書館で地元紙の『ドナウ新聞（Donauzeitung）』の1枚の切り抜きが見つかった。その記事では救助された少年の名前は書かれていなかったものの、切り抜きとトレンメルの説明がとてもよく一致していたので、イン川で溺れそうになったところを危うく助けられたこの少年はアドルフ・ヒトラーである可能性が非常に高いと歴史家によって結論づけられたのだ。


さて、パッサウでの出来事から時間を早送りして1939年のこと。ヒトラーは150万人の兵士と2000台以上の戦車、1300機の航空機を引き連れてポーランドに侵攻し、第二次世界大戦が始まった。戦力の差は圧倒的で、貧弱なポーランド軍には、近代的な航空機と装甲車は数十台しかなかった。

ヒトラーはなぜこれほど多くの航空機をもっていたのだろうか。ひとつには、航空業界を大慌てさせていた、ほとんど奇跡のような素材をすぐに入手できたからだ。この素材は軽量で柔軟性があり、耐久性に優れていた。製造に要するエネルギーが大きすぎるためそれまで大量生産されていなかったのだが、航空機の製造などの産業用途での有用性が明らかになると、ドイツは水力発電用ダムや製錬施設の建設への投資を計画的におこない、１９３９年までには世界有数のアルミニウム生産国となっていた。

ドイツ空軍のアルミニウム合金製の飛行機は、すぐにヨーロッパの空を支配し、軍需工場や発電所、通信網、鉄道基地、港、運河といったインフラを爆撃し始めた。１９４０年には、第二次世界大戦の勝敗を決するのは航空戦力であることがはっきりしていた。イギリスとアメリカは大規模な航空機製造計画を発表した。アメリカは、表向きは中立国であったが、年間5万機の航空機の製造を宣言した。これを達成するには、アメリカの工場でかつてないほど大量のアルミニウムが必要となる。つまり、ボーキサイトの入手と、精錬のための安価な電力が必要だった。

ここで登場するのが、南米の国ガイアナ（植民地時代のイギリス領ギアナ）のデメララ川と、カナダのケベック州を流れるサグネ川だ。カナダの採掘会社アルキャンは、ガイアナで大量のボーキサイトを採掘し、デメララ川を下って川岸の町マッケンジー（現在は都市リンデンの一部）にある前処理工場に運び、粉砕・洗浄していた。この洗浄後のボーキサイトを載せた大型船が向かうのが、カナダのセントローレンス水路とセントローレンス川支流のサグネ川だ（後者によってサンジャン湖やカナダ楯状《たてじょうち》地周辺の支流の水が海へと運ばれる）。

1941年、アメリカにおけるアルミニウム地金の需要の急騰や、首都オタワでの優遇税制措置、さらには政治的圧力を受けて、アルキャン社はサグネ川に水力発電ダムの巨大な複合施設を建築。「シップショー水力発電プロジェクト」である。

このダムと、さらに上流の水力発電ダム2基とを合わせて、アルキャン社はサグネ川流域を世界有数の航空機用アルミニウムの生産地へと変貌させた。この地のアルミニウム生産量は1939年には7万5200トンしかなかったのが1945年には150万トンを超え、わずか6年で20倍以上も増加している。カナダで生産されたアルミニウム製の爆撃機は、連合国側の旗を掲げて世界中を飛び回った。

アルミニウムは連合国の戦略にとって非常に重要であり、1941年にハイドパーク宣言という経済協定が急ぎ結ばれることとなった。カナダ首相マッケンジー・キングと米大統領フランクリン・D・ルーズベルトとで合意がもたれた法的問題の回避策であって、これにより、表向きはまだ中立国であったアメリカが、カナダから輸入した原料によってイギリス向けの軍需物資を製造できるようになった。

シップショーの複合施設のおかげで、戦時中、カナダはアメリカにとって主要なアルミニウム供給国となり、イギリス本国と英連邦の同盟国が使用するアルミニウムの90パーセントがそこから供給された。兵力だけでなく工業力の勝負でもあった世界大戦において、サグネ川での水力発電が、大戦に対するカナダの特に重要な貢献となったのだ。

イギリス空軍のダム爆破計画

イギリス空軍省は開戦直後から、ドイツの工業力を削るための方法を模索し始めていた。特にルール川流域には大規模な製造施設と発電所があったので、そこに照準を合わせた爆撃計画がいくつも練られた。ドイツ内陸部にあるこの工業の中心地には、電力と水を供給するダムが数多くあり、それらのダムの爆破計画が実行に移されることとなった。

この計画で主な標的となったのが、メーネ川の大きな貯水ダムであるメーネ・ダムだった。ルール川流域でもっとも重要な電力供給減であり、貯水量も最大だった。他にも、水力発電がおこなわれ、重要な輸送運河の水位を維持する役割も担っているエーデル・ダム、そしてゾルペ・ダムが標的となった。それ以外に、エンペネ・ダム、リスター・ダム、ディーメル・ダムが候補とされた。イギリス軍は、最初に挙げた3つのダムを、1943年の晩春に爆破することにした。下流域に最大の痛手を負わせるために、貯水量が最大となる時期が選ばれたのだ。

極秘の実験が、イギリスのアベリストウィス東部の人里離れたエラン渓谷にある古いダムでおこなわれた。強力な爆弾をダム上部に落としてもダムを破壊できないことはすぐにわかった。ダムの貯水池側の壁面の、水面下に没している中心付近に爆弾を命中させなければ、ダムは壊せないのだ。しかしルール川の目標地点は、ドイツ国内の、陸路で攻めるには遠すぎる場所にある。しかも、貯水池には機雷や魚雷での攻撃を防ぐために鋼鉄製の網が張られている。上空から発射できて、ダムの上流側の壁面の、水に没している箇所で大規模な爆発を起こせるような仕組みが必要だった。

そこでイギリス空軍の技術者が何度も試験を重ねて開発したのが「反跳《はんちょう》爆弾」だった。約4トンの円柱型の砲弾が回転しながら貯水池の水面を跳ねてから、沈んでダムの壁面に着弾するように設計された。爆弾の跳ねる能力を高めるには、飛行機を超低空飛行させて、投下の際に強力なバックスピンをかけねばならない。平たい石を回転させながら投げると水面を何度も跳ねて進む水切りの要領で、この爆弾は水面を数回跳ねてから速度を落として水面下に沈み、爆発する。

リーズから東南へ車で約110キロメートルのスキャンプトン空軍基地に、操縦士とアブロ・ランカスター爆撃機が集められ、秘密部隊が編成された。ダムを破壊するための巨大な爆弾を1個ずつ運べるよう、機体は大幅に改造され、爆弾を回転させるためのフォードV-8エンジンも別途搭載された。低空飛行時には気圧計や無線高度計が役に立たなくなるので、その代わりとして機体に取り付けられたのが、下向きに光を発する2個のスポットライトだ。飛行機が爆弾を投下するのに適切な高度にあると、水面上で2本の光線が重なって1つの円になるよう、ライトの角度が調整されていた。

操縦士たちは2カ月近くにわたり低空飛行での爆弾投下訓練を受けたが、その間ずっと、自分たちはドイツ海軍の巨大戦艦ティルピッツを攻撃するのだと信じていた。任務の内容が、低空飛行によりイギリス海峡を渡り、占領下のオランダ上空を通過し、ドイツ内陸まで侵入して、ゾルペ・ダム、メーネ・ダム、エーデル・ダムを爆撃することだと知ったのは、作戦決行の当夜のことだった。

ランカスター爆撃機の部隊の1機目は、1943年5月16日の午後9時28分に発進した。超低空飛行だったので、うち1機は高圧線にぶつかって炎上し、地面に墜落した。翌日には、この奇妙な爆弾は回収され、ドイツの技術者により調べられたことだろう。ゾルペ・ダムに向かった5機のうち4機は撃墜されたか破損した。目標点に到達した1機が反跳爆弾を投下したものの、ダムの決壊には至らなかった。

メーネ・ダムには9機が向かい、うち8機が目標地点に到達したときには午前0時を数分過ぎていた。ドイツ軍が対空砲を発射したときには、最初の反跳爆弾が水面を飛び跳ねて、狙いどおり水面下に沈んでダムの壁面にぶつかった。巨大な水柱が立ったが、ダムに被害はなかった。次の爆弾は、飛行機が撃たれて火を噴いていたため、投下が数秒遅れた。この爆弾はダムを飛び越えて、下流のどこかで爆発した。3発目と4発目の爆弾によってさらに多くの水が吹きあがったものの、やはりダムへの影響はなかった。だが、5発目の爆弾によって水が空中に吹きあがった直後、ダムの表面が崩れ、ほぼ満水状態だったダム湖の水が、住民が暮らす下流域へと放たれたのだ。

約1億1600万立方メートルの水（オリンピックサイズのプールおよそ5万杯分）が、工場や住宅へと押し寄せて、これらの建物を破壊し、あるいは呑み込んだ。爆撃機を旋回させていた操縦士は、凄まじい勢いで下流域を襲う水と、深さを増す水の下で車のヘッドライトの光が弱まるのが見えたと報告している。

爆弾を抱えた残りの3機がエーデル・ダムへと向かった。最初の爆弾は2度跳ねて、水しぶきを上げただけだった。２発目はダムのてっぺんに当たり、激しい閃光を放って爆発したが、それにより爆撃機も破損してしまい、なんとか逃げようとしたものの撃墜された。３発目は３度跳ねて、水中に沈んでダムの壁面に着弾してダムを破壊した。またしても途方もない量の水が下流域に押し寄せ、住民を襲った。

ルール川の２つのダムが決壊したことで、１２９４人が死亡し、11の工場と１０００戸以上の家屋が全壊または破損した。２カ所の発電所が被害を受け、60キロメートル以上離れた場所の橋や建物まで破壊された。ダム湖に溜まっていた土砂が流れ出たため、川が詰まって航行不能となった。ドイツ工業の中心地で、その製造能力が大打撃を受けたのだ。イギリス軍が失ったのは、操縦士53名とアブロ・ランカスター爆撃機８機だった。

イギリス空軍の「ダムバスターズ」（ダム攻撃隊）のニュースは、世界を駆けめぐった。２日後、ウィンストン・チャーチル英首相は熱狂的な歓声をあげるアメリカ議会で演説をおこない、この攻撃を称賛した。その後、第二次世界大戦中ずっと、イギリスはダムバスターズを配備し続けた。チームは、ノルマンディーのドイツ軍が利用していた鉄道トンネル、Ｅボート（ドイツ軍の高速艇）用の軍事施設、ドルトムント・エムス運河などを攻撃し、そしてついには巨大戦艦ティルピッツの撃沈に貢献したのである。

独ソ戦の趨勢を決めた川

この章のわずかなスペースでは、河川が第二次世界大戦の戦略や戦法に及ぼした影響のすべてを詳述できるはずもない。

たとえば、その凄惨さにおいて人類史上屈指の戦いで、重要な役割を果たしたヴォルガ川がある。

ロシア内陸部と、カスピ海やバクー油田（現在のアゼルバイジャンにある）を結ぶヴォルガ川は、ソビエト連邦にとって中心的な輸送通路であった。だからこそ、ヒトラーは約20万の兵士からなるドイツ国防軍第6軍に命じて、モスクワの南東約900キロメートルにある、ヴォルガ川沿いの重要都市スターリングラード（現ヴォルゴグラード）を攻撃させたのだ。

ヒトラーが狙いを定めていたのは、バクー油田の奪取だった。ヴォルガ川下流域を制圧しておけば、油田を防衛しようとするソ連軍の進軍を阻むことができる。スターリングラード自体も製造業と輸送の重要な拠点であるうえに、ソ連の最高指導者ヨシフ・スターリンの名を冠した都市だというのも、ヒトラーからすれば象徴的なターゲットとして魅力的だった。

1942年8月、ドイツ国防軍によってスターリングラードを攻撃されたソ連の防衛軍は、いったん撤退した後にこの細長い都市を囲んだため、ドイツ国防軍第6軍は幅約1・5キロメートルのヴォルガ川を背に追いつめられた。ヒトラーは援軍を送ったが、血みどろの包囲戦は長引き、ロシア兵とドイツ兵が通りを挟んで、あるいは同じ建物のなかで戦い、屋上にいる狙撃兵から狙い撃ちをされた。スターリングラードを見下ろす「ママエフの丘」という丘陵地で繰り広げられた戦いはあまりに激烈で、占拠者が10回以上も入れ替わったほどだ。砲撃によって削られた丘は爆弾の金属片で覆われ、降り注ぐ雪は爆風と炎で溶かされたため、冬の間じゅう丘はずっと黒々とした姿を見せていた。

枢軸国の兵士は、逃げることもできないまま補給を断たれ、約25万人が命を落とした。ソ連側の死者数はその4～8倍と見られている。スターリンは、スターリングラード市民の避難を禁じた。市民が残ることでソビエト赤軍がさらに必死になって都市を防衛するだろうと考えたのだ。この都市での戦いが始まってから約半年後にようやくドイツ軍が降伏するわけだが、ドイツ兵の生存者はグラグ（強制収容所）に送られ、多くがそこで死んだ。ドイツ国防軍第6軍の兵士でドイツに戻れたのは、わずか6000人だった。

ソ連とドイツの死者数を合わせると推定で150万人を超える。ヒトラーはヴォルガ川の支配を企てたために、ドイツ軍屈指の軍隊を破滅させてしまった。スターリングラード包囲戦では、川そのものがドイツ軍を閉じ込め、ヒトラーのさらなるソ連侵攻を阻んだ。この戦いは、独ソ戦の転換点となった。

第二次世界大戦での戦略と戦術に、川が影響を及ぼした例をもうひとつ紹介しよう。マーケット・ガーデン作戦という、1944年9月に連合国軍がおこなったドラマティックな作戦で、80キロメートルの広範囲にわたり河川や運河に架けられた橋を奪取してライン川からドイツに攻め込もうとしたのだ。

これは史上最大の空挺攻撃だった。英米の空挺部隊3万5000人がドイツ軍前線の内側に降り立って、ワール川やドメル川、ライン川など、いくつもの川と運河に架かる橋を使っての渡河を制圧しようというのだ。ドイツ軍は多くの犠牲者を出しながらもこれを撃退し、ヨーロッパを戦場とした戦いがさらに長引くこととなった。この他にも、第二次世界大戦においては、ムーズ川、ドニエプル川（ドニプロ川）、ナルヴァ川、オーデル川をめぐる重要な戦いが繰り広げられた。特にフランスのセダンは、ムーズ川の橋頭堡をめぐる激戦地となった。

闘牛士のマント

ムーズ川沿いの土地は、ヨーロッパでもっとも血に染まった場所と言っていいだろう。ムーズ川はラングル高原のプイィの近くにその源を発し、フランスからベルギー、オランダへと、まずは北向きに、次に東に向けて蛇行しつつ北海へと注ぎ込む。その流路は大部分が航行可能であり、放射状に伸びた運河と合わせてヨーロッパで特に重要な輸送路を構成している。戦時下にはとりわけ戦略的な役割を担うこととなるのだが、その理由は、この川の特別な地形にある。

川の流れによって巨大山塊が削られた結果、数百キロメートルにわたる急勾配の断崖ができており、これによって、アルデンヌの森の起伏の多い地形と、西側のパリやフランス各地に向かって広がる平野とが隔てられているのだ。こうしてムーズ川は、アルデンヌ地方とともに、ドイツや東欧からフランスに侵攻しようとする軍隊に対する自然の障壁として長らく機能してきた。そして、かつてはドイツ系の帝国とフランス系の帝国とを隔てる伝統的な国境でもあった。

急峻な石の断崖を降りてムーズ川を渡るというのは物理的に非常に難しい。それを当てにして、フランスはこの地域に強固な要塞をつくらなかった。フランスに攻め込む側にとっては、軍隊がこの難しい地形を抜けてフランスの平野部に侵入しパリまで一直線に進むというのはハイリスク・ハイリターンの誘惑であって、結果として、ヨーロッパ史に残るいくつかの奇襲作戦が生まれるとともに、とてつもない数の死者が出ることとなった。ムーズ川流域とその北東にある荒々しいアルデンヌに沿って、過去150年間で少なくとも4度の大規模な軍事衝突が起きている。

普仏戦争中の1870年の「セダンの戦い」においては、ドイツ（プロイセン）の軍はムーズ川の渡河に成功した。その46年後、1916年の「ヴェルダンの戦い」では、ドイツ軍とフランス軍が大集結して戦い、苦闘の末にドイツ軍が撤退したが、ほんの小さな土地で100万人の兵士が命を落とすこととなった。

1944年、アルデンヌの森で、アメリカ軍はナチス・ドイツ軍をかろうじて抑え込んだ。血で血を洗うこの争いは「バルジの戦い」として知られている。こうして、ヒトラーにとって最後となる大反撃は失敗に終わったわけだが、実はこれは4年前に成功したムーズ川の衝撃的な突破を繰り返そうという試みだった。そのときのムーズ川突破は、世界を驚愕させ、今日でも軍事史に残るもっとも見事な作戦のひとつとして知られている。

1940年の春、ヨーロッパ全土で戦争の準備が進められていた。1939年にドイツはポーランド侵攻を開始した。イギリスとフランスがドイツに宣戦布告し、ドイツの動きが引き金となってソ連がポーランド東部に侵攻。ヒトラーとスターリンがポーランドの分割に合意した後、1939年11月30日、スターリン率いるソビエト連邦はフィンランドに侵攻した。その冬の間ずっと、両国の国境沿いで、ときにはマイナス40度にもなる極寒のなか、フィンランドのスキー部隊はソ連軍と戦った。これがいわゆる「冬戦争」である。

1940年4月、ドイツは中立国のデンマークとノルウェーを攻撃。連合国側のフランス軍とイギリス軍、そしてポーランド亡命軍は戦闘準備を整えていた。表向きは中立国であったアメリカは、連合国が翌年ドイツに大攻勢を掛けることを想定して、連合国軍に売るための武器や飛行機、装甲車、物資の大量生産を始めた。

当時、フランスといえばヨーロッパ随一の軍事大国だった。フランス軍の司令官モーリス・ガムランは、ドイツの侵攻は北から、すなわちベルギーとルクセンブルク、オランダのいわゆる低地帯からに違いないと考えていた（ライン川とムーズ川がつくる海抜の低い古来のデルタ地帯に位置するため「低地帯」と呼ばれる）。

河川の堆積物によって形成された地形の多くがそうであるように、この北海沿岸の低地帯も平坦で、直線的な道路が敷かれており、ドイツからすれば、自動車化歩兵と戦車による迅速な電撃侵攻にうってつけだった。また、第一次世界大戦において、低地帯はドイツが攻撃ルートとして好んで活用しており、ヒトラーが国境付近に軍を集めていたことをスパイが確認している。

第一次世界大戦がまだ生々しく人々の記憶に残る時代のこと、ガムランは、フランス国内で再び塹壕戦が起こるのはなんとしてでも避けたかった。そこで、低地帯を経由してのドイツ軍の攻撃を予想して、軍備を整えて軍を北上させた。1940年5月10日、ドイツ軍歩兵隊がベルギーに侵攻し、ドイツ空軍はベルギーの要塞とロッテルダムを攻撃する。4日後にオランダは降伏し、ヒトラーによる、低地帯を経由してのフランス侵攻が差し迫っているかに思われた。司令官のガムランは対抗策を講じ、さらに多くの軍隊と装甲車、物資を北へと送り込んだ。

しかし、すべては計略だった。平坦なデルタ地帯で、フランスと連合国軍が長期化しそうな第一次世界大戦スタイルの塹壕戦に備えていたちょうどその頃、戦車と自動車化歩兵の長い隊列がアルデンヌの森をくねくねと通り抜けていた。機械化された巨大部隊が、ムーズ川を挟んだセダンなどの橋頭堡を目指して、フランス国境でも特に防御力の弱い箇所に向けて少しずつ前進していたのだ。軍を先導するのは多数の戦車からなる軍団で、それをハインツ・グデーリアン将軍とエルヴィン・ロンメル将軍が率いていた。

ガムラン司令官は、アルデンヌの森でのドイツ軍の動きを知ったとき、これは陽動作戦に違いないと考えた。戦車でこの起伏の激しい山塊を進み、ムーズ川に削られた切り立つ岸壁を下るなどとうてい無理なのだから、ヒトラーの真のターゲットであるはずがない。東の森からドイツ装甲師団が飛び出してきて、セダン、モンデルメ、ディナンといった川沿いの町へと突き進んできてもなお、司令官は信じられない思いでいた。

装甲師団は、やがてフランスの中心部まで押し寄せる、大規模な侵攻軍の先鋒隊であった。闘牛士のマントのように、北の低地帯から侵攻すると見せかけた陽動作戦をおこない、すかさずフランスの守りが薄い側面からぶすりと突き刺したのだ。この「鎌の一撃（*Sichelschnitt*）」として知られる作戦を考案したエーリッヒ・フォン・マンシュタインは、後にドイツ国防軍の陸軍元帥になっている。

ドイツ装甲師団は、突然現れて防御が手薄なムーズ川の橋頭堡を叩くと、川に向かって突進した。5月12日、グデーリアン将軍が率いる装甲師団がセダンを攻撃する。ロンメル将軍はディナンの渡河地点を制圧。トーチカ（機関銃や砲を備えたコンクリート製の小型防御陣地）にいた数少ないフランス兵は恐怖と混乱に陥った。ベルギーに向けて北上を命じられた守備隊が封鎖していったために、トーチカによっては操作できない状態になっていた。防衛線は崩れ、フランス軍は可能な限りの橋を爆破しながら撤退する。

通り抜けられないはずの自然の障壁が突破され、ガムランは自分が致命的な誤りを犯したことを知った。ムーズ川に舟橋がいくつも架けられ、ドイツ軍の戦車と自動車化歩兵がフランスに流れ込み始めた。5月16日には、グデーリアンとロンメルは、ドイツ装甲師団をフランス内部に約80キロメートル以上、イギリス海峡までの距離の3分の1近くまで進めていた。アンフェタミン（覚醒剤）を大量摂取していたドイツ軍兵士たちはエネルギー不足のまま限界を超えて働いていたが、混乱を極めるフランス軍は反撃もできない状態だった。フランスで最高の軍隊と装備は、ベルギー支援のために北上していたのだ。

5月15日、フランスのポール・レノー首相は、イギリスで5日前に就任したばかりの新首相ウィンストン・チャーチルに電話をかけて、フランスの敗北を告げた。翌日パリに飛んだチャーチルが目にしたのは、書類を燃やし、パリからの避難準備を進める政府高官たちの姿だった。

だが、ドイツ装甲師団がすぐパリに食指を動かしたわけではない。数日間を休息と修理に充てると、突如として北上し、ベルギーに集結した連合国軍の背後に回った。フランス、イギリス、ベルギー、オランダの各軍は、イギリス海峡を背に追い込まれてしまう。だが、海からの大規模救出作戦によって、100万の連合軍兵士のうち3分の1がダンケルクの海岸から救出され、戦争はさらに続くこととなった。

6月22日、国土の半分以上を占領されたフランスは、ドイツとの休戦協定に署名する。それは、第一次世界大戦でドイツがフランスに降伏したのと同じ場所、同じ鉄道車両だった。ヒトラー本人が、21年前にフランスのフェルディナン・フォッシュ元帥がドイツの降伏を受け入れたのと同じ椅子に座り、今度はフランスの降伏を受け入れたのだ。

アルデンヌの森とムーズ川の急峻な崖という地形上の天然の障壁をドイツ軍の戦車が突破してわずか41日後に、フランスは陥落した。イギリスは仲間を失った。それから4年という長い歳月を経て、連合国軍によるD-デイのノルマンディー上陸作戦によって、ドイツの西ヨーロッパ支配にようやく終わりが見え始めたのだった。

ベトナムでの「牛乳配達《ミルクラン》」

リチャード・ローマンとはじめて会ったのは、マサチューセッツ州のヒンガム湾を見下ろす彼の自宅でだった。私は彼と握手をしてから、彼が水辺での暮らしをずっと好んでいるらしいことについて、つまらないジョークを言った。これから聞くことになる話への期待で興奮していたが、少し緊張もしていた。退役軍人に個人的な戦争経験を尋ねるのははじめてだったので、どういう展開になるか予想がつかなかったのだ。

驚いたことに、彼は自分が寝起きしていたリバーボートの、細かい部分まで再現された精巧なミニチュア模型をもっていた。模型を見ながらだと、船の仕組みや、船上で起きた出来事についての話がよく理解できた。部隊上陸用の舟艇《しゅうてい》で、第二次世界大戦中、D-デイに連合軍を載せてイギリス海峡を渡すのに使われたこともある。スティーブン・スピルバーグ監督の『プライベート・ライアン』の冒頭で、兵士たちが船団からオマハ・ビーチへと上陸するシーンがドラマティックに描かれているが、あのタイプの船だ。

模型を見ると、部隊がすっぽり入れるように甲板は深く設置され、片方の船首部分の四角い板は前に倒せば渡し板にもなるという構造で、こういった特徴は私にも見覚えがあった。

しかし、見慣れない部分もあった。数々の装備が追加され、船体も改造されているのだ。両側には大型のM60機関銃が遮蔽板つきで並んでいるし、部隊を載せる甲板はヘリポートで覆われている。船尾近くには円筒形の砲塔が3基並び、いずれも、50口径の機関銃や擲弾《てきだん》発射筒を操作する砲手が入ることのできる構造だ。

砲塔のまわりには土嚢を積み上げた壁があり、ローマンの説明によると、1インチ（2・5センチメートル）の装甲板をたやすく貫通するロケット推進式擲弾（RPG）への特別対策とのことだった。第二次世界大戦で余った上陸用舟艇が改造されて、重装備の河川用の装甲兵員輸送艇

（ATC）となったこの船は、ベトナム戦争でもっとも苛酷な戦闘において、メコンデルタの迷路のような川や運河を巡回した数多くの舟艇のひとつである。

1965年から1971年にかけて、アメリカの陸軍、海軍、沿岸警備隊は、ベトナム南部の川や運河で何百という河川用船舶を運航していた。輸送艇、河川巡視艇、攻撃用舟艇があった。河川掃海艇、救難艇、給油艇もあった。川に浮かぶ巨大な母艦には、補給所、兵舎、食堂、整備室、病院、ドックが備わっている。輸送艇によっては、川岸にあるベトコンの拠点を吹き飛ばすための巨大放水艇や、拠点に火を放つための火炎放射艇へと改造された。

こういった技術について知るために、頭字語だらけの退屈な軍事報告書を読むという方法もあるにはある。だが、ベトナム戦争で最悪の恐怖を味わった退役軍人から話を聞くのは格別だ。ローマンは1年間の従軍中ずっと米軍の機動河川軍の船上で生活し、輸送艇の砲手として11カ月、火炎放射艇で1カ月務めた。その1年間で、本格的な銃撃戦を約50回経験し、少なくとも150回は攻撃を受けた。どんな感じだったかを知るためのお勧めは、1979年の映画『地獄の黙示録』の序盤のシーンだという。彼が経験したことがかなり正確に描写されているそうだ。

メコンデルタを流れる幅の狭い川や運河での戦いには、常に奇襲攻撃の恐れがつきまとった。川岸に分厚く生い茂る繁みから弾丸やロケット弾が飛び出してくるのは、たいていの場合、数メートルという至近距離からなのだ。ときには見せかけの攻撃によって舟艇の弾丸を消費させられてから下流で大規模な奇襲攻撃を受けたり、味方同士であるアメリカ軍と南ベトナム軍のあいだで誤射が起きるよう仕組まれたりした。いかにもおいしそうなバナナの房が水面に向けて垂れていても、そこには罠が仕掛けられている。

ローマンは不審な物がないか、常に川を見張っていた。目につく物のほとんどは川面に浮かぶ死体だったが、機雷もあった。川床に仕掛けられた機雷の場合、隠れたワイヤーが水中から川岸の繁みまでつながっていて、陸地から起爆された。敵の兵士が泳いできて、船体に機雷をこっそり取り付けられたりもした。

ローマンの輸送艇にベトコン兵士が単独で忍び込んだこともあった。そこは南ベトナム兵が寝泊まりしていた広場のすぐ横で、安全なはずだった。渡し板を下ろしたままの船で、ローマンは仲間と一緒にヘリポートでくつろいでいた。突然、1人のベトコン兵がそのヘリポートに飛び乗り、至近距離で発砲してすぐさま逃走した。たまたまローマンには当たらなかったが、トランプで遊んでいた2人の仲間は撃たれて死んだ。

火炎放射艇の恐ろしさにも話は及んだ。このタイプの舟艇は、ライターの名前にちなんで「ジッポ」と呼ばれていた（カラー口絵参照）。その主な任務は、一般には川岸の草木を焼き払うことだと思われているが、実はそれだけではない。「殺すこと」も含まれていた。銃撃戦のさなか、ジッポの火はそのまま川岸に放たれ、火のついたゼリー状のガソリンが弧を描いて敵に降り注いだ。ローマンは、若いベトコン兵が火に包まれて叫び声をあげながら開けた場所に飛び出してきた様子を語った。その兵士は、身につけていた手榴弾が熱で爆発して、ばらばらになって吹き飛んだという。

ローマンは、メコンデルタの曲がりくねった水路で、多くの米兵が殺され、負傷するのを目にした。そして、口には出さなかったが、100万ドルもする最新鋭の兵器を搭載した船の砲手だった彼は、それよりはるかに多くのベトナム人を殺し、負傷させたに違いない。彼が乗っていたT-152-6と呼ばれていた船がロケット推進式擲弾の直接攻撃を受けたのは、幸運なことに、彼の1年にわたる従軍中に1度だけだった。その幸運が尽きたのは、ローマンと、ともに乗船した5人の生き残った乗組員が任期を終えて帰国の途に就くはずだった日の、わずか2日前のことだった。

まるで安直な映画のように、その日は、縁起の悪いことがいくつも重なった。1969年6月の、13日の金曜日。そこに帰国を目前に控えた乗組員とくれば、いかにも悪いことが起きそうだ。だが、363日間の川の上での生活の後で、指揮官は彼らの任務は終わったと断言した。彼らは船を母船のドックに入れて、意気揚々と船の備品の棚卸しを終わらせ、後任者のために船の掃除と塗り直しをして、備品を補充した。

「それで終わりです」とローマンは言った。「あとは、2日後にくる次の乗組員のために、船の準備を整えるだけのはずでした」。だが、そのとき現れた将校から、短時間で終わるという最後の任務を命じられた。大したことじゃない、ただの「牛乳配達（簡単な仕事）」だから、と将校は言った。

乗組員たちは暴れ出しそうになったが、熱のこもったやりとりの後で、結局その命令に従うことになった。ローマンは茫然自失のまま、余っていたヘルメットの内側のスポンジをむしりとって、外側の硬い部分を自分のヘルメットの上から被った。その様子を他の船から見ていた兵士が防弾チョッキとズボンを投げてくれたので、自分の防弾チョッキとズボンの上からそれを着た。

ローマンたちの輸送艇、すなわちT‐152‐6は、母船を離れて上流に向かった。任務は、新兵の小隊をベンチェ川にある島まで送り届けることだった。そこは、メコンデルタでとりわけ危険な場所だったのだが、当時、それはローマンたち乗組員には知らされていなかった。ローマンが目的地の危険性について知ったのは、数年後のことだった。

まず、移送する小隊を拾った。完全武装した30人ほどの兵士が、船内の低くなっている場所に乗り込んだ。小隊と一緒に、「すばらしくフレンドリーな」衛生兵が1人いて、ローマンは彼に時間を尋ねた。「10時半ですよ」とにこやかな答えが返ってきた次の瞬間、自動小銃AK‐47の発射音が響き、ロケット推進式擲弾が爆発した。

兵士たちは立ち上がると、葉の茂った川岸に向けて応戦した。船2隻分ほどしか離れていなかった。「子どもの頃の雪合戦と同じくらいの距離でしたね」とローマンは言った。数年後、あのフレンドリーな衛生兵が即死していたことをローマンは知る。だが、その当時は、彼が死んだことにも気づかなかった。弾丸がローマンの外側のヘルメットをきれいに貫通して、内側のヘルメットを割り、頸椎に突き刺さったからだ。さらに、爆弾の破片が腸を貫き、片脚に重傷を負っていた。

甲板に倒れ込んだローマンは、少なくとも2発の擲弾が、兵士たちが乗っている場所で爆発して火を噴くのを聞いた。「強烈な、押し潰されるような感覚がありました。実際のところ体が麻痺した状態になっていたので、動くことも、呼吸することも、声を出すこともできませんでした……。他の負傷者に混ざって、何人かの兵士の下敷きにもなっていたんですが、何度も意識が飛んだり戻ったりしました……。不思議な体外離脱の体験をしたんです。ふわふわと浮き上がって、私を迎えてくれる温かな光の方向に進むんです。それはもう、驚くほどリアルな体験でしたよ」

攻撃は数秒で終わった。生存者が負傷兵救護部隊の応援を呼び、トリアージがおこなわれた。ローマンは死んだと勘違いされ、死体の山に放り込まれて、上下を死体で挟まれた。だが、どうにかして発見されて担架に乗せられ、爆音を立てて激しく揺れるヘリコプターに積み込まれた。焼け焦げた右手を動かすと、別の負傷兵のぐらぐらする左手に触れたという。見ず知らずの2人は、この幻覚のようなフライトの間、互いの手を握り合い、入院とリハビリという新たな生活へと運ばれていった。

こうしてリチャード・ローマンは、回復不能の障害を抱えて退役した。結婚はせず、子どももいない。今は、「舟艇、爆発、バー、ナイトクラブ、金属工場、建設現場」のために補聴器をつけている。ローマンは従軍中には酒を飲まなかった――基地に上陸できるめったにない機会があっても、船に残っていたのだ。それが、今では飲むようになった。まだ若く、栄養不足で、粗末な装備しか身につけていなかった敵のことを、ローマンは悲しみをこめて語った。だが、不平や不満を口にすることはなかった。「自分で入隊したんです」ときっぱりと言った。「冒険をしたかったた。それで、冒険をしたんです」。そして冗談を交じえながら、最近受けた検査でふくらはぎに50年近く発見されなかった弾丸が見つかった話をした。

彼は今、マサチューセッツ州の海岸に自分で建てた美しい家で暮らしている。数年前に、インターネットで、あのヘリコプターでの現実感のない移送中に手を握り合った傷病兵を見つけることができた。2人の男たちは互いに生き延びたことを喜び合った。しかし、ローマンに彼の戦った戦争のより大きな目的についてどう思うか尋ねると、彼はただ首を横に振った。狂気の沙汰だった。すべてが、ただ狂っていた。

しかし、より大きな目的は実際にあった。ローマンが人生をもっとも強く決定づける1年を過ごした、地獄の黙示録的なT-152-6には、今はもう存在しない南ベトナム共和国の重要地域を支配するために送られた、沿岸海軍の何百という船舶と同じ役割があったのだ。それは、2つの交じり合うことのない政治的イデオロギー間で生じたはるかに大きな世界的闘争を、代理として戦うという役割だった。

メコンデルタの戦略的価値

第二次世界大戦後、ヨーロッパの国々の支配から自由になるために、多くの植民地が戦った。東南アジアでは第一次インドシナ戦争という激しい反乱が勃発し、1954年のディエンビエンフーの戦いによってフランス領インドシナは崩壊した。この地域は分裂して、カンボジアとラオス、そしてアメリカが支援する南ベトナムと、共産主義の北ベトナムになった。

1945年にソ連とアメリカが朝鮮半島を38度線で分割したのにならって、ベトナムの北緯17度線での恣意的分割が、戦争終結のための休戦協定としてジュネーブでの会談で合意された。それは一時的な決定のはずだったが、トルーマン政権とアイゼンハワー政権、そしてとりわけケネディ政権は、共産主義「封じ込め」というアメリカの包括的な冷戦戦略の一環として、南ベトナムに資金と軍事力を提供した。

しかし、北ベトナムと、南ベトナムにいる共産主義者（南ベトナム解放民族戦線、すなわちベトコン）が目指していたのは、ベトナムを再統一して、中国やソ連にならった共産主義国家を樹立することだった。1964年には、北ベトナムの支援を受けたベトコンの反政府活動によって、南ベトナム転覆の恐れが生じた。

状況を憂慮したリンドン・B・ジョンソン大統領は、議会に圧力をかけてトンキン湾決議案を可決させる。それは、この地域での軍事権限と、ベトナムにおいて無制限の戦争を実行する法的根拠とを、大統領に与えるものだった。ジョンソン大統領はただちに何万という単位での派兵を開始し、1968年には50万人以上のアメリカ人がベトナムにいた。

この戦争は、北ベトナムにとっては、外国の占領者を追い払って国を再統一することに尽きた。しかしアメリカにとっては、南ベトナムという、ジュネーブでつくられた非共産主義の人工国家を持続させるための戦いだった。2つの国の再統合を許せば、共産主義は力を増し、ソ連と中国の影響力が増大するだろうと考えたのだ。アメリカの目的は南ベトナムの維持であって、北ベトナムに侵攻することではなかった。侵攻すれば、中国が参戦のきっかけとするに違いない。

よって、戦場は南ベトナムだった。ということは、ベトコンの部隊や武器、物資などは北ベトナムから流入するはずだ。アメリカと南ベトナムの軍が勝利するには、この補給路を制圧する必要があった。こういった補給路で特に有名だったのが、内陸のホーチミン・ルートだ。しかし、ベトナムは海に面した国であるとともに河川国でもあり、当時は舗装路や鉄道網が未発達だったため、補給路を断つのにもっとも有効なのは、まずは海軍による遮断だった。

アメリカは1965年に「マーケットタイム作戦」を開始し、その後8年間にわたり、米海軍の駆逐艦や機雷掃海艦、高速艇、哨戒砲艦、沿岸警備隊のカッター（艦船に積まれる短艇）などを使って、南ベトナムを目指す北ベトナム船舶の阻止に努めた。ベトナムの海岸線はほぼ南北に延びているので、北ベトナムから海路で南ベトナムに上陸するのは東からと決まっており、海軍による航路の遮断は大きな効果をあげた。マーケットタイム作戦の開始時点では、ベトコンの物資の約70パーセントが南シナ海を経由していたが、1年も経たないうちにその割合はわずか10パーセントにまで減少した。

残るは陸路と、内陸部の水路、そしてメコンデルタである。北ベトナムが大量の物資を送るのに使ったのは、ホーチミン・ルートという、ジャングルの中の小道だった。北ベトナムを出て、ラオスとカンボジアを経由する、南ベトナムに向けていくつにも分岐するルートである。もっとも南に位置するルートは、カンボジアを抜けてメコン川につながっていた。そこからメコンデルタの河川や運河でつくられる複雑な流路網を介して、小さなジャンク船、サンパン（平底船）、艀などによって、物資と戦闘員が南ベトナムの各地に運ばれた。1000キロメートルを超える迷路のような水路が、兵士や武器、物資などを南部へと輸送するための重要なルートとなったのだ。

メコンデルタ自体にも、高度な戦略性が備わっていた。メコンデルタは、ベトナムでもっとも重要な稲作地帯だった（現在もそれは同じである）。南ベトナムの人口の半分がそこで暮らし、首都サイゴン（現在のホーチミン市）の近くに位置する戦略上の要地であった。そして、1965年までに、ベトコンは、この主要供給源からサイゴンへの米の供給を断ちつつあった。メコンデルタという水郷地帯を、自動車を用いる地上の移動手段で防衛することはできない。外洋では圧倒的な技術的優位を誇る米海軍だったが、デルタ地帯の迷路のように入り組んだ狭い川や運河にあっては、メコンデルタ制圧は至難の業だった。

この流路だらけの地域を制圧しようとした米軍と南ベトナム軍は、ゲームウォーデン作戦やコロナド作戦、シーロード作戦など、さまざまな河川作戦を展開した。しかし、どの作戦も、マーケットタイム作戦で南シナ海封鎖に成功したようには、メコンデルタを鎮圧できなかった。いたちごっこは延々と続き、アメリカ軍の舟艇はベトコンへの補給を妨げるためにサンパンを停めては船内を調べた。輸送艇とヘリコプターが、この地域周辺のアメリカ軍と南ベトナム軍の間を往復するようになり、メコンデルタは次第に戦場と化した。

数々の反撃にもかかわらず、ベトコン部隊は物資や戦闘員を配置するために、これらの水路を巧みに利用し続けた。こうして準備が進められて実行されたのが、1968年の不意打ちの猛烈なテト攻勢だ。ベトコンによる、サイゴンをはじめとする南部各地への組織的な攻撃により死傷者が続出し、アメリカでは国内での学生の抗議行動もあって、戦争への政治的支持が急激に弱まった。

1971年には米軍の機動河川軍の最後の作戦が南ベトナム軍に引き継がれ、1973年1月にアメリカ軍撤退が正式に決まった。2年後、北ベトナム軍がサイゴンを制圧する。こうして、少なくとも130万人のベトナム人と6万人近いアメリカ人の犠牲のうえに、ベトナムは共産主義国家として再統一されたのだ。

河川が戦争の動機となったことはほとんどないが、人間は長い間、河川を紛争における物言わぬ戦闘員として徴用してきた。第二次世界大戦中、河川の自然資本である水力発電は、カナダのアルミニウム生産に貢献し、ドイツのルール川流域はイギリス空軍のダムバスターズによって2個のスポットライトを用いた照準器で狙われた。

政治的境界線あるいは防御壁である河川は、事実上の制圧対象となる。カエサルのルビコン渡河、ワシントンのデラウェア渡河、ヒトラーのムーズ渡河のように、ときには歴史的転換点にもなった。軍事面での河川の利用価値については、ビックスバーグを流れるミシシッピ川のために、スターリングラードを流れるヴォルガ川のために、どれほど大量の血が流されたかを考えればわかるだろう。

100年近くにわたり、外国の海軍の砲艦が長江を行き交い、反乱を鎮圧し、恨みを溜めた中国の内陸深くまでその力を及ぼした。メコンデルタでは、迷路のような水路と運河の完全な取り締まりが物理的に不可能だったために、凄惨なゲリラ戦が4年間にわたって繰り広げられ、関わったすべての国と人々にはかりしれないほどの苦しみが植えつけられた。ISISはユーフラテス川に沿って成長を遂げ、やがて崩壊し、シリア内の最後の支配地を失うまで、その岸辺にしがみついていた。

古代の戦から、アメリカでの戦争まで。「屈辱の世紀」から、2度の世界大戦まで。大量溺死という処刑から、ベトナム戦争、ジハードに至るまで。戦争の長い歴史において、川が果たしてきた役割は大きい。

第4章　破壊と復興

ハリケーンの爪痕

2017年8月26日、ハリケーン「ハービー」は、テキサス州コーパスクリスティ付近に上陸し、その後4日間にわたって同州の上空に居座り続けて人々を苦しめた。同州のネダーランドでは総雨量が1539ミリに達し、それまでアメリカの最高雨量記録であった1320ミリ（ハワイ、1950年）を大幅に塗りかえた。アメリカの観測史上、1度のハリケーンでの雨量が1500ミリメートルを超えたのははじめてだった。

ヒューストンは全米第4位の人口を誇る都市で、230万人が暮らしているが、そこに4フィート（約1220ミリメートル）に達しようかという雨が降った。ダウンタウンを流れるバッファロー・バイユーという緩やかな川が堤防を越え、増水した支流も加わったため、ヒューストン市の低地が浸水し、高架の高速道路まで水没した。高さを増す水から逃れるため、人々は自宅の屋根にのぼり、水没したヒューストンの道路に沿って救助ボートが移動した。

北東に50キロメートルほど離れた場所では、サンジャシント川によって、リバーテラスやノースウッド・カントリー・エステーツといった高級住宅街が浸水していた。フォートベンド郡では、ブラゾス川とサンバーナード川が記録的な洪水となり、20万人近くに避難命令が出された。テキサス州の他の郡では、ロウアー・ネチズ川、トレスパラシオス川、コロラド川、オイスター・クリーク、トリニティ川、サビーン川、ビッグカウ・クリーク、グアダルーペ川のすべてが、観測史上最大またはそれに近い洪水を起こした。水難救助件数は3万を数えた。

ようやくハービーが姿を消したとき、テキサス州とルイジアナ州では公共の避難所に約4万人が避難していた。30万棟以上の建物と50万台の自動車が被害を受けた。少なくとも68人が、溺死あるいは倒壊した構造物の下敷きになるなど、洪水と直接関係する原因で死亡。焼けつく暑さのなか、100万世帯の3分の1が停電した。

3週間後、私はこれらの浸水したコミュニティのいくつかを訪れた。あらゆる場所に瓦礫が散乱していた。ずぶぬれのマットレスが山と積まれ、壁板や、壁のなかにあった断熱材がばらばらに散らばっている。住人は、崩壊した家の外で野宿していた。電気は復旧していたものの、家のなかは暗く、人の気配がない。一匹の猫がビニールシートに包まれた得体のしれないものをかじっている。ヒューストンの典型的な中流階級が暮らしていた地区で、家々の外壁に黒いカビがじわじわと広がりつつあった。

そこは、被害に遭って必死の取り壊し作業が進められている、何千何万というコミュニティのひとつにすぎなかった。テキサス州南東部全域で、家主とボランティアたちが、水害を受けた建物から壁や断熱材や床材を撤去していた。それは時間との闘いだった。カビや腐蝕によって建物が完全に破壊されてしまう前に、骨組みや電気系統を乾かそうとしていたのだ。

私がそこにいたのは、災害支援ボランティア団体のチーム・ルビコンに声を掛けられたからだ。水が引いた後に最初に現地入りをした団体のひとつである。設立は2010年。ハイチの首都ポルトープランスの建物を軒並み倒壊させたマグニチュード7・0の地震の被災者を支援するために、元アメリカ海兵隊員のジェイク・ウッドとウィリアム・マクナルティの2人が物資とボランティアを集めたのがその始まりだ。

彼らは自分たちが、現地入りした支援者の第一陣に入っていたことに驚いた。従来の支援団体の動きがあまりに遅く慎重すぎると感じられたので、それよりも迅速に人を送ることのできる災害支援団体の新規立ち上げを決意した。そして、団体を「チーム・ルビコン」と命名した（そのとおり、第3章で紹介したカエサルの渡河がその名の由来だ）。退役軍人に声を掛けて、団体の職員やボランティアとして働いてもらうようにした。その核となる使命は災害支援だが、退役軍人の社会復帰も彼らの活動の重要な柱である。

チーム・ルビコンのテキサス州での長い日々は、ヒューストンのダウンタウンにほど近い空き倉庫に設置された、臨時指揮センターの屋上駐車場での支援計画説明会から始まった。集合したボランティアの人々を、チーム・ルビコンのマグネット式プラカードをドアにくっつけた数十台のレンタカーが取り囲んでいる。階下の臨時事務所では、若者たちが動き回っていた。壁には地図が貼られ、ホワイトボードには計画が走り書きで記され、机の間はエアマットレスで埋まっている。

チーム・ルビコンは大所帯だ。年に1000万ドルを超える寄付を受けて、常時10万人を超えるボランティアが世界各地で複数の災害支援活動に携わっている。ボランティアの約70パーセントが退役軍人だ。私に周辺を案内してくれたボブ・プリースは、携帯電話が鳴りやむことのない忙しい人物だった。それもそのはずで、彼はヒューストンの2つの主要空港を毎日出たり入ったりする何百人ものボランティアを管理していた。

ハービーの上陸後、1日あたり1300人以上のボランティアが、チーム・ルビコンのテキサス州での救援・復旧活動に参加した。ボートでの救助活動を開始し、倒木をチェーンソーで切断し、瓦礫を撤去した。泥かきをし、危険な状態にある建造物の解体や修繕をおこない、被災者に経済的アドバイスを与えた。あまりに広大な地域が壊滅的な被害を受けたため、チーム・ルビコンのボランティアたちは、ヒューストンで活動を開始した他の数多くの団体や教会のグループの人々とともに、被災地で救助活動に着手する先発隊となることが多かった。

半年後、テキサス州で暮らす何十万もの人々が厳しい現実に直面していた。多くが、金銭的理由から、家屋の修繕や再建ができていなかった。テキサス・ワールド・スピードウェイというサ

2017年、ハリケーン「ハービー」によって68人が死亡、テキサス州南部とルイジアナ州では約30万棟の建造物が被害を受けた。被害総額は推定1250億ドルにのぼり、自然災害としてはアメリカ史上屈指の被害額となった。これは退役軍人が運営する災害支援団体、チーム・ルビコンのボランティアたちの写真だ。彼らはいち早く、洪水被災者の支援にとりかかっていた。（ローレンス・C・スミス提供）

ーキットは、保険会社の担当者による損害の補償手続きを待つ、壊れた車でいっぱいだった。チーム・ルビコンのボランティアはまだヒューストンにいて、洪水被災者の家屋再建を支援していた。ハービーによる被害総額は推定1250億ドルにのぼり、嵐による被害額としてはアメリカ史上2番目となった。

被害額第1位はというと、ハリケーン「カトリーナ」である。2005年にメキシコ湾沿岸とニューオーリンズを襲い、少なくとも1883人が死亡、1613億ドルの損害をもたらした。

カトリーナがニューオーリンズを襲ったのは2005年8月29日6時10分。その2時間後、ミシシッピ川があちこちで堤防を越えて氾濫した。排水ポンプも歯が立たなかった。堤防や防水壁は破られるか、完膚なきまでに破壊された。市街地は椀状の窪地にあり、海抜高度が川よりもずっと低かったため、ニューオーリンズ市の80パーセントまでが浸水し、水の深さが3メートル近くに達した場所もあった。

4カ月後、私は何週間も水没していたニューオーリンズ市のロウアー・ナインス・ワードを訪れた。破壊の痕は凄まじかった。たわんで、恐ろしいほどに傾いた家々がどこまでも続いている。洪水による最大浸水深を示す泥の線は、屋根のすぐ下か、屋根にまで達していた。生き残ったものの気配は、青々とした背の高い雑草と、鳥のさえずり、そして飢えた野良犬の視線だけだった。

多くの家屋はあまりに長く水に浸かっていたため修理のしようもなく、ほとんどがいまだに再建されていない。ニューオーリンズを守っていた半数以上の堤防は、一部が崩れるか、損傷を受けるか、全壊し、約9万5000戸の住宅が姿を消した。

メキシコ湾の海岸沿いでは、砂浜に高潮が押し寄せ、家屋は基礎を残してもぎとられ、自動車はまるで子どものおもちゃのように放り上げられた。ミシシッピ州のビロクシの近くで私が見たのは、大型店舗が強風で完全になぎ倒されて、ねじれた鉄骨がむき出しになった姿だった。潰れたSUVがプールにはまり込んでいる。レストランや住宅は跡形もなく、残っているのは真っ白くて分厚いコンクリートの基礎だけだった。破壊された建物は、20万棟を超えた。

洪水について、きわめて稀にしか起こらない、予測しようのない「不可抗力」だと考える人は多い。だが、この考えは誤りだ。洪水は世界中で繰り返し起こる、予期される、予測可能な現象なのだから。

ハービーとカトリーナによってもたらされた被害は、よく見られる現象の極端な例にすぎない。2017年だけでも、アメリカ合衆国は「巨大災害（megadisaster）」（被害額10億ドル以上で定義される）になんと16回も襲われている。これには、ハービー（1250億ドル）、マリア（900億ドル）、イルマ（500億ドル）といったハリケーン以外に、10件の洪水や暴風が含まれる。

イルマがフロリダに上陸したのは、ハービーがテキサスを襲ったわずか数日後だった。マリアは9月にプエルトリコをはじめとするカリブ海の島々に大きな被害をもたらし、このハリケーンが直接の原因で少なくとも65人が死亡し、余波によるその後の死亡者数は3000人近くにのぼった。1980年以降、アメリカでは約250回の巨大災害に見舞われ、その被害総額は1兆7000億ドルを超えている（インフレ調整後）。

これらは規模の大きなものを並べたにすぎない。川や小川の下流域では、雪解け水や雨期、激しい雷雨によって、もっと小規模の洪水が毎年数えきれないほど起きている。こういった洪水はアメリカのすべての州で、ひいては地球上のほぼすべての国で何十億ドルもの被害をもたらし、人命と資産を危機にさらしている。世界的に、人的・物的被害をもたらす洪水によって、平均で年に5000人以上の死者と5000億ドルを超える損害が出ている。

洪水が人間の健康な暮らしに打撃を与えているのは明らかだ。第9章で見るように、現在生存している全人類の3分の2近くが大きな川の近くに住んでいるので、洪水は慢性的な危機であり、気が滅入るほど頻繁に人命や資産が奪われている。

その一方で、洪水は自然資本を提供してもいる。氾濫原に新鮮な泥土や養分、水が大量に流入することで、世界でもっとも豊かな生態系と最高の農地が得られるのだから。保険会社や政府の災害支援プロジェクトがしっかりと機能していれば、洪水が起きても資金が流入するので、経済成長が促されて地域の人口動態が保たれる。稀ではあるが、河川の洪水で生じる混乱によって、政治権力が覆ったり、法の基準が変わったりすることさえある。

本章の残りの部分では、このような珍しいケースをとおして、どれほど影響が広範囲に及びうるかを探っていこう。

大洪水の後に起こること

ミシシッピ州の堤防の決壊後、ハリケーン「カトリーナ」のせいで住んでいた場所を離れた人は約40万人にのぼる。行き先をテキサス州ヒューストンに限っても、最初の数カ月で約10～15万人が移住した。ヒューストン市では家賃が高騰し、人口が突然3パーセント以上増えた。そのまま故郷には戻らなかった人も多い。そして12年後、こういった避難者たちの多くが、今度はハリケーン「ハービー」による被災者となったのだ。

一方、ニューオーリンズの人口は減った。この都市にミシシッピ川の水が流れ込む2カ月前は、ニューオーリンズ市があるオーリンズ郡の総人口は45万4085人だった。だが5年後には、人口が4分の1近くも減って、34万3829人となっていた。

流出者の人種構成と、オーリンズ郡全体の人種構成とのあいだには違いがあった。住宅を失ったのは、低地に住んでいた低所得者層がもっとも多い。ロウアー・ナインス・ワード（下9地区）がその例で、貧困層の黒人が多い地域だった。したがって、移住した人々の内訳でも貧困層の黒人が不釣り合いに大きな割合を占めている。これらの地域で住宅を所有していた人たちに、自分のハイリスクな物件に課せられる高額な水害保険料を支払う余裕はなかった。人々はすべてを失い、家屋再建のための保険金もないので、立ち去るしかなかったのだ。

若年層の流出も不釣り合いに多かった。若者は住宅を購入するよりは賃貸で暮らすことが多い。また、持ち家がある若者は一般に貯蓄は少ないため家屋の再建が難しい。急激な住宅不足に加え、災害復旧や建設業に従事する労働者の流入により住宅の需要が高まったため、市内に残っていた賃貸住宅の家賃が高騰した。裕福な地区での再建ラッシュを目当てに、メキシコ系や中米系の建設労働者が何千とやってきて、再建ラッシュが終わった後も一部はこの地にとどまった。洪水の5年後のニューオーリンズは、前よりも人口が減り、白人・高齢者・富裕層の割合が増え、ヒスパニックも増えていた。

アメリカ国勢調査のデータで10年間の変化を見ると、2000年のオーリンズ郡の総人口は48万4668人で、そのうち黒人は32万5942人（67・3パーセント）だった。10年後、人口は34万3829人に減少し、そのうち黒人は20万6871人（60・2パーセント）になっていた。別の言い方をすると、減少した人口の85パーセントが黒人だったのだ。この人口減少がすべてカトリーナのせいとは言えないが、アフリカ系アメリカ人の都市という歴史を誇るニューオーリンズで、都市での水害とそれに続く住宅危機が一因となって、黒人の割合が減少したのは確かである。

しかし、人口減少は一時的だった。現在、ニューオーリンズは１００年ぶりの再成長を見せている。２０１７年には、オーリンズ郡の推定人口は39万３２９２人に達し、２０１０年に比べて15パーセント近く増加した。収入と雇用は回復し、家賃ももとの水準に戻った。この回復の様子は、水害（およびその他の自然災害）が一般に人口を縮小させるのではなく、むしろ増加させることを示す全国的な研究結果と完全に一致している。

ライス大学の社会学教授ジェームズ・エリオットは、全国規模の移住データを分析して、自然災害によって社会的に疎外されている人々が被災地から確実に押し出される一方で、他の疎外されている人々が引き込まれることを発見した。特にアジア系とヒスパニック系は、自然災害、それも比較的規模が小さいもの（被害額５１００万ドル以下で定義される）の被災地に大量に移動してくることが多い。アメリカ全土で、このような傷痕を残す出来事が引き金となって、局所的な急激な経済成長と人口増加が起きているようだ。被害が大きければ大きいほどその勢いは強く、しばしば現地の災害前の状態を上回ることさえある。

外部からの復興資金の流入と、地域の労働力や社会構造の破壊とが相まって、他の場所で苦労している新参者が魅力を感じるような新たな雇用機会が生まれるわけだ。保険会社からの保険金に、アメリカ政府からの災害支援融資、さらに慈善寄付金なども流れ込む。都市計画担当者は、資金不足のため長いこと手をつけられなかった再開発計画を引っ張り出して、大惨事をチャンスへと変える。建設業だけでなく、プランナー、設計者、技術者、飲食業など、新たな雇用が生まれる。数年という短期間のうちに、このような資金と人材が流入することで、水害に見舞われた都市の経済と人口動態とが、持続的な形で再構築されうるのだ。

河川の氾濫をはじめ、資産が破壊されるような自然災害が起きたとき、それに付随して生じる現象が他にもある。犯罪的汚職行為の急増だ。1993年のミズーリ川とミシシッピ川の大洪水はアメリカ史上もっとも破壊的な自然災害のひとつで、イリノイ州、アイオワ州、カンザス州、ミズーリ州、ネブラスカ州、ノースダコタ州、サウスダコタ州、ミネソタ州、ウィスコンシン州で深刻な被害が生じた。復旧と復興の支援のため、これらの9州には連邦緊急事態管理庁(FEMA)の復興支援金が12億ドル近く注ぎ込まれた(消費者物価指数でインフレ調整をおこなうと2019年ドル換算で約21億ドル)。国から災害支援金が流れ込んだことで、数年のうちに、汚職の有罪判決数はおよそ3倍になった。

理由は単純極まりない。自然災害の直後といえば大混乱の緊急時なので、汚職の機会がいくらでも生まれる。たとえば、復旧を迅速に進めるために、競争入札のための通常の要件が一時的に省略されたりする。被災地でよくある汚職犯罪には、国の予算でおこなわれる復興事業に対する賄賂の要求、マネーロンダリング、リベート、縁故主義、横領などがある。災害被害が甚大で、動く金額も大きくなるほど、汚職の有罪判決数も増える。このような復興資金と汚職の相関関係は全米で確認されているが、特にルイジアナ州やミシシッピ州などで歴史的に汚職事件が多い。これらの地域で深刻な洪水災害が頻発することが一因ではないかという興味深い推測がある。

河川の氾濫に差別はないと考えるのは簡単だ。なにしろ、自然には、階級や人種についての知識などないのだから。しかし、低地の流域や海岸近くのデルタ地帯など、洪水の起こりやすい土地で暮らしているのは、たいていは低所得者層だ。水が引いた後、もっとも被害を受けているのは多くの場合貧しい人々で、生活の立て直しもままならない。裕福な人々が保険金を請求し、建築家を雇って再建を進めているときに、新しい人口層が流入したとしても、貧しい人々は離れていく。地域の建築物を破壊するような河川の氾濫は、他の社会的・経済的要因と並んで、アメリカの地域社会の規模と多様性を形成する上で大きな役割を担っている。

アメリカの政治地図を変えた洪水

ときには、洪水が政権を左右する。

ハリケーン「カトリーナ」のFEMAによる救援・復旧活動は、腹立たしいほど反応が鈍く、当時の共和党所属の大統領ジョージ・W・ブッシュに拭いきれない悪印象を与えた。ニューオーリンズのスーパードームで、そのほとんどが黒人であった1万人の被災者たちが食料も水も、まともに流れるトイレもない状態で苦しんでいるとき、ブッシュ大統領は、窮地に陥ったFEMAのマイケル・ブラウン長官を「すばらしい仕事をした」と賞賛した。結局、ブラウンはその無能さのため10日後に辞任し、ブッシュは現状を把握できておらず、黒人を気に掛けていないと批判された。

この悪印象はブッシュの大統領任期中ずっとつきまとい、彼を大いに悩ませた。後におこなわれたギャラップ社の世論調査では、「ジョージ・W・ブッシュは黒人を気に掛けていると思うか、いないと思うか」という問いに、回答者全体の60パーセント、黒人ではなんと80パーセントが「気に掛けていないと思う」と回答している。それまででもっとも多くの黒人を高位閣僚に任命した政権だったにもかかわらず、連邦政府によるニューオーリンズでの洪水対応が失敗したために、マイノリティがブッシュ大統領に対して抱く印象は取り返しがつかないほど悪化したのだ。

ブッシュ以前にも、記録的な嵐とミシシッピ川の氾濫による増水の政治的影響に苦しんだアメリカ大統領は存在する。社会を大きく変容させながら不思議なことに忘れ去られた1927年のミシシッピ川の大洪水は、アメリカを揺るがし、あるアメリカ大統領の選出に大きな役割を果たした。アフリカ系アメリカ人と共和党のあいだに亀裂を生んだ諸問題の最初の一撃となったのがこの洪水であり、今日に至るまで、アメリカの政治の様相を完全に変えてしまった。

現在、アフリカ系アメリカ人が支持しているのは圧倒的に民主党だ。2016年の大統領選挙で共和党のドナルド・J・トランプが獲得した黒人票はたったの8パーセント。その4年前の大統領選で共和党の候補となり、バラク・オバマと争ったミット・ロムニーが獲得した黒人票はわずか6パーセントだった。しかし、1世紀前にはこの割合は逆で、共和党のほうが黒人票を多く得ていたのだ。

黒人奴隷制度廃止論者として有名な政治家のフレデリック・ダグラスは共和党員だった。大統領として奴隷解放宣言を発したエイブラハム・リンカーンも共和党員だった。リンカーンは奴隷制を焦点とした激しい南北戦争を乗り越えて国を導き、アメリカ合衆国憲法修正第13条を強行通過させて、アメリカの奴隷制を永久に廃止した。また、元奴隷にアメリカ市民権と法の下での平等保護を認める憲法修正第14条と、黒人男性の投票権を認める憲法修正第15条を推し進めたのも、やはり共和党議員だった。そこからさらに50年の後に、憲法修正第19条によって女性がこれと同じ権利を獲得したが、これもまた共和党が推進したものだった。

逆に、憲法へのこれらの修正条項の追加に逆らったのが民主党だ。北部州において民主党が修正条項に反対したのは、有権者名簿に黒人が加わって選挙で共和党に有利に働くことを恐れたからだ。南部州において民主党は、ジム・クロウ法という忌まわしい法律で黒人を分離することで、黒人が投票できないようにして、この問題を回避していた。黒人は民主党に歓迎されず、民主党の全国大会に黒人の代議員が正式に出席することさえ、修正第15条が批准されてから60年以上が過ぎた1936年まで許されなかった。

いったい何が起きたのだろうか？　20世紀のはじめには、共和党こそが、今の民主党が受けているのと同じような圧倒的な支持をアフリカ系アメリカ人から受けていたのに、なぜそれを失ったのだろうか。

歴史書でこの経緯が説明される際には、4人の進歩的な民主党大統領のうち最初の大統領であるフランクリン・D・ルーズベルトまでさかのぼって話を始めることが多い。ルーズベルトのニューディール政策とは、世界恐慌で困窮したアメリカ人のための社会的セーフティネットを強化するもので、この層には多くの黒人も含まれていた。1936年、ルーズベルトは黒人有権者の71パーセントから支持を得て再選を果たしたが、彼らのおよそ半分は自身を共和党支持者だと考えていた。

ルーズベルトの後継者であるハリー・トルーマンは、1948年に軍隊での人種差別を廃し、連邦政府の仕事における人種差別的な雇用方針を違法とした。彼の地盤であった南部の白人民主党員との関係は損なわれたものの、勝ち目がないと思われていた1948年の大統領選では黒人有権者の77パーセントの支持を受けて、共和党候補のトーマス・デューイに辛くも勝利して再選された。

1963年、民主党のジョン・F・ケネディ大統領は、人種隔離とジム・クロウ法を廃止するための新たな法律を制定しようとしている最中に暗殺された。ケネディの後継者であるリンドン・B・ジョンソンはこの取り組みを引き継いで、1964年7月2日に公民権法に署名し成立させた。その4カ月後、ジョンソンは黒人票の94パーセントを獲得し、地滑り的な再選を果たした。こうして、黒人票の、共和党から民主党への移譲が完了したのだ。

だが、この重要な歴史から抜け落ちている事実がある。実は、ルーズベルトが大統領になる前から、アフリカ系アメリカ人の心はリンカーンの党である共和党から離れ始めていた。この心変わりの発端を辿ると、1927年のミシシッピ川大洪水によって何十万人もの黒人農民の生活が受けた打撃へと行き着く。

この洪水の規模を把握するには、ミシシッピ川が真の怪物であることを理解しなくてはならない。世界最大級のその流域には、アメリカの31州とカナダの2州から水が流れ込む。流域面積は325万平方キロメートル、流域はカナダからメキシコ湾岸、バージニア州からモンタナ州にまで広がり、アメリカ本土の40パーセント以上を占めている。

大災害へと至る条件は、前年の１９２６年８月中には整っていた。北中西部を続けざまに襲った暴風雨によって、秋の収穫は台無しになり、土壌は水分をぎりぎりまで含んだ状態になっていた。さらに、その年の秋、冬、そして翌年の春にかけて、数々の嵐が流域を襲い、イリノイ州からルイジアナ州まで、川の水位は記録的な高さに達していた。

１９２７年１月、ミシシッピ川の東の巨大な支流であるオハイオ川は、ピッツバーグからシンシナティまでの低地で氾濫した。それより小さめの２本の支流、リトルレッドリバーとホワイトリバーは堤防を破り、流域周辺のアーカンソー州の農場に最大４・５メートルの高さの水が押し寄せた。３月にはミシシッピ川で下流へと進む洪水波が次々と発生し、何千人もの人々が土砂を詰めた土嚢を積み上げて堤防を高くしようと必死に働いた。だが、次々と起きる洪水がそこに押し寄せ、堤防を水浸しにし、ぐらつかせた。

１９２７年４月15日の聖金曜日（復活祭前の金曜日）、事態は深刻化する。ミシシッピ川流域の数十万平方キロメートルにわたって、15〜38センチメートルの雨が降ったのだ。土壌はもはやそれ以上水分を吸収できない状態になっており、小川や湿地帯もすでに増水していたため、この新たに降った雨は枝分かれしたミシシッピ川へとそのまま流れ込んだ。ジョン・M・バリーは『ライジング・タイド――１９２７年のミシシッピ川大洪水と、それがアメリカをどのように変容させたか』というこの災害を詳述した歴史書で次のように書いている。

この川は世界でもっとも強いもののように思えた。その水は、コロラドのロッキー山脈から、カナダのアルバータ州とサスカチュワン州から、ニューヨーク州とペンシルベニア州のアレゲニー山脈から、テネシー州のグレート・スモーキー山脈から、モンタナ州の森から、ミネソタ州の鉄山帯から、イリノイ州の平原から、流れてきた。北米大陸の大きな広がりのなか、大地に降り注ぐすべての水が（中略）漏斗に注ぎ込まれるように、この身もだえする巨大な蛇のようなミシシッピ川へと流れ込んだのだ。

洪水が、堤防をまるで黒砂糖のように砕く。イリノイ州からメキシコ湾まで、ミシシッピ川流域の広大な農業平野が水没した。70万人以上が家を失った。公式の死者数として313人の溺死が確認されたが、実際の数ははるかに多かった。多くの犠牲者がメキシコ湾まで流され、あるいは死体の上に砂と泥が深く堆積した。洪水の水量の半分以上を吸い上げたアチャファラヤ川がなければ、この怪物によってニューオーリンズはきれいさっぱりなくなっていただろう。

1927年のミシシッピ川の洪水と被災状況は、その年の終わりまで全国紙各紙で大々的に取り上げられた。しかしどういうわけか、共和党の大統領であったカルビン・クーリッジは被災地への訪問を拒んだ。大統領が被災地を訪れれば、喉から手が出るほど欲しい寄付やボランティアが国内外から集まることはわかっていたので、被災した州の知事や赤十字社などの救援団体は大統領への懇願を繰り返した。彼らの絶望の色は濃くなるばかりだったが、クーリッジはかたくなに断った。

だが、これが致命的な政治的失態となったことは明白で、それ以来、歴代大統領はこの状況を慎重に避けるようになった。今日では、大きな自然災害が起きると必ず、大統領がすぐさま姿を見せる。記者会見が開かれて、大統領が救援機関のリーダーたちと深刻そうに話し合い、初期対応にあたった人々を賞賛し、被災者を抱きしめるといった映像が流されるのだ。

当時の政治的空白に割って入ったのが、クーリッジの下で目立たずに商務長官を務めていたハーバート・フーバーだった。かつて鉱山技師だったフーバーは、この洪水に強い個人的関心を抱き、政府の救援と復旧の責任者として精力的に活動した。被災地に頻繁に足を運び、現地ではメディアへの露出を意図的かつ効果的におこなった。新聞社のカメラマンや記者に全面的に協力して、進行中の復興作業や自分への取材ができるよう取り計らうと断言した。数カ月のうちに、災害規模の巨大さによって、そして国家対策の顔としてメディアに大きく取り上げられたことによって、フーバーはアメリカ全土で一躍有名になっていた。

翌1928年は大統領選の年だった。共和党幹部が落胆したことに、フーバーは獲得したばかりの名声によって、共和党の最有力候補であった元イリノイ州知事フランク・ローデンら予備選のライバルを圧倒した。フーバーは、共和党の指名を獲得し、本選挙でも勝利を収めた。

しかし、誰もがフーバーを気に入ったわけではない。

洪水に見舞われた地域に住んでいたすべての人が苦しんだ。だが、気が重くなることだが、この78年後にハリケーン「カトリーナ」によって繰り返されたのと同様、ミシシッピ川の堤防決壊が起きたときに最悪の被害を受けたのは、黒人と貧しい人々だった。

ほとんど忘れ去られているものの、1927年のミシシッピ川大洪水はアメリカ史上最悪の自然災害のひとつに数えられる。また、政治的にも重要な影響を及ぼした。ハーバート・フーバーを第31代大統領に当選させ、黒人有権者と共和党のあいだに最初の亀裂を生じさせたのだ。

当時、奴隷制度は終わっていたものの、白人の地主に黒人が隷属しているという状態は変わっていなかった。30億ドル分もの人間という「資産」が貸借対照表から消されるとともに、奴隷を所有していた大農園主というかつての富裕層はいなくなった。代わりに現れたのが、負債を抱えた白人の地主が黒人の小作人の労働力に完全に依存するというシステムだ。地主は小作人に分け与える農作物を少量に抑え、食糧や物資を小作人にツケ払いで売ることで、小作人の労働力を自分の土地に巧みに縛りつけていた。

理屈の上では小作人は土地を離れてもいいのだが、それを実現できる者はほとんどいなかった。だが、最終的に約600万人の南部黒人が南部を離れることになる「大移動（Great Migration）」の第一波は、すでに始まっていた。南部の貧しい黒人、特にミシシッピ・デルタの小作人には、デトロイト、ピッツバーグ、シカゴといった成長を遂げつつある北部の都市に親戚がいる者や、都会に夢を抱く者も多かった。

この大きく変わりつつある時代に、1927年の大洪水がうなりを上げ、白人も黒人も堤防の上や高台の避難所に追いやられた。ミシシッピ州のグリーンビルには、高さ2・5メートル、幅15メートルの巨大な堤防があったが、それでも町を守れなかった。泡立つ波が堤防を打ち崩し、海岸に押し寄せる波のように家々にぶつかり、やがて動きを止めた水の下に町は沈んだ。何千人もの生存者が堤防のてっぺんまで必死でよじ登った。細長い堤防の頂上だけが、海のように広がる泥水の上に顔を出していたのだ。

赤十字社によって、アーカンソー州とイリノイ州、ケンタッキー州、ルイジアナ州、ミシシッピ州、ミズーリ州、テネシー州に、最終的に154の避難所が設置されたが、これらは「強制収容所」と呼ばれていた。そのほとんどが人種によって分けられており、あのひどい夏のあいだずっと、アフリカ系アメリカ人は洪水被害の復旧作業に追われることになった。彼らは土嚢を詰め、堤防を修復した。白人の避難所や自分たちの避難所で、赤十字社が配給する食糧の荷下ろしをした。川を下ってやってくる救援船に積まれた緊急援助物資を配布した。多くの避難所は、厳しいけれどもどうにか耐えられる状況だった。人々は食料と、働いた場合には1日に1ドルか2ドルを受けとった。

だが、グリーンビルでは、そうはいかなかった。黒人はそこを離れることを禁じられ、強制的に働かされ、武装した白人がその見張りに立った。堤防に取り残された生存者を救助するために蒸気船が到着したが、船長が仰天したことに、町の白人の有力者たちは黒人の避難を禁じた。町の人々には、働き手となる黒人たちが去れば二度と戻ってこないことがわかっており、彼らは洪水よりもその事態をこそ恐れたのだ。

グリーンビルでは、およそ1万3000人の黒人の避難者が堤防の上の強制収容所に押し込められ、武装した監視人がそこを巡回していた。桃の缶詰など、誰もが欲しがる食料品は取り上げられて白人の手に渡った。黒人は無給で働かされ、シャツに仕事の割り当てを示すタグをつけさせられた。掃除、料理、洗濯もさせられた。タグをつけるのを拒否すると、食料を与えないという形で罰された。ようやく畑の排水を終えた地主が黒人を引きとりにくるまで、武装した監視人たちは収容所からの黒人の解放を拒み続けたのだった。

多くの黒人が、水害によってこの地を離れるチャンスが生まれたことを信じて、引きとりを拒絶した。この年、労働力を確保しようと必死になった白人の地主と、嫌気がさした底辺層の黒人の小作人たちとのあいだで壮絶な勢力争いが生じ、残虐行為や殴打が頻発した。こうして、1927年の洪水で家を失った被災者たちは永久に南部を離れる時がきたと悟り、大移動が加速したのだ。

このような状況のなか、ハーバート・フーバーは巧みな立ち回りを見せた。洪水のために避難した場所でいいように使われていたアフリカ系アメリカ人に対して、表向きは同情的な態度を示したが、その苦境を解決するための対策はほとんど講じなかった。大統領候補指名を視野に入れていたフーバーは、昔から共和党のものだった黒人有権者の圧倒的な支持をさらに固めようと動いた。

グリーンビルでの虐待が漏れ聞こえてくると、彼はブッカー・T・ワシントンの後継者で名をよく知られていた黒人指導者ロバート・モートンを招き、この問題を調査する諮問委員会を立ち上げた。フーバーは非公式に、大規模な「土地再定住」貸付プログラムの用意があるとモートンにちらつかせた。赤十字社から450万ドルの資金提供を受けて、水害を受けた地域で避難している数千人の黒人の小作人に20エーカー（8万平方メートル）の農地を与えるのだという。アフリカ系アメリカ人にとって「奴隷解放がなされて以来のもっとも重要なこと」を自分は実行するつもりだと伝えたのだ。

だがそれは、フーバーの嘘だった。フーバーには土地再定住プログラムを実施するつもりはなかったし、実際、後にプログラムへの支持を拒んでいる。グリーンビルに関しては、そこで起きている恥ずべき残虐行為による政治的ダメージを抑えることしか考えていなかった。フーバーは、モートンを、ひいては黒人有権者を手玉にとったのだ。そのことに黒人は気がついた。

フーバーは1928年の大統領選で勝ったものの、黒人票の15パーセントを失った。これは共和党にとって最初の衝撃だった。さらに、フーバーが最高裁判事として指名したのがあまりに人種差別主義的な人物だったため、所属政党の共和党がこれを阻止したほどだった。フーバーは1932年の大統領選で再選を目指したが、忠実な支持者だった黒人指導者のロバート・モートンからは支持を拒否された。そして民主党候補者のフランクリン・D・ルーズベルトに地滑り的大敗を喫したのだ。こうして、破壊不能と考えられていた政治的堤防に、最初の亀裂が入った。それは、アメリカでの黒人による共和党支持の、終焉の始まりであった。

抗日に利用された「中国の悲しみ」

数年前、私は台湾に招かれて基調講演をおこなった。会場は、台北の中心街にある、中山堂（台北公会堂）という人目を引く歴史的な建築物のなかの巨大ホールだった。有名な建物なのだが、それには理由が2つある。第一に、8年にわたって日本が中国への侵略と征服を目指した日中戦争の果て、1945年10月25日に日本が台湾を正式に中華民国に返還した建物なのだ。その1カ月半前には、東京湾上の米戦艦ミズーリ号の甲板で連合国への降伏文書の調印式が同様におこなわれており、第二次世界大戦は正式に終結していた。

中山堂が有名な第二の理由は、その広く開放的なバルコニーにある。蔣介石が中国から追われた後、再び世界の舞台に戻ってきた場所だ。1949年、蔣介石と彼が率いる国民党は、毛沢東率いる共産軍に倒され、蔣介石は軍と政権の残党を引き連れて台湾へと逃れた。蔣介石は「中華民国」の名を残し、この小さな島を活動拠点として中国本土の奪還を目論んだ。中山堂の高々としたバルコニーから、彼は台湾の指導者として熱を帯びた演説を何度もおこない、後に就任演説もここでしている。

日本による中国への侵攻、蔣介石の逃亡、共産主義国家中国の台頭というそれぞれに複雑な物語は、台北から北西へ1000キロメートル以上離れた、中国北部の大河で交錯する。1938年、蔣介石がこの黄河でしでかしたひどい行為によって、彼自身の失脚が決定づけられるとともに、中国本土における共産主義勢力の進む道が永遠に変わった。

第1章で説明したように、黄河は中国文明の発祥地であり、また世界でもっとも危険な川でもある。地質学的な気まぐれによって、黄河は巨大な黄土高原（中国中北部の60万平方キロメートル以上を覆う分厚い泥土の層）を貫通している。

黄土高原は柔らかくて崩れやすいのですぐに浸食されて、大量の泥土が川に流れ込む。この泥土によって水はざらつきのある褐色の液体へと変わる。そのために、この川は黄河という名前で呼ばれ、また世界の主要河川のなかでもっとも多くの堆積物を含んでいるのだ。黄河は、毎年10億トン以上の堆積物を海まで運ぶ、まさしく自然の驚異である。これは世界最大のアマゾン川が運ぶ土砂の量にほぼ匹敵する。年間流量は、アマゾン川のたった1パーセントにも満たないというのに。

歴史的に見ると、この大量の堆積物こそが、黄河を人類にとって有益かつ危険なものにしたのだ。泥土のすべてが海に流れ出たわけではない。何千年もかけて、泥土は洪水や流路変化によって自然に地表へと広がり、世界でも有数の肥沃な大地が生まれ、それを中心として華北平原に自然と農耕文明が発展した（第1章で紹介した大禹の伝説を思い出そう。治水工事によって文化を開花させて中国の最初の王朝を創始した人物だ）。

洪水は文明を築くだけでなく、当然ながら破壊的な力ももっている。そこで農民たちが、やがては代々の政府が、黄河を管理するために堤防を建設した。その目的は、周辺の村々を守ることと、流路が変化しないよう固定化することだった。しかし、黄河の底には土砂が堆積し続けるので、川床がもちあがる。水中の泥土の量が多い黄河では、この自然の現象がとりわけ速く進み、堆積物の厚みが1年に約10センチメートル増すこともある。そのため、堤防も定期的に高くしなければならなかった。

結局、黄河は自身がつくった氾濫原へと溢れ出す。堤防や土手が決壊すると、川は低所に向けて流れ出し、低地が浸水し、ときには海へと続く新たな流路が切り開かれた。歴史的記録によると、黄河は過去２５００年のあいだに１６００回近く堤防を破壊し、何千もの小さな村に水を溢れさせ、何百万もの人々を溺死させている。地球上で人類に対してこれほど多くの水害と死をもたらした川は他にない。このため、黄河はしばしば「中国の悲しみ」と呼ばれる。

黄河は少なくとも26回、その流れを大きく変えて、華北平原に新たな流路を刻んだ。現在、昔の川床は宇宙から確認できるようになり、地図上でどこが川だったかがわかるようになっている。それらの流路は何百キロメートルも離れて広がっており、行き先を北の渤海湾にするか南東の黄海にするかを決めかねるかのように、南へ北へと蛇行している。

しかし、これらの大洪水は自然に起きたものばかりではない。1938年、中国の指導者であった蔣介石は、わざと洪水を引き起こした。これによって、蔣介石自身と、自身が率いる中国国民党、そして中国の政治的未来に大きな影響が及ぶこととなった。

まずは時代背景を説明しておこう。1920年代の中国政治は混沌としており、さまざまな軍閥が覇権を争っていた。特に強い影響力をもっていた国民党と中国共産党という2大政党は、激しく対立していた。

国民党を立ち上げ、王朝終焉後の中国の初代指導者となった孫文の下で、2党が協力した時期もあった。しかし、1925年に孫文が癌で亡くなると、保守派の蔣介石が国民党の、そして国家の指導者となった。共産主義に激しく反発した蔣介石は1927年に上海クーデターを起こして数千人の共産主義者を処刑した。この結果、不安定な協力関係（国共合作）は崩れ、内戦状態へと突入する。やがて、中国共産党は毛沢東が率いることになった。

日本はこの内戦の混乱に乗じて、1931年に中国の東北三省（満州とも呼ばれた）に侵攻した。数年にわたり、蔣介石は、日本軍の阻止と、毛沢東率いる共産党軍との戦いの両方に意識を割かれていた。そんななか、北京市郊外の永定河に架けられた、戦略上の要所である盧溝橋（別称マルコポーロブリッジ）で1937年に起きた事件がきっかけとなり、日本軍との衝突が激化して制圧不能となった。

国民党と共産党は内戦を停止し、一丸となって日本と戦うことで合意。1937年7月より日本の全面的な侵略に対する抗戦を開始する。第3章で紹介した、日本軍の戦闘機によってUSSパネーが長江で沈没させられた事件は、この動乱の時期に起きた。日中戦争が始まっていたのだ。中国の抗戦はうまくいっていなかった。国民党の首都であった南京はすぐに占領され、数多くの中国人が日本兵に殺害された。蔣介石は政府を西の武漢まで撤退させたが、1938年5月には武漢も陥落の危機に瀕していた。武漢を落とされれば、中国は重要な工業都市を失うこととなり、米英からの助けも得られなくなる可能性が高い。両国は、中国や植民地化されていた東南アジアへと向かう日本の野望には反対していたが、まだ日本に宣戦布告をしてはいなかった。このような状況から、蔣介石はなんとしてでも、武漢へと向かってくる日本軍を阻止するか、せめて進攻を遅らせる必要があった。

蔣介石が選んだのは、日本軍の進軍ルートに、黄河を差し向けることだった。

1938年6月、日本軍が迫るなか、蔣介石は河南省鄭州《ていしゅう》市付近の黄河の堤防を爆破するよう命じた。場所は、鄭州市の北部にある花園口という小さな村で、ここの少し下流で黄河が北東へと急カーブを切り、渤海へと向かっていた。爆破は成功した。

6月9日、堤防は完全に決壊し、黄河は小高い水路を抜けて南東の低地へと流れ出た。溢れ出た水は幅100キロメートルまで広がり、400キロメートル以上進んでから長江や淮河に合流した。数時間前までは北東700キロメートル先の渤海に向かっていた力強い黄河が、いまや新たな流路を切り開き、1000キロメートル先の上海と黄海を目指して流れるようになったのだ。

破壊された堤防から噴出した大洪水によって、数千人の日本兵が溺死した。そして、洪水の流路で暮らしていた推定90万人の不運な一般市民もまた溺死した。44の町と3500の村が、浸水するか、あるいはただ押し流された。400万人が難民となった。河南省・安徽省・江蘇省の農地の半分が耕作不能となった。これが原因で1942年から1943年にかけて河南省大飢饉が起きて、さらに300万人が命を落とすこととなる。また、黄河の新たな流路には堤防などの水利設備もなかったため、その後8年間にわたり、毎年夏の雨季には繰り返し洪水が発生した。

かつての流路では、単純に川が消滅した。そして5000艘の船が陸地に残った。漁村はすべて打ち捨てるしかなかった。蔣介石が意図的に引き起こした黄河の流路変化によって、合計1250万人もの中国人が直接の被害を受けたのだ。

この戦術により日本軍の進軍は遅れたものの、武漢の陥落を防ぐことはできなかった。4カ月後、日本軍は長江を西へとさかのぼり武漢を占領したが、この時間稼ぎのおかげで国民党政府は余裕をもって脱出できた。欧米諸国は日本に抗戦する蔣介石の決意を認めたようで、ソ連と同じく、中国への支援を続けた。

1938年後半になると、技術面で優位に立つ日本の軍隊の攻勢は、物資は乏しいながらも覚悟を決めた、途方もない数の中国の民衆を相手に失速していた。日中戦争は、中国西部からは国民党政府が抵抗し、中国北部では日本軍占領地域内における共産党ゲリラ兵による攻撃もあって、

1938年、中国の指導者であった蔣介石は、黄河の流れを意図的に変えて日本軍の進軍ルートに向かわせた。洪水によって軍の進攻は一時的に遅れたものの、何の警告も受けないまま約90万人の中国の一般市民が死亡し、3000以上の村や町が消え去った。蔣介石率いる国民党は当初、責任を否定して反省の色もなかった。対照的だったのが毛沢東率いる共産党で、洪水被災者を助け、かつての黄河流域に新しくできた何もない土地に農民を移住させた。こうした救援活動が、最終的に、毛沢東の内戦勝利と共産党による中国支配の確立へとつながった。

長期にわたる膠着状態に陥った。

血で血を洗う争いがさらに3年続いた後、1941年12月8日、アメリカは日本に対して正式に宣戦布告した。日本軍は、植民地支配を受けていた東南アジアに進軍して勝利を重ね、インドに兵を進めようとしていた。1942年、ミッドウェー海戦でのアメリカの勝利が戦争の転機となった。南太平洋の島々で戦いが始まり、イギリスは植民地だったビルマを取り戻した。

1945年8月6日、アメリカ空軍は広島に最初の原爆を投下する。その3日後、今度は長崎に2発目の原爆を投下、推定12万人の民間人が即死し、これにより戦争の終結が早まった。広島への原爆投下の9日後、日本は降伏を表明した。そして、1945年9月2日、東京湾上の米戦艦ミズーリ号の甲板で、連合国最高司令官ダグラス・マッカーサー元帥に対して正式に降伏を認めた。その7日後、日本は南京で中国に対して正式に降伏調印した。台湾に対する降伏調印は、もう少し後になってから中山堂でおこなわれた。その約70年後に、私が基調講演をしたのと同じ建物である。

黄河決壊から生まれた共産中国

日本の降伏調印式の後も、中国国内での武力衝突は終わらなかった。外国軍がいなくなると、蔣介石の国民党と毛沢東の共産党の停戦はすぐに破られ、内戦が再燃したのだ。蔣介石による黄河の堤防の意図的な爆破は、この争いにおいて、そしてその結末に対して、重要な意味をもつことになる。

9年間も、この流路変化による影響は尾を引いた。当初、中国の国民党政府は、この被害は日本軍の爆撃によるもので自分たちに責任はないとした。日本は断固としてこれを否定し、数週間のうちに欧米のマスコミも真犯人は中国政府だと正確に突きとめていた。

1930年代の中国は、民間人の死に対する考え方が現代とはかけ離れていた。当時は、軍事行動による巻き添え被害を被っても、国家のためであれば、指導者も一般市民もそれを受け入れるのが普通だった。しかし、自国の指導者がもたらした災害の途方もない規模と約100万人の無意味な死に対して、民衆はすでに怒りを募らせており、政府が否定を重ねることで火に油を注ぐ結果となった。国民党に対する国民の反感は高まり、ほどなくして国民感情はさらに悪化する。

蔣介石が意図的に引き起こした流路変化によって、黄河のかつての北向きの広大な流れが完全に干上がって放置されたことを思い出してほしい。そこに毛沢東の共産党が入り込んだ。そして、河南省、河北省、山東省にまたがるこの何もない土地に、洪水の被災者の多くを含む50万人もの農民を組織的に定住させた。

こうした移住が根を下ろすにつれて、黄河をもとの流路に戻すか否かで国民党と共産党の間で争いが起きるようになった。国民党政府が発表したのは、堤防を再建して、黄河を1938年以前の流路に戻す計画だった。河南省・安徽省・江蘇省の洪水に見舞われた地域に残って暮らしていた生存者は、この計画を強く支持した。新たにできた河道は農地の多くを呑み込み、残った農地では毎年洪水が繰り返し起きて、危険な状態が続いていたからだ。しかし、中国共産党は、干上がった川床への入植を助けた50万人の農民への配慮から、この計画に反対した。黄河の流路を変えるプロジェクトは、流路を戻したい国民党とそれに反対する共産党のあいだの政治問題となったのだ。

第二次世界大戦後、国民党は、UNRRA（国際連合救済復興機関）から、このプロジェクトのための国際的な資金を獲得していた。UNRRAとは、戦争中に占領されていた国々の復興支援のために設立された救済機関である。この中国でのプロジェクトは、UNRRAにとって、ドイツでの復興事業に次ぐ大きな支援活動だった。しかし、国民党が干上がった川床で暮らし始めた住民を守るために必要となる新たな堤防の建設や古い堤防の補修をせずに強引に事業を進めていることが明るみに出ると、UNRRAはこのプロジェクトへの資金援助を打ち切った。

蔣介石が黄河を早くもとの流路に戻そうとしたのには、政治的理由があった。流路を戻せば、概して国民党政権に好意的な河南省・安徽省・江蘇省の、洪水被災者の支持を得ることができる。また、もとの流路の北側にある晋冀魯豫《しんきろよ》野戦軍と、流路南側の山東省南部にある華東野戦軍という、共産党軍の二大拠点のあいだに強力な水の壁を差し挟むことにもなる。

毛沢東率いる共産党は、新たな移住者を保護する土手や堤防の建設のためにより多くの時間と資源を充てることと、黄河を戻すことで家を失うことになる人々のための救援資金を要求した。黄河の流路を変えるプロジェクトはより大きな政治問題となり、国民党と共産党の対立はさらに深まり、中国は本格的な内戦に突入する。

１９４６年12月27日、国民党は何の警告もなく、１９３８年以前の古い川床に突然少量の水を流した。それは、蔣介石から共産党への、交渉打ち切りの合図だった。その後すぐに、蔣介石は重点攻撃を開始して、中国北部の共産党軍の拠点を集中的に攻めた。時間や物資が不足しており、この攻撃から身を守るのに精一杯だった共産党は、堤防の整備までは手が回らず、新たに移住してきたコミュニティは川の流れが戻されても何の備えもないまま放置された。

1947年3月15日、蔣介石は壊れた堤防の再建を命じて、決着とした。黄河は再び流れを変えて、今度は最初の流路に戻って、北東に向かって流れるようになった。このときも、干上がった川床に移住していた集落には何の警告もなかった。500近い村が浸水し、何百人もの住民が溺死した。そして10万人以上が家を失った。最初の1938年の水害に比べれば犠牲者の数は少なかったが、予告なしに流路を変えるという冷淡さによって国民党の印象はさらに悪化し、中国共産党が支持を集めるのにうってつけの材料となった。

共産党はこの新たな危機をうまく利用した。再び、被害を受けたコミュニティを組織して、もう一度人々が住み始めた流域で、堤や堤防の修復を助けた。これにより、政権を担っていた国民党の信用はさらに落ち、反国民党の運動へと発展していった。最初の1938年の大きな水害と1947年の2度目の水害によって被災した農村部の農民から、共産党は共感と支持を得た。これが大きな要因となって、中国共産党は内戦のための兵を集め、戦い、勝利するに至ったのだ。

国民党の狙いは、黄河を利用して共産党の拠点を物理的に分断することにあったが、それに効果がないことがはっきりした。実際のところ、黄河が移動したため、場所によっては国民党の支配地域と中国共産党の支配地域の間にあった水の壁がなくなり、それが共産党にとってはさらなる拡大の機会となったのだ。1938年の氾濫が起きたある地域には中国共産党の拠点ができ、彭雪楓《ほうせつふう》という将校の下で新四軍が氾濫原特有の地形に合わせたゲリラ戦法を編み出した。1948年から1949年にかけて黄河の氾濫原で勃発した、国共内戦の最大かつきわめて重要な戦いである淮海《わいかい》戦役で、こういった技術の重要性が実証された。

満州での遼瀋戦役、平津戦役、そしてついには中国南部への進出と、共産党軍は雪だるま式に勝利を重ねていった。そして、共産主義に転じた現地の人々の助力を得て、長江を渡る渡江戦役を起こし、支配地域をさらに広げた。1949年前半、ついに共産党軍が国民党の首都である南京を制圧。1949年10月1日、毛沢東は中華人民共和国を主権国家として宣言し、みずから最高指導者かつ中国共産党中央委員会主席となった。このときから今日までずっと、共産党が中国を支配している。

蔣介石と彼のもとにとどまった支持者は台湾に逃れた。台湾を支配するのは今なお、この政治的実体としての「中華民国」である。アメリカという強力な後ろ盾に支えられた権威主義者である蔣介石は、台湾と欧米とのつながりを確固たるものにしようと努めた。1975年に87歳で亡くなるまで、蔣介石が夢見ていたのは、中国共産党の崩壊と、台湾と中国本土との統一であった。

黄河決壊とその影響は、広く知られてはいないが、中国史における転換点である。被災した農村部の農民による中国共産党への支持は、国共内戦が激化する重要な時期に共産党の力を高める大きな要因となった。中国共産党の大衆動員と水害復興の取り組みに、国民党の被災者に対する冷淡な態度への民衆の嫌悪感が合わさって、共産党は新たに兵を集めて淮海戦役などの重要な戦闘に臨み、勝利を収めた。蒋介石が意図的に起こした黄河の洪水がきっかけとなって、数百万人が中国共産党を支持するようになり、ついには共産党による中国本土支配が達成されたのだ。

アメリカ社会を変えた大洪水

ある年のクリスマスイブの夜明け前、私たちが寝ているあいだに実家が火事になった。私たち家族はパジャマ姿のまま、何ももたずに、雪が降る夜空の下へと飛び出した。出火原因はヒーターの不具合だった。両親は火災保険にしっかり入っていたので、ヒーターの製造元を訴えはしなかった。もちろん訴えることもできたはずだ。何しろ、アメリカは訴訟社会なのだから。

アメリカではあらゆるところで弁護士が看板広告を出していて、「ケガですか？　いますぐお電話を！」といった宣伝文句が躍っている。1992年、ニューメキシコ州の地方裁判所は、マクドナルドに対して、熱いコーヒーを膝にこぼして大やけどを負った客に270万ドルの懲罰的損害賠償金を支払うよう命じた。2009年、バスケットボールチームのサクラメント・キングスに所属するフランシスコ・ガルシアは、バランスボール上で運動していたときにボールが破裂して負傷。チームとガルシアは、リハビリ中のガルシアに支払われた給与400万ドルと懲罰的損害賠償金2960万ドルの支払いを求めて製造・販売会社を提訴している。2015年には、トヨタが重要な安全機能を見落としたとして集団訴訟を起こされ、11億ドルを支払って和解した。これらのさまざまな訴訟において指摘された被害は、いずれも意図的になされたものではなかった。しかし原告には、損害と苦痛に対する責任を被告に問う明確な権利があるのだ。

こういった訴訟はアメリカでは当たり前のものだ。アメリカの裁判所は「厳格責任」という法原理に則っているからだ。誰かから危害を受けた場合、その危害が偶発的に生じたのだとしても、この厳格責任の適用によって、被害者は弁償や懲罰的賠償を求めることができる。無知や善意による危害の場合でも法的措置はなされるし、重大な過失であることを証明しなくても補償的損害賠償を求めることができる。厳格責任の原則があるからこそ、アメリカでは訴訟が非常に多く、製品や職場の安全性も大幅に向上している。

アメリカの法制度が昔からこうだったわけではない。19世紀には、どんな損害を被った場合でも、損害を与えようとする故意、あるいは少なくとも未必の故意があったことを示す確固たる証拠を提示する必要があった。宗教的迫害を受けた、強い独立心に富む人々によって建国され、おおらかな救済の文化があり、世界でも特別に寛容な破産法をもつアメリカ合衆国が、どうしてこれほど厳しい訴訟社会になったのだろうか。その答えは、イギリスとアメリカで発生した、甚大な被害をもたらした数々の洪水にさかのぼる。問題が頂点に達したのは、1889年にペンシルベニア州ジョンズタウンで発生した大洪水であった。

ジョンズタウンは資源豊富なアレゲニー山脈を流れるリトル・コネモー川とストニークリーク川の合流点に位置する。2つの川は合流してコネモー川となるのだが、この川がフィラデルフィアとピッツバーグを結ぶ新しい運河システム、ペンシルベニア・メインラインに組み込まれ、1830年代には交通のハブとして町は活況を呈した。ペンシルベニア州は、運河の水位が低下する夏に備えて、リトル・コネモー川のジョンズタウンから23キロメートル上流にサウスフォーク・ダムを建設し、必要に応じて運河に放水できる人工貯水池をつくった。

もともとのサウスフォーク・ダムは土と石でつくられていて、高さは約20メートルで幅は280メートル。厚みはダムの底部で67メートルだが、上部にいくほど薄くなり、てっぺんの厚みは3メートルだった。余分な水を逃がすための放水路や放流管が設けられ、排水管を備えた石造りの地下暗渠もあり、緊急時には貯水池の水を抜くことができた。ダムの完成には何年もかかり、1852年に完成したときには、すでに運河の時代から鉄道の時代へと移っていた。この貯水池の目的全体が意味をなさなくなったわけで、ペンシルベニア州はダムと1・8平方キロメートルの貯水池と周辺の土地を売却することにした。

売却後、ダムのシステムは放置された。1862年には暴風雨のため暗渠が破損しダムの一部が壊れたのだが、いずれも修復されなかった。数年後には、放流管が金属くずとして売り払われた。27年間、どの所有者からも放置された貯水池とサウスフォーク・ダムを1879年に買い取ったのは、ベンジャミン・ラフという、鉄道建設業を営む不動産投資家だった。彼は貯水池にコネモー湖という新たな名前をつけ、この地所を大富豪専用の釣りと狩猟を楽しむ隠れ家的なサウスフォーク・フィッシング・アンド・ハンティング・クラブに変えた。

ラフは鉄道工事に使っていた作業チームを連れてきてダムの破損部を埋めさせたが、使われたのは、ダムには不適切な、道床の敷設用の建材と工法だった。暗渠はただ塞がれ、なくなった排水管が新たに取り付けられることはなかった。ダムのてっぺんを広くするために上部が切りとられ、残った放水路による通水能力は低下した。釣り用に放流したバスがリトル・コネモー川へと逃げ出すのを防ぐため、この放水路には金属網がかけられた。気になるダムの水漏れは、馬糞と藁で補修された。こうした改造や修理について相談するための技術者は用意されなかった。

サウスフォーク・クラブの地所には、いくつもの休暇用の小別荘と、47の客室とフォーマルな大食堂を備えた優雅なロッジが建てられた。約10年にわたり、こののどかな場所は、ピッツバーグで指折りの富豪家族の遊び場兼保養地となった。クラブの会員には、アンドリュー・カーネギーやヘンリー・クレイ・フリック、アンドリュー・メロンといった政財界の大物が名を連ねていた。

1880年、ある技術者がクラブに警告を発した。ダムの修繕は不十分で、水が漏れており、放流管がまったくないので、下流域とジョンズタウンの町が存亡の危機にさらされているというのだ。町には3万人を超える人々（ドイツ、ウェールズ、アイルランドからの多数の移民）が暮らし、アメリカでも有数の製鉄所があった。

サウスフォーク・クラブは、貯水池であるコネモー湖の水位が危険なレベルまで上昇し、ダムが沈み始めても、この技術者の警告を無視した。ピッツバーグの大富豪たちは、釣りをしたり、食事をしたり、ピクニックを楽しんだりするだけで、全国的に見て重要な鉄鋼生産地として発展しつつある地域の上流で2000万トンもの水を溜めて踏ん張っている、このフランケンシュタインの怪物のようなダムには無関心なようだった。

1889年5月28日、暴風雨が吹き荒れ始め、ジョンズタウン周辺の川が溢れた。コネモー湖

サウスフォーク・クラブという、裕福な上流階級の人々が釣りを楽しむ施設が犯した重大な過失により、ダムは決壊し、下流域のペンシルベニア州ジョンズタウンという発展しつつあった都市が壊滅した。ところがクラブは罪を免れ、人々はこれに反発。それがきっかけとなって、厳格責任という法原理が全国的に導入されるという、アメリカ法学上の大転換が起きた。今日でも1889年のジョンズタウンの洪水はアメリカ史上最大の被害を出した災害のひとつに数えられており、厳格責任にもとづく訴訟が全国各地で起こされるようになっている。

を囲む丘陵地帯から流れ込む雨水によって、貯水池の水位はさらに上昇し始めた。流れ込んだ木の葉や枝などのゴミによって、サウスフォーク・クラブがダムの放水路に取り付けた魚用の金属網が目詰まりを起こす。その危険性に気づいた地元の人たちが必死になって網を外そうとしたり掃除しようとしたりしたが、無駄だった。

5月31日の午後1時半頃、ダムの水位が1時間ごとに約30センチメートルずつ上昇するようになり、彼らは作業を中断して避難した。まもなくして水はダムを越え、午後3時10分頃、コネモー湖に溜まっていた水によってダムは決壊、下流域へと噴出した水がジョンズタウンに向かった。洪水波は時速160キロメートルを超えるスピードで移動し、高さ15メートル以上となり、ナイアガラの滝に匹敵する威力でジョンズタウンを襲った。数分のうちに、水が町を洗い流した。もう何年も前からダムの状態が悪いという噂が出回っていたので、多くの住人はすでに丘の上に避難していた。避難しなかった人はその代償として命を失った。公式の死者数は2209人で、ジョンズタウンの人口の約10パーセントにあたる。1600棟の建物がただ流された。「すべてが……家も、機関車も、何もかもが、水のなかを転がっていったんだ」と、生存者の1人がそのときの様子を語っている。

遺体は遠くオハイオ州シンシナティまで流された。その後、22年間にわたって、被害者の骸骨が揚がった。洪水によって鉄道橋に瓦礫が引っかかり、材木や流された人々が積み重なって高さ12メートルの山ができていた。水が引くと、まだ火が残っていた石炭の燃え殻から、この山に火が移った。内側から出られなくなっていた人々の絶望的な叫び声は、必死で救助活動にあたった人々を生涯苦しめた。80人余りが、なんとか溺死を免れた末に、燃え盛る廃物のなかで焼死した。数日後には、ジョンズタウンは全国からきたジャーナリストでごったがえしていた。1927年のミシシッピ川の大洪水や2005年のハリケーン「カトリーナ」と同じく、洪水の余波は全米に及び、新聞によって連日、死者数や被害状況、救援活動の様子が伝えられた。共和党のハリソン大統領は、国民全体に向けて支援を呼びかけた。

ジョンズタウンには、救援と復興作業のための寄付やボランティアが殺到した。そのなかに、少し前に新たな災害支援団体を立ち上げたクララ・バートンという女性もいて、ボランティアや清掃チーム、建設作業員などを組織して救援にあたっていた。支援者から贈られたマットレスやストーブ、靴、そして300万ドルの現金が、彼女のもとに届けられた。設立まもないアメリカ赤十字社は、この最初の大きな試練における活躍が国内で広く知られるようになり、バートンの成功と相まって劇的な成長を遂げたのだ。

ジョンズタウン大洪水の真の原因が明るみに出ると、サウスフォーク・クラブの怠慢と傲慢に全米の怒りが集中した。大富豪たちを会員にもつようなクラブなのだから、クラブが被害者に補償をして町を再建するものと人々は思っていた。ところがサウスフォーク・クラブは過失を認めず、復興のためのわずかな寄付しかしなかった。そのため全米から怒りの声があがり、サウスフォーク・クラブの優雅なロッジが暴徒に襲われたこともあった。

正式な調査の結果、サウスフォーク・クラブの重大な過失が、ダムの決壊と、亡くなった

2209人の人命すべて、さらに物的損害だけでも約1700万ドル（2020年ドル換算で5億ドル近く）の直接の原因であると結論づけられた。

この発表によって、新聞の社説や世論の反発はさらに高まり、犠牲者への補償を強制するための裁判を求める声があがった。しかし、アメリカの裁判所はまだ厳格責任を採用しておらず、サウスフォーク・クラブに対して1889年当時、何度も訴訟が起こされたものの、すべて敗訴に終わった。彼らの過失のせいでジョンズタウンの不運な人々に死と破壊がもたらされたのに、クラブも会員も責任を問われなかったのだ。

アメリカでときにあることだが、国家的な「気づき」が起きた。少数の大富豪の集団が過失によりひとつの町を丸ごと破壊したあげく、責任をとらなかったという現実が、国全体を貫いたのだ。アメリカでもっとも影響力のある法律雑誌のひとつは、この紳士たちが「釣り堀として楽しみたいだけのために、ぼろぼろのダムの背後にある巨大貯水池に水を溜め込んだ」として、アメリカの裁判所に対して厳格責任を採用するよう求めた。

このときに先例として挙げられたのが、大西洋を挟んだイギリスの判例だった。イギリスもまた、過失により引き起こされた洪水という、まったく同じ問題に取り組んでいたのだ。

イギリスでの「ライランズ対フレッチャー事件」に対する判例は、当初考えられていたよりもはるかに大きな影響力をもつことになった。19世紀のイギリスで発生した少なくとも3つの洪水災害が、この判例の形成に関わっている。1つ目は、ビルベリー・ダムの壊滅的な決壊だった。このダムは、ヨークシャー地方ホルムファース村近くの織物工場に電力を供給するためにホルム川をせき止めてつくられたが、構造に問題を抱えていた。設計上の欠陥はたくさんあったが、なかでも大きな問題は、水量の多い湧き水の上に築堤されたため、ダムが下から浸食されたという点だ。しかも、貯水池から余分な水を放出する緊急制御弁が作動しない状態にあった。１８５２年2月5日、ダムは決壊し、少なくとも78人が死亡、７０００人が避難した。

２つ目の大災害は、１８６４年3月11日の夜にシェフィールド近郊で起きた、ロクスリー川上流のデール・ダイク・ダムの決壊である。夜のうちに洪水に襲われた流域では、何百人もの人々がベッドから流された。この洪水で少なくとも２３８人が死亡し、2万人以上が避難した。

いずれの水害もイギリスで広く知られるようになり、比較的被害が小さかったライランズ対フレッチャー事件の訴訟に対する貴族院の判決に影響を与えた。この事件は、原告のトーマス・フレッチャーが被告のジョン・ライランズに対して損害賠償を求めたものである。ライランズは所有地に小さな貯水池をつくったのだが、この水が廃坑になった炭鉱の坑道へと気づかぬままに流れ込み、近隣にあったフレッチャーの採掘作業場に水を溢れさせた。貴族院はフレッチャーを支持する判決を下し、ライランズ対フレッチャー事件の判例が、英米の不法行為法における分水嶺となったのだ。

こうして、ライランズ対フレッチャーの判決が、厳格責任に関する最初の判例となった。たとえば１８８６年、カリフォルニア州で河川の砂鉱床の水力採鉱によるダメージが要因となって破壊的な洪水が相次ぎ、これについて訴訟がおこなわれた。州最高裁判所はライランズ対フレッチャー事件に言及して、同州において厳格責任の適用を確立している。

だが、この機運を確固たるものにしたのは、ジョンズタウンの大洪水だった。この災害での国民の反発の高まりを受けて、マサチューセッツ州、ミネソタ州、メリーランド州、オハイオ州、バーモント州、サウスカロライナ州、オレゴン州、ミズーリ州、アイオワ州、コロラド州、ウェストバージニア州、テキサス州など、多数の州最高裁判所が、ライランズ対フレッチャーの判決を広範な労働災害に適用し始めたのである。

それまでライランズ対フレッチャーの判決を根拠とする主張を退けていたニュージャージー州、ニューヨーク州、ペンシルベニア州の州最高裁判所でさえも、ジョンズタウン洪水からわずか数年のうちに、その姿勢を覆した。こうしてアメリカ全域で、各地の州裁判所が少しずつ、この判決を法的判断に適用するようになった。

この法学上の大転換は、ジョンズタウンの被災者を救うには遅すぎた。しかし、洪水後によく見られるように、町はすぐに再建され、その後数年間で人口は40パーセント以上急増した。ジョンズタウンの洪水による死者数は、２００１年9月11日にニューヨーク、ワシントンＤＣ、ペンシルベニア州で攻撃を受けたアメリカ同時多発テロ事件に迫るものであり、アメリカ国内で発生した史上最悪の災害のひとつに数えられている。現在、コネモー湖の跡地には、アメリカ国立公園局が管理するジョンズタウン・フラッド・ナショナル・メモリアルがあり、人気の観光地となっている。

不気味なことに、アメリカ同時多発テロ事件の４機目のハイジャック機で、乗客と乗務員とテロリストが死闘を繰り広げたユナイテッド航空93便が墜落したのは、このジョンズタウンから30

キロメートルほどしか離れていないペンシルベニア州シャンクスビル付近だった。その結果、近くに2つ目のナショナル・メモリアルがつくられることになった。

アメリカ同時多発テロ事件と同じく、ジョンズタウンで起きた予期せぬ災害による影響はずっと残り続けている。1889年のジョンズタウン大洪水は、アメリカ赤十字の発足に貢献した。そしてこの大洪水の影響によって、わずか数年のうちに、アメリカ社会における義務と法的責任についての考え方が、舵を切ったように大きく変わったのだ。

第5章　巨大プロジェクト

「大エチオピア・ルネサンスダム（GERD）」計画の衝撃

2018年、マーベル・スタジオが公開した、東アフリカの架空の国ワカンダ（Wakanda）を舞台にしたスーパーヒーローアクション映画『ブラックパンサー』によって、映画界の興奮の波が世界中に広がった。この映画は、封切週の週末だけで推定2億ドルの制作費を回収するなど、興行記録を圧倒的なまでに塗り替えていった。イリノイ州の小さな村、ワウコンダ（Waucondaの役所は、数カ月にわたり、「ワカンダ、フォーエバー！」（映画での鬨《とき》の声）という叫び声の後で若者の笑い声がして電話が切られるといういたずら電話に悩まされることとなった。

映画は3カ月で歴代3位の興行収入を達成し、世界中でセンセーションを巻き起こして、夏の終わりまでに13億ドルを稼いでいる。サウジアラビア政府が35年にわたる映画館の営業禁止を解除したとき、リヤドに新しくつくられたきらびやかな複合型映画館で最初に上映された映画は『ブラックパンサー』だった。翌年のアカデミー賞では7部門にノミネートされ、うち3部門で受賞を果たした。

この映画の爽快さには、少なくとも2つの理由がある。第一に、32歳のライアン・クーグラー監督をはじめ、ほぼすべてのキャストが黒人だったことだ。なかにはアフリカ出身者もいた。これにより、「黒人キャストの映画はマーケットが小さい」というハリウッドの長年の定説が覆された。第二に、もっとも洗練され、豊かで、技術的に進んだ文明が、これまで植民地化されたことのないアフリカの国だったという世界観を、『ブラックパンサー』が大胆にも描いてみせたという点だ。

映画では（そして原作のマーベルコミックでも）、ワカンダの技術力の源は、魔法に近い性質のエネルギーをもつヴィブラニウムという架空の金属なのだが、もう少し現実的なことを言えば、ワカンダは川にも依存している。この川は、建物がそびえ立つワカンダの首都の中心を流れ、ウォーリアー・フォールズ（戦士の滝）につながっている。

この神聖な滝つぼで、ワカンダの王座をめぐる命を懸けた戦いの儀式がおこなわれる。勝負するのは、主人公のティ・チャラ（演じるのはチャドウィック・ボーズマン）と、敵対するキルモンガー（演じるのはマイケル・B・ジョーダン）。この2人がワカンダの統治権をめぐって戦い、その結果によって、国が伝統的な消極主義を捨て、世界の地政学的秩序のなかでより積極的かつ主導的な役割を強く押し出していくかどうかが決まるのだ。

公開してから数カ月もすると、『ブラックパンサー』は東アフリカに実在するある国との類似点が指摘されるようになった。その国もまた、本当の意味で植民地化されたことがない（イタリアが試みたけれども）。テクノロジーに精通したティ・チャラとの比較対象となったのは、メネリク2世という、自国を侵略させないために19世紀に近代的な軍事技術を導入した皇帝だ。ワカンダのように、多様な部族があり、教育を正しく尊重する誇り高い国である。やはり河川に依存していて、特にある重要な川への依存が強い。この川に対してより積極的かつ主導的な役割を強く打ち出すことで、この国、つまりエチオピアは、地域の地政学的秩序のなかでこれまでの消極主義を捨てようとしている。

私がはじめてエチオピアのダム計画を知ったのは数年前になるが、そのときにいた場所はよりによって北極圏だった。ノルウェーのボーデで、私が川に興味をもっていることを知ったノルウェー人同僚が、エチオピアについてのニュースを知っているかと秘密めかした口調で聞いてきたのだ。

それは、所得が世界の最低水準にあり、１９８０年代には恐ろしいほどの飢饉が起こった貧しい国エチオピアが、世界銀行に逆らって、ナイル川の源流に巨大ダムの建設を計画しているという話だった。「いや、それは知らなかったが、興味があるよ」と私は言った。その少し後のこと、今度は上海のパブで聞かされたのは、イギリスの著名な環境ジャーナリストのフレッド・ピアスがこのプロジェクトに関する記事を書いたばかりだという話だった。まるで、私のすべての知人が、東アフリカで展開されている現代でもっとも興味をそそられる川岸の権力闘争について、語りたがっているようだった。

この論争の中心はエジプトだ。第1章で紹介したように、太陽が照りつける、水分がまるでない砂漠から毎年現れるナイル川の洪水は、古代エジプト人にとっては神の恵みだった。エジプト文明はその生き残りのためにナイル川に頼ってきたのであり、今でもそれは変わっていない。

エジプトは流域国のなかでも最下流に位置していながら、ナイル川の水の長きにわたる最大の消費国だ。その地位を法的に確固たるものにしようとする意志は、すぐ上流の隣国スーダンと結んだ歴史的な協定にさかのぼる。両国がイギリスの植民地となる前と後とで結んだ協定は、いずれも、ナイル川のほぼすべての水をこれら2国で分け合うという内容だった。新しいほうの合意は1959年のナイル川水協定で、エジプトに年間55・5立方キロメートル、スーダンに18・5立方キロメートルという配分になっている。

しかし、現在、ナイル川流域にはこの2国の上流に9つの主権国家があるのに、いずれの協定もこれらの国々の水の需要を考慮してはいない。流域のすべての国を含む新たな国際協定がたしかに必要なのだが、下流まで届く水の総量が少しでも減ると、特にエジプトは壊滅的な打撃を受ける可能性がある。

これらの古い協定であからさまに省かれているのがエチオピアだ。公正を期して言うならば、

1959年当時、エチオピア高地からナイル川流域まで到達する水量について、水文学《すいもんがく》的な理解はまだ不十分だった。しかし、現在では、ナイル川を流れる水の90パーセント近くが、アフリカ最大級の天然のウォータータワーであるエチオピア高原に源を発することがわかっている。このウォータータワーから、ナイル川の源流となる何千もの小川や支流が流れ出ており、なかでも最大の流れが青ナイル川だ。

青ナイル川は、スーダンのハルツームでナイル川へと合流する2つの大支流のうち、東に位置する川だ。もうひとつが白ナイル川で、6カ国（コンゴ民主共和国、ルワンダ、南スーダン、スーダン、タンザニア、ウガンダ）に源流をもち、ビクトリア湖からの流れもそのひとつである。ナイル川はハルツームから北のエジプトへと向かうが、スーダンの人々の取水量は決して多くない。

ナイル川は不毛のサハラ砂漠を1500キロメートル以上進むと、アスワン・ハイ・ダムでせき止められた広大な人工の貯水池であるナセル湖に達する。この貯水池によって、よく知られるエジプトの毎年の氾濫は1970年以降止まってしまったが、その代わりに、安定した水と電力の供給という新たな利益がもたらされ、増加するエジプト国民の健康な暮らしが支えられている。

エジプトにとって、ナイル川の水の重要性はどれだけ強調してもしすぎることはない。そのため、ナイル川の水の少なくとも半分を供給している青ナイル川にエチオピアがダムを建設するという計画に、エジプトは猛反対しており、その様子は死に物狂いといってもいいくらいだ。

2011年、エチオピアはスーダンとの国境から約30キロメートル上流の青ナイル川に巨大な水力発電ダムと貯水池を建設する詳細な計画を発表し、イタリアの土木建設会社サリーニ・イン

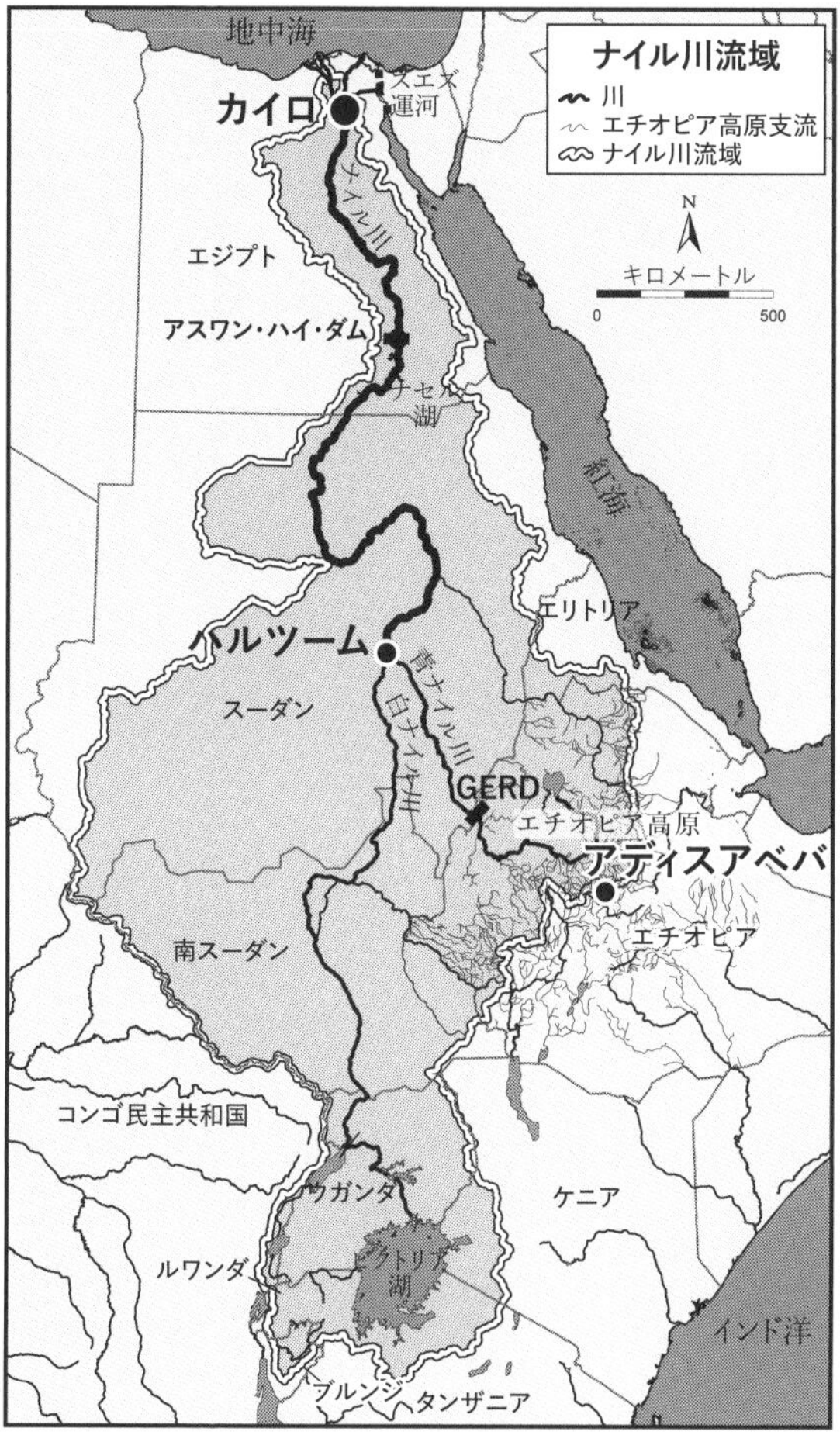

エジプトは数千年にわたりナイル川に依存してきたが、現代の地政学的状況によってその関係が脅かされている。ナイル川の源流は11の主権国家にまたがり、その水の大部分はエチオピア高地に源を発している。そのため、エチオピアの大エチオピア・ルネサンスダム（GERD）建設は、エジプト政府にとって非常に大きな悩みの種となっている。

プレジーロと建設契約を結んだ。起工式は2011年の春先で、中東を揺るがした「アラブの春」によってエジプトの強権的な大統領ホスニー・ムバーラクが退陣してから、わずか数週間後のことだった。

以降は、資金面や技術面の問題での停滞もあったが、なにはともあれ建設は進んでいる。本書執筆時点で、工事関係者は24時間体制で作業を続けており、プロジェクトの進捗は70パーセント（訳注　2020年に貯水を、2022年に発電を開始した）といったところだ（カラー口絵参照）。

この巨大建設プロジェクトは、「大エチオピア・ルネサンスダム」と呼ばれ、頭文字をとってGERD（ガード）と略されることが多い。完成時には、高さ145メートル、幅1780メートルとアフリカ最大のダムとなる。貯水池の面積は約1870平方キロメートルと、エジプトのナセル湖に匹敵する広さだ。発電能力は最大約6000メガワットで、現在のアスワン・ハイ・ダムの約3倍。約2万人が立ち退かされる。そして、GERDの建設費は概算で50億ドル近くにのぼる。

エチオピアのような小国にとっては莫大な額だ。50億ドルといえば、エチオピアの国内総生産の約6パーセント、政府の年間総事業費の40パーセントに相当する。プロジェクト発表後すぐに、エチオピアは、世界銀行、欧州復興開発銀行（EBRD）、中国輸出入銀行、各国政府系ファンドなど、多数の国際金融機関に融資の申請を開始した。

ナイル川の流れを阻害するもの、これすなわち自国存亡に関わる脅威とみなすエジプトからの反応はというと、迅速な制裁だった。エチオピアが海外に融資を求めているあいだ、エジプトはいかなる国際資本もこのプロジェクトに参入させまいと猛烈なロビー活動を展開した。

国連やアフリカ連合には、地域の不安定化につながるリスクを並べ立てて、資金提供の拒否を要請した。2013年には、エジプトの政治家たちが集まってダムの破壊工作や爆破について公然と話し合う様子がテレビの生中継で流されている。もう少し理性的な対処として、エジプトは、ダム造成の影響を調査する国際的な専門家委員会が招集されるまではプロジェクトを停止するよう要求した。こうしてエジプトの強い圧力により、世界銀行とEBRD、そして後に中国の輸入銀行も、エチオピアからの融資要請をすべて拒否したのだ。

しかし、GERDはそこでは終わらなかった。国外から融資を断られたエチオピアは、国内へと目を向けた。2011年、メレス・ゼナウィ首相は、エチオピア国民が一丸となって自分たち自身で費用を負担しようと呼びかけた。そして政府が打ち出したのは、きわめて異例な官民一体の資金調達計画だった。エチオピア政府が約8割を負担し、残りを国民が負担するというものだ。この案は大当たりで、国民的な支持を得て、雪だるま式に国民運動へと発展していった。

東ナイル技術地域事務局のフェカハメド・ネガシ事務局長によると、GERDは「エチオピアにある種の国家的統一をもたらした」のだという。プロジェクトを支援するエチオピアの人々には、資金援助の方法がいくつかある。ストレートに寄付をしてもいいし、国営の宝くじを買ってもいい、無利子の国債や年利を2パーセントに抑えた固定金利の国債を買うのもいい。政府職員と軍人は全員、1年あたり給与1カ月分を上限として、まず補助金として寄付し、その後は国債の代金として支払うことが求められた。また、目立った企業経営者にも寄付が呼びかけられた。

政府から部屋代と食事代を支給されている大学生は断食が奨励され、抜いた食事の分だけGERDに貢献したという栄誉が得られる。

募金活動も盛んだ。実際、私がネガシ事務局長に会ったとき、翌日はダムの資金集めのために5キロのレースを走る予定だと話していた。2018年には、100を超える町で推定50万人のエチオピア人がGERDを支援するための募金レースに参加している。

こういった草の根の資金集めは、国内だけでなく、世界中の海外移住したエチオピア人のあいだでもおこなわれている。GERD債券は世界中のエチオピア領事館でわずか数ドルから購入できる。好奇心から、私も少額の債券を買ってみようと思ったのだが、債券を購入できるのはエチオピア国民または外国人でもエチオピア人を先祖とする者に限られるとのことだった。エチオピア人以外には債券を売却することも譲渡することもできない。

公共インフラであったGERDが、どういうわけか国の誇りをかけた運動へと変貌したのだ。何千何万というエチオピア人が、何百キロも離れた場所から、人里離れた人口の少ない地域にあるダム建設現場を見物にやってくる。このプロジェクトの起工式がおこなわれた日はなにかの記念日のような扱いで、毎年祝われている。

この熱気はどこからくるのだろう。わが国では、たとえば発電所などの公共インフラの資金を集めるとなったときに、給料1カ月分を譲り渡すような人はまずいない。ネガシによると、理由のひとつは、1980年代前半の飢饉にあるという。このときには1984年だけで100万人以上の犠牲者が出た。「国辱ですよ」と彼は言った。「毎年、国際社会に食糧の施しを乞うのですから……屈辱的です」

また、エチオピアは長きにわたりエジプトと敵対している。水問題もあるが、過去の内戦と独立戦争で、エチオピアから独立したエリトリアをエジプトが支援したことが一因だ。よって、エジプトが国際金融機関へのロビー活動によってＧＥＲＤ建設を止めようとするのは、多くのエチオピア人にとって驚くまでもないことで、両国の長い敵対の歴史と合致する動きなのだ。このように考えると、ＧＥＲＤは多くのエチオピア人にとってより大きな存在になっていることがわかるだろう。エジプトや世界に対して、自国の力を誇示するための手段なのだ。

結局、エジプトのロビー活動は裏目に出た。エチオピアは、世界銀行の手続きに縛られることなく、もしも融資が認められていれば延々と長引いたであろう外部審査も受けずに、事業を進めている。これに対して、プロジェクトの不透明さや、技術的・科学的調査が不十分だとして、反対を唱える環境ＮＧＯもある。マサチューセッツ工科大学では、政治的偏向のない国際的な科学者グループが断続的に会合を開き、ＧＥＲＤによって引き起こされる地域間の対立を緩和する方法を探り、潜在的な工学的リスクを検証している。たとえば、ＧＥＲＤの補助的な鞍部ダムに弱点があって、その部分が壊れてスーダンに壊滅的な洪水をもたらす可能性があることが明らかになった。

エチオピア当局の説明によると、サリーニ・インプレジーロ社は、その疑わしい構造とその下の弱い岩盤をコンクリートで補強するよう設計しているとのことだが、エジプトの土木工学者たちは依然として懐疑的である。

エジプトにとって、短期的に見た場合のGERDの最大の脅威とは、貯水池に水をためる期間である。GERDの貯水容量は莫大であり、水が溜まるまでの数年間、青ナイル川では下流域の流量が減少するか、あるいはなくなる可能性すらある。青ナイル川からの水が突然止まれば、エジプトは壊滅的な打撃を受けるだろう。

また、エジプトにとっての長期的な脅威とは、GERDが雨季に水を溜め、乾季に放出することによって、スーダンが灌漑農業を拡大させるという誘惑に駆られ、1959年のナイル水協定で法的に認められた水量（前述のようにその多くは使われないままエジプトへと流れている）をもっと多く使うようになることだ。

水力発電だけなら、川の流れのタイミングが変わりはしても、それ以外の点では（蒸発を除けば）資源が消費されることはない。ところが砂漠で灌漑をおこなうと、川に戻す水の量も質も大幅に低下してしまう。スーダンは現在のところ割り当てられた水を使いきってはいないが、GERDによる乾季の流量増加を利用してスーダンの農民が灌漑を始めれば、エジプトはこれまでと同じようには余分の水を受けとれなくなる。

エジプト、エチオピア、スーダンの3国間において、GERDの貯水池に水を溜める割合やナセル湖と協調した貯水管理の方法についての合意形成が強く求められている。1959年の協定は時代に即しておらず、他のナイル川流域国はこれを認めていない。1999年に正式に立ち上げられたナイル川流域イニシアチブ（NBI）をはじめ、有望な協力枠組みはいくつかあるものの、11の流域国すべてが受け入れる厳格な水資源配分条約のようなものが締結される気配はない。

2011年にはエチオピア、ウガンダ、ケニア、タンザニア、ブルンジ、ルワンダが、ナイル流域の水を公平配分する包括協定に調印したが、エジプトとスーダンはこれに反対している。

信頼関係が築かれ、賢明な水管理がおこなわれ、スーダンが灌漑を拡大しないという確約があれば、貯水池に最初に水を溜める期間が終わった後で、大エチオピア・ルネサンスダムからの流れによってエジプトの水供給が受ける影響を制御することはできるだろう。当然ながら、GERDとアスワン・ハイ・ダムの連携が必要になるはずだ。酷暑のエジプトにあるナセル湖では水が早く蒸発するが、GERDならば長く貯留できるので、GERDによってエジプトの水供給量が増える可能性さえある。

2015年にはエジプト、スーダン、エチオピアの3カ国首脳が合意した原則宣言にハルツームで署名するなど、協力の芽も出てきた。また、エジプトのアブドル・ファッターフ・アル＝シシ大統領とエチオピアのアビー・アハメド首相のあいだにも、関係改善の兆しが見える。

一方で、論争と陰謀は続いている。2018年には、プロジェクトの遅延とコスト増加でプレッシャーをかけられていたGERDの主任エンジニアが、アディスアベバで拳銃自殺した。2019年、スーダンでは30年にわたる独裁者オマール・アル＝バシルがハルツームでの数カ月にわたる抗議デモの末、軍事クーデターにより打倒され、国が混乱に陥った。本稿執筆時点では、ナイル川流域のすべての国による越境河川の水配分条約はおろか、GERDの注水・管理方法について3国が合意に達する気配すらない。

聖書のヨセフとファラオの物語のように、エジプトが今後7年間、豊作が続いて饗宴を楽しむのか、飢饉で苦しむのかは、２０２２年に完成する大エチオピア・ルネサンスダムについて、エチオピアとエジプトとスーダンがどう交渉を進めるかにかかっている。一方でエチオピアは、国際金融機関や環境保護団体、そして下流域の怒れる強国を敵に回しながらも、青ナイル川をせき止めることにより、この地での存在感を強めている。ワカンダ、フォーエバー！

大規模ダム建設の20世紀

大エチオピア・ルネサンスダムは、大規模な河川工学で見られる巨大プロジェクト群の直近の例にすぎず、その開発の波は１００年近くも前から世界中に広がっている。

人類の歴史をとおして、数えきれないほど多くの社会が、河川を利用し、流路を変え、せき止めてきた。メソポタミア一帯で掘られていた下水道の遺跡から、イギリスやアメリカのニューイングランド地方に残る何千もの粉挽き場の跡まで、その存在を示す考古学的な証拠が豊富にある。しかし、これまでのどんな事業も、20世紀におこなわれた河川工学の巨大プロジェクトのとてつもない規模と威力に比べれば、かわいらしくさえ見える。

巨大プロジェクト流行の先駆けとなったのは大恐慌時代のアメリカだ。人々に雇用の機会を与えることと、コロラド川、コロンビア川、ミズーリ川、テネシー川の自然資本を灌漑、エネルギー、開発に活用することを目的とした、ニューディール政策にもとづく政府出資の巨大プロジェクトが始まったのだ。

この時期に建設あるいは着工された巨大な建造物に、フーバーダム、グランドクーリーダム、フォートペックダム、テネシー川流域開発公社のダムシステムなどがある。アメリカの巨大プロジェクトは、カナダやソビエト連邦、インドなど各国の同等の巨大プロジェクトにも影響を与え、政府や世界銀行がそれらを熱心に支援した。

特に1950年代から1960年代にかけては、大規模な貯水ダムとそれに付随する水力発電や給水設備に並々ならぬ投資がおこなわれた。この時期にダムが建設された主な河川に、ロシアのアンガラ川とエニセイ川（ブラーツクダム、クラスノヤルスクダム）、ベネズエラのカロニ川（グリダム）、パキスタンのインダス川（タルベラダム）、ブラジルおよびパラグアイのパラナ川（イタイプダム）、カナダのピース川とマニクアガン川（W・A・C・ベネットダム、ダニエル・ジョンソンダム）、インドのサトレジ川（バクラダム）、エジプトのナイル川（アスワン・ハイ・ダム）、ガーナのボルタ川（アコソンボダム）、ザンビアおよびジンバブエのザンベジ川（カリバダム）などがある。アメリカの巨大ダムと同様、これらのダムによって、それぞれの国の地域経済や居住分布が根本から変えられた。

今、河川工学の巨大プロジェクトという新たな波が、発展途上国に押し寄せている。その多くは、20世紀の先駆けとなったダムよりもさらに巨大化している。長江に建設された三峡ダムは、高さ185メートルで、全長2・3キロメートル。完成までに20年の歳月を要した。世界最長の人工湖は重慶から三斗坪鎮まで約600キロメートルに及び（だいたいオハイオ州クリーブランドからワシントンDCまでの距離）、2006年に川からこの巨大な貯水池への注水が開始された。

この細長い貯水池をつくるために、長江とその支流沿いで暮らしていた約130万人が立ち退かされた。そして、1000平方キロメートル以上の土地、13の都市、1500近い町や村、さらには多くの考古学的・文化的遺産が水没した。500億ドル以上の金銭的コストだけでなく、こうした犠牲を払ったうえで、長江が、再生可能エネルギーを生む巨像へと変えられたのだ。2万2500メガワットの発電能力をもつ三峡ダムは、現時点で世界最大の水力発電施設である。

ブラジルでは、アマゾンの支流であるシングー川を利用するベロモンテダム（実際にはダム群とそれに連なる貯水池）の建設が進められている。このプロジェクトによって何万人もの先住民が立ち退かされ、漁場が破壊されることになるが、1万1200メガワットの電力が国の送電網に供給される。東南アジアでは、第2章で取り上げたように、メコン川下流で多数のダム建設が計画されている。これらのプロジェクトは東南アジアの電力供給に貢献し、ラオスが切実に必要としている収入源となるだろうが、その代償として、人々の故郷での暮らしが奪われ、生態系の破壊により世界最大級の淡水魚の宝庫が損なわれる恐れがある。

コンゴ民主共和国では、長大なコンゴ川に低いダムをいくつも建設するという、実に大規模な水力発電計画が進められている。グランド・インガというこの巨大プロジェクトは、費用と発電能力の面で三峡ダムをも凌駕する。最初のフェーズとして提案されているのが、インガ急流に、新たなダムと発電所（名称は「インガ3」）を建設する計画だ。

インガ急流とは、世界第2位の流量を誇り大西洋へと注ぐコンゴ川の途中にある、急流がいくつも連続している区間だ。マタディ港の上流約40キロメートルに位置し、政情不安定な地域にあるのだが、以前から水力発電の開発提案がなされていた。２０１９年現在、中国とスペイン（中国長江三峡集団公司とACSアクティビダデス・デ・コンストラクション・y・サービションズ）を中心とする国際投資コンソーシアムが、インガ３に含まれる１万１０００メガワットを発電する施設の初期建設を進めるために１４０億ドルの入札をおこなっている。

現在のところ、グランド・インガ全体の発電能力が４万メガワット、建設費が９００億ドルと見積もられている。建設費も発電能力も、三峡ダムの約２倍だ。グランド・インガが建設されれば、現在アフリカ大陸全体で生産されている総電力量の４分の１以上を発電することになる。

橋が紡いできた歴史

20世紀と21世紀の巨大プロジェクトはたしかに革新的だが、これらは社会が自分たちのニーズに合わせて河川を操作してきた、たんなる最近の例である。三峡ダムもベロモンテダムもグランド・インガ計画も、（いくらスケールが凄まじかろうが）古代の３つの奇跡的技術のひとつを現代的な形で具現化したものにすぎない。この３つの技術とは、「ダム」「流路変更（分水）」「橋」である。

橋はあまりにも古くから存在し、しかもどこにでもあるので、改めて考えてみようという人はめったにいない。初期のヒト科の動物が、もっとも単純な橋、つまり小川にかかった丸太を利用していたのは確かだ。今でも野生動物や森のなかのハイカーが使っている。わかっているなかで、はじめて橋を表す言葉が書かれたのはホメロスの『イリアス』だが（ギリシャ語で橋は γέφυρα）、橋の使用を示す考古学的証拠はそれよりもはるか過去へとさかのぼる。知られるなかでもっとも古い例は、青銅器時代中期のミケーネ文明（ミュケナイ文明）の頃に、現在のギリシャの田舎町アルカディコの郊外につくられた2つの橋だ。

この2つの橋は、3000年以上の時を経て今なお同じ場所にある。橋の狭い持ち送りアーチは岩を注意深く合わせながら組み立てられていて、保存状態もよく、両方の橋が今でも実際に使われている（自分の目で確認したい人のために。片方の橋の位置は北緯37度35分37秒10、東経22度56分15秒21で、もうひとつの橋は北緯37度35分27秒27、東経22度55分36秒30。1キロメートルほど離れている）。

これらの橋もそうだが、青銅器時代のミケーネの人々がつくったのは、今日では「カルバート」と呼ばれるタイプの橋だ。一見、平らなままの道路だが、土台部分を横向きにくり抜く形で下に水路が通っている。この橋ならば、乗り物を猛スピードで走らせても、道から流れに転げ落ちずにすむ。ミケーネの人々が駆っていた戦車の代わりに、今では自動車やトラックが走るようになったが、橋というものの概念は変わらない。

もちろん、実用的な道の改良として始まったものが、やがてそれ以上のものへと発展した。古代ローマ人は、加工した石やコンクリートを使い、スペインのタホ川に架かるアルカンタラ橋のような傑作をはじめとして数多くのアーチ橋や高架橋を完成させた。他にも、7世紀につくられた中国の汶河にかかる趙州橋、15世紀につくられたプラハのヴルタヴァ川に架かるカレル橋、17

世紀につくられたイランのザーヤンデ川にかかるスィー・オ・セ橋、やはり17世紀につくられたパリのセーヌ川に架かるポン・ヌフなど、初期の石造りの偉業は枚挙に暇がない。

世界初の鋳鉄製アーチ橋は、1779年にイギリスのシュロップシャー州のセヴァーン川に架けられた。金属加工技術の向上に伴い、加工した石材を使った小型でコストのかかる橋はつくられなくなり、鉄や鋼、鉄筋コンクリート製の大型で頑丈で安価な橋が主流となった。20世紀初頭には、ニューヨークのブルックリン橋、バンクーバーのバラード橋、サンフランシスコのゴールデンゲートブリッジ、ブダペストの鎖橋、ベルリンのオーバーバウム橋、ロンドンのタワーブリッジなど、北米やヨーロッパにおいて、その地の象徴となるような橋が数多くつくられた。

より規模の大きな橋が増えるにつれて、陸路を移動する際の邪魔者だった河川が、橋頭を中心に、社会・経済活動を集める力をもつようになる。川を渡るということは、まさにその性質から、人の流れや交通の流れ、そして商業の流れを引き寄せる。こうして通行料収入が発生し、両岸への定住が促進され、河川は都市の成長の中心となった。渡し舟も同様の役割を果たすが、特に橋の場合には、その永続性と渡河の容易さ、信頼性によって、両岸に恒久的な建物の建設が促進されることとなった。

たとえばパリという都市は、そもそもはセーヌ川の中州にできた町だったが、現在ではセーヌ川両岸にあるほぼ同規模の2つの都市圏を37の橋で縫い合わせたような形をしている。これらの橋がなければ、パリは非対象に片岸だけが発展していたことだろう。ロシアのヴォルゴグラードやヤクーツクがそうであるように。実は、今日のほとんどの大都市は、中心部を貫いて流れる川によって二分されている。この重要な見解には本書の最後近くで立ち返って、数字で確認することにしよう。

川が政治的な国境となっている場合、国境を挟んで対をなす町が、橋での往来によって揃って発展することがしばしばある。第2章で紹介したエルパソとシウダー・フアレスという双子の都市がその例だ。第3章のマーケット・ガーデン作戦やセダンの戦いで見たように、戦時下において橋は戦略の要となる。また、ベトナムのドラゴンブリッジやシンガポールのヘリックスブリッジのように、芸術作品といえる橋もある。さらには、象徴的な力をもつ橋さえある。

例を挙げると、最近完成した、ロシア南西部のクラスノダール地方とクリミア半島を結ぶクリミア大橋がこれにあたる。2014年に当時ウクライナの一部であったクリミアをロシアが侵略・併合した後に、ウクライナや国際社会の反対を押し切って2018年に完成させたのが、この非常に物議を醸す構造物であった。

莫大な費用がかけられた、ケルチ海峡を渡る全長19キロメートルのクリミア大橋は、ポルトガルのヴァスコ・ダ・ガマ橋を抜いてヨーロッパでもっとも長い橋となった。この前進基地ともいえる橋の開通時には、ロシアのウラジーミル・プーチン大統領が、みずからトラックを運転してはじめて渡り、クリミアの地に足を踏み入れた。約40億ドルの費用、そして国際的な緊張の高まりと引き換えに、橋はモスクワとクリミアを直接結ぶ通路となり、ロシアの力を象徴的かつ実際的に押しつける存在となっている。

2018年は、南京長江大橋という長江に最初期に架けられた永久橋が、開通50周年を迎える節目の年でもあった。1968年にこの橋が完成する前は、幅約1・6キロメートルの川を渡るのに人や荷物が船に揺られねばならなかった。列車でさえも、一度連結をといてフェリーに乗せて向かい岸でつなぎ直すという、なんとも非効率な方法がとられていた。上段に4車線と歩道を、下段に北京と上海を結ぶ鉄道道路を備える南京長江大橋は、中国の交通網の発達に重要な役割を果たすことになった。

この橋には象徴的な意味もあった。20世紀につくられた主要な橋梁として、はじめて中国が単独で設計・建設を手掛けた橋だったからだ。近代的技術でつくられながらまぎれもない中国的建築であるこの橋は、文化大革命という最悪の惨禍にあって、中国が誇りをもてる稀有な存在であった。南京長江大橋を描いたコップ、鉛筆、靴、自転車などが中国全土で販売され、毛沢東思想の宣伝ポスターにも使われた。

南京長江大橋は、現在も中国において文化的シンボルであり続け、50周年を記念して1億6070万ドルをかけて修復された。さらに、中国の他の場所でも、世界最先端の技術を用いた橋梁が数多く建設されつつある。最近だと、貴州省と雲南省を結ぶ北盤江に架かる、地面から橋の床までの距離が565メートルもある世界でもっとも高い「北盤江大橋」や、二層構造の吊橋としては世界最大のスパン長をもつ、武漢市で長江に架かる「楊泗港長江大橋」などが有名だ。

人工の川

ダム、橋と並んで、社会の河川利用を変えた河川工学の第三の奇跡が「流路変更（分水）」だ。橋と同様、その起源は先史時代にさかのぼる。流路を変えたことを示す考古学的証拠は、偉大な水利社会が登場する前から存在する。

たとえばイラク北部では、遅くとも9000年前には、原始的な農業をおこなっていた人々が小川の流れを変えて畑に水を流そうと試みていた。第1章では、ナイル川、チグリス・ユーフラテス水系、インダス川、黄河などの流域で、作物に水を送るために、溝や水路をつくるなど精密な水利工事をおこなっていたことを紹介した。西暦850年から1450年のあいだに、ホホカム文化では現在のアリゾナ州フェニックスの近くで灌漑用水路システムを構築している。現在、パキスタンのインダス川氾濫原にある水路網は、ひとつながりの灌漑システムとしては世界最大で、その灌漑用水路は全長6万キロメートルを超える。

簡単に言えば、灌漑農業の大前提が、流路変更なのだ。このアイデアは時代を超えて発見され、そして再発見されてきた。子どもたちを砂場に放り込んで、水を出しっぱなしにしたガーデンホースと、砂を掘るための棒を何本か渡せば、すぐに同じことを思いついて先祖と似たような行動をとるだろう。

流路変更は、船舶の移動のためにも活用されてきた。いつ、どの川で河道が切り開かれ、世界ではじめての運河がつくられたのかは、誰にもわからない。妥当な推測としては、場所はイラクで、時期は第1章で述べたシュメール都市国家の黄金期だろう。メソポタミア初期の都市では、チグリス川やユーフラテス川の、位置を変えたり新しくつながったりしやすい流路に沿って、水上交易がおこなわれていた。どちらの川も土砂が多く、便利な水路を確保するためには定期的な浚渫《しゅんせつ》が必要だったはずだ。それが第一歩となって、この地域でたくさんの短い運河が掘られたのだろう。そのかすかな痕跡が、今日でも宇宙から確認できる。

現代のスエズ運河は、地中海と紅海を結ぶ、世界屈指の重要性をもつ海運の近道だ。実はスエズ運河以前にも、この狭い地峡に掘られた運河はあった。最初の運河は、はるか昔にエジプトのファラオの命令によって何万人もの奴隷たちが青銅のシャベル程度の道具だけで手掘りした、全長約160キロメートルの「ファラオの運河」である。この古代の航路は、ワジ・トゥミラットと呼ばれるワジ（降雨時以外には水のない川床）に沿ってナイル川から東へと延びており、何世紀にもわたって利用された。

そのおおよその経路は今も衛星写真で確認できる。ナイルデルタに延びる、植物が生い茂っている緑色の帯（今日ではかつての流路に灌漑農地が並んでいる）がそれだ。この帯はナイル川から大きく逸れて、ザガジグから東に進み、イスマイリアを経て、今度は大きく南に折れて、現在のスエズ運河の一部に沿って紅海に達している。

世界最長の輸送運河は、中国でつくられた全長約1800キロメートルの運河である。大運河、あるいは京杭運河と呼ばれるこの運河は610年に完成したが、これはいくつかの水路や、それより1000年以上前の紀元前5世紀に掘られた古くて短い運河をつなげたり拡張したりしてつくられたものだ。

大運河によって生み出されたのは、長く、きわめて重要性の高い、内陸部の輸送通路である。長江と黄河が互いに結ばれ、北京から杭州までの都市や村々がつながったのだ。この運河は船舶輸送と商業にとって不可欠であり、中国を歴史的に一体化させる力となった。今でも変わらず利用されている。

フランスでは、1681年に完成したミディ運河によって、はじめて国内を船で完全に横断できるようになった。このすばらしい運河によって地中海からトゥールーズまで移動でき、そこから（ガロンヌ運河とガロンヌ川を経由して）大西洋に達する。トンネルと運河橋、そしておよそ100の閘門《こうもん》（水面に高低差がある場所で船を通行させられるよう、そのあいだに水面を昇降させられる区画を設けた仕組み）が駆使された全長240キロメートルのミディ運河は、建設当時には世界の驚異のひとつに数えられ、今日に至るまで、主に遊覧船による利用が続いている。

輸送運河は1761年に技術的に大きく飛躍した。これはイギリスのランカシャー州で1761年にはじめて完全な人工運河が発明されたことによる。マンチェスターから北西約16キロメートルの内陸部に産出量の多い炭坑を所有していたブリッジウォーター公爵は、マンチェスターで急成長中の繊維産業で石炭を使ってもらいたいと、低コストで実現可能な石炭の輸送方法はないかと考えていた。炭鉱の近くには自然の水路がなく、馬で石炭を運搬するのはとんでもなくコストがかかったのだ。ミディ運河にヒントを得た公爵は、ジェームズ・ブリンドリーという技師を雇い、運河のようなものでこの問題を解決してくれないかと依頼した。

ブリンドリーは、公爵の炭鉱とマンチェスターを直接結ぶために、独創的で完全に人工的な運河を設計した。運河は炭鉱の地下から出発し、水路橋でアーウェル川の上を通り、マンチェスターまで到達する。炭坑内で艀に石炭を積み込み、荷馬にこの艀を曳かせて運河沿いの曳舟道《ひきふねみち》を歩かせた。ブリンドリーの設計は鉱山の地下水を排出する仕組みも備えていて、艀を浮かせる運河の水源をどうするかという問題もこれで解消された。

1年もしないうちに、ブリッジウォーター運河によって、マンチェスターの石炭価格は半分に下がった。ブリッジウォーター公爵は大金持ちになり、公爵の成功に影響されてイギリスで運河建設ブームが巻き起こった。ブリンドリーの発想力によるブレークスルー、水路橋、石炭を燃料とする蒸気ショベルのおかげで、その後40年にわたり、数多くの内陸運河が新たに掘られた。こうした運河によって、セヴァーン川とマージー川が、セヴァーン川とテムズ川が、マージー川とトレント川が結ばれた。次々とつくられる運河網によって、イングランド中央部の周辺では、原材料や商品を輸送する速度とコストが大幅に改善され、急激に進む工業化を支える原動力となった。

ドイツもこの技術を進んで取り入れて、19世紀末まで重要な輸送運河が盛んに掘られた。ドルトムント・エムス運河は、ルール川流域の工業地帯と北海を結ぶ全長約270キロメートルの水路で、完成は1899年だ。ヴェーゼル・ダッテルン運河、ダッテルン・ハム運河、ミッテルラント運河、エルベ・リューベック運河とともに、ドイツの工業地帯とエルベ川、ライン川、バルト海、北海を結ぶ主要な運輸網の形成に役立った。

また、北海のブルンスビュッテルコーク（エルベ川河口）とバルト海のキール・ホルテナウを結ぶ全長98キロメートルの、短いけれど重要なキール運河が完成したのは1895年のことだ。キール運河はその後何度も改修され、現在でもドイツ内陸部の輸送において重要な役割を担っている。1992年に完成した全長約171キロメートルのマイン・ドナウ運河によってライン川とドナウ川がつながり、こうして北海から黒海に至る、船舶の通行も可能な約3500キロメートルの人工水路ができあがった。

大西洋の向こう側のアメリカでも、イギリスの運河建設ブームに触発されて水力工学が盛んになった。大きな成果をあげたのがエリー運河だ。ハドソン川を通じて、大西洋と五大湖、さらには西部の各地を結んだので、国が大きく開けた。1825年の開通時の大きさは、幅は12メートル、深さ1・2メートル、全長584キロメートルだった。

この運河には83カ所に閘門が設置されたが、これはハドソン川からエリー湖まで艀を通航させるのに約180メートルも水位を上げる必要があったためだ。また、厄介な峡谷や川を越えるために18の水路橋がつくられた。1艘の艀で最大30トンの貨物や乗客を運ぶことができ、馬にこれを曳かせて運河沿いの曳舟道を歩かせた。重要な交通路となったエリー運河は、後に改修されて深さと幅を増し、この地方に太い大動脈のような運河網が形成されることとなった。

19世紀半ばになると、鉄道技術の優位性が明らかとなり、運河の黄金時代は終わりを告げた。ドイツは何十年もかけて内陸部で人工的な水路網を拡張し続けたが、イギリスでは最後となる長距離運河が完成したのは1834年のことだった。ペンシルベニア州では、州の運河システムに水を供給するためリトル・コネモー川にダムと貯水池が建設されたものの、売却されて荒廃し、最終的にピッツバーグの大富豪向けのクラブに購入されたあげく、ジョンズタウン大洪水という大惨事につながったことは、第4章で述べたとおりだ。

ほぼ100年にわたり、イギリスとヨーロッパ大陸、そしてアメリカ合衆国は、運河建設の狂熱にとらわれた。厳密には、自然の水路を掘って運河にする、閘門を使って船を上下させるといった手法は、何世紀も前から実践されていた手法を進化させたものだ。一方で、完全に人工的な水路と高くもち上げた水路橋を活用して内陸を突き進むというアイデアは、画期的な技術革新だった。やがて自身にとって代わる鉄道と、さらにそれに続く州間高速道路と同じく、運河とは、輸送の価値観を大きく覆す技術的進歩であり、運河によってヨーロッパの工業化とアメリカの西部への拡大が推し進められたのだ。

中国の大運河、フランスのミディ運河、アメリカのエリー運河など、古い運河の多くは現在も使われている。実際、現在のニューヨーク州運河システムは全長約843キロメートルで、州内の川や湖、そしてカナダまでつながっている。今では2000以上のアトラクションや観光施設が整備された活気あるレクリエーションの場となっており、人工の川がアメリカの主要路だった時代の水辺の残響を求めて、遊覧船やサイクリストが行き交っている。

ロサンゼルスに水を引いたアイルランド人技師

1世紀以上前のことだが、アイルランド生まれの土木技師でロサンゼルス市水道電力局（LADWP）の初代局長を務めたウィリアム・マルホランドが、ある遠くの川の土地と水利権を密かに買い上げ、南向きにロサンゼルスまで流す計画を立てた。彼が目をつけたのは雪解け水をたたえたオーエンズ川だ。ロサンゼルスから北へ300キロメートル以上離れた、シエラネバダ山脈とデスバレーに挟まれた楽園のようなのどかな牧草地を流れる川である。

マルホランドは秘密裡に手を回して、シエラ山脈の東側から流れ落ちる雪解け水の大部分がオーエンズ川に流れ込むようにした。この計画に対する流域住民の怒りは凄まじく、反乱や爆破事件が起きている。これに想を得てつくられたのが、ジャック・ニコルソンとフェイ・ダナウェイが主演した、ロマン・ポランスキー監督による1974年の名作映画『チャイナタウン』である。また、この騒動によって、ロサンゼルスには、発展のためなら手段を選ばない容赦のない街というイメージがついた。

1913年、水の強奪は完了し、マルホランドはロサンゼルス上水路の開通式典をとり仕切った。これは、オーエンズ川からサンフェルナンド・バレーまで水を移動させるための計375キロメートルの運河とパイプラインであり、当時は世界最長の送水路だった。「さあ、こちらです。使いましょう」。マルホランドがそう叫んだのは有名な話だ。人々はその言葉に従い、これが新たな人口増加のきっかけとなって、今ではロサンゼルスはアメリカで2番目に人口の多い都市へと成長している。

ＬＡＤＷＰが遠方の川でおこなった強行突破を皮切りに、はるかかなたの川の流れを変えさせて南カリフォルニアまで送り込むための開発が始まった。１９１９年、アメリカ地質調査所がはじめて提案したのが、北カリフォルニアのサクラメント川の流路を変えて、サンホアキンバレーを南下させて乾燥した南カリフォルニアに水を送るアイデアだった。

１９３１年には、北から南へと水を大移動させる計画の設計図ができていた。その7年後の世界恐慌のさなか、連邦政府はこの計画にとりかかり、レディングの近くでサクラメント川にダムをつくることにした。このシャスタダムは、今では、セントラルバレー・プロジェクトという連邦のはるかに巨大なシステムの部品のひとつにすぎない。数々の貯水池、水力発電ダム、運河からなるこのシステムによって、カリフォルニア州セントラルバレー全域の農家と人口密集地に水が供給されている。

１９４０年代後半から１９５０年代になると、戦後の人口増加のプレッシャーを受けて、カリフォルニア州の資金提供による、南カリフォルニアに水を送るための新たな河川分水計画がもちあがっていた。連邦政府によるセントラルバレー・プロジェクトと同様、このカリフォルニア州のシステムでも複数のダムと貯水池を連結させた広大なネットワークが予定された。それにより、貯水や水のやりとりが可能となるだけでなく、水を全域に行きわたらせたり、テハチャピ山地を越えてロサンゼルスまで水を送り届けたりするための膨大な電力を生み出せるようにもなる。

１９６０年、北部から南部へと水を移動させるこの壮大な計画の資金源とするための、カリフォルニア州債発行の法案が、攻防の末にどうにか可決された。そして計画は、そのものずばりの「州水計画（State Water Project）」と命名された。

このときの住民投票では、州水計画が発展に不可欠だと考えるカリフォルニア州南部の住民と、水資源を奪われることに激しい反発を示す北部住民とで、州が二分された。法案はかろうじて可決されたものの、現在に至るまで北部の人々は南部の人々に対して根深い嫌悪感を抱いている。これは突きつめれば、投票によって承認された水の強奪に端を発しているのだ。恨みは一方的なもので、南部の根無し草のようなロサンゼルス人たちが北部のワイナリーや素敵なサンフランシスコの街を楽しく旅するかたわらで、それを迎えるパタゴニア社製のフリースを身につけた北部の人々は「ロサンゼルスなんぞに住むやつの気が知れない」と眉をひそめている。

だが、ロサンゼルス人はそんなことでめげたりしない。快適な気候、活気ある文化、そしてその気候に見合わない豊富な水を享受できる、ハッピーな人たちなのだから。1960年の国債発行により、カリフォルニア州中北部のフェザー川につくられたのが巨大なオーロビル・ダムだ。その貯水池であるオーロビル湖を中心として、数々の貯水池、水力発電ダム、発電所、水路橋、トンネル、ポンプ場などからなる広範囲のネットワークが構築された。

このネットワーク内のポンプ場によって、カリフォルニア州の3分の2ほども離れた南部へと水が送られ、また、約1100キロメートルのインフラ設備で水が循環している（2017年にオーロビル・ダムの放水路破損により大惨事寸前の状況となった。州内の水供給と下流の住民20万人の暮らしが脅かされ、住民は避難を強いられた。2019年に11億ドルをかけた修復工事が完了した後も、ダムの長期にわたる安全性には懸念が残っている)。現在、州水計画によって、30万ヘクタールの農地に水が引かれ、北カリフォルニア、ベイエリア、セントラルコースト、サンホアキンバレー、南カリフォルニアで暮らす2700万人以上に水が供給されている。

この計画の最大の顧客は、間違いなく、南カリフォルニア都市圏水道公社である。ロサンゼルス郡、オレンジ郡、リバーサイド郡、サンバーナーディーノ郡、サンディエゴ郡、ベンチュラ郡に住む1900万人への水の供給を管理する、公的機関の巨大複合体だ。9つの貯水池、16の水力発電施設、世界最大級の4つの水処理施設、そしてコロラド川の水を南カリフォルニアまで約390キロメートル運ぶコロラド川水路を所有・運営している。また、地下水の貯留や「トイレから蛇口へ」といった画期的な再利用プログラム(これについては第7章で取り上げる)の世界的パイオニアでもある。

この都市圏水道公社が推進役となったのが、州水計画が提案した「カリフォルニア・ウォーターフィックス(California WaterFix)」プロジェクトだった。これは、サンフランシスコ東部のサクラメント・サンホアキンデルタ地帯に2本のトンネルを掘って、サクラメント川の水のロサンゼルスへの供給を改善する計画であった。環境上の理由から2019年にカリフォルニア州のギャビン・ニューサム知事によって中止されたが、それまでに都市圏水道公社からの出資額は108億ドルにのぼっており、単独機関としては最大の資金援助をしていた。

カリフォルニア州のセントラルバレー・プロジェクトと州水計画、そしてロサンゼルス上水路や、ヨセミテ国立公園とサンフランシスコを結ぶヘッチ・ヘッチーの送水・貯水システムといった地域河川の流路変更によって、州の水の流れは徹底的に変えられた。サンフランシスコ市が川の流路変更にはじめて手をつけたのは1913年のことである。この年に、トゥオルミ川をせき止めてヨセミテ国立公園でもとりわけ美しいヘッチ・ヘッチー渓谷を水供給のための貯水池に変える権利を獲得したのだ。

この都市による強権の行使は激しい反発を招き、環境保護運動が巻き起こった。その先頭に立ったのが自然保護活動のパイオニアであり作家でもあるジョン・ミューアだった。だが、抗議活動は敗れ、今ではサンフランシスコで使用される水のほとんどがヘッチ・ヘッチーから供給されている。つまり、流路を変えられたトゥオルミ川が、世界有数の活気と革新に満ちた都市に対して、自然資本と市民の健康な暮らしを提供しているのだ。

水不足に苦しむ40億人

現在、人類の水への需要に応えるために、世界がかつて経験したことのない規模とペースで、新たな河川工学の巨大プロジェクトの計画が進められている。

約40億人が、1年のうち少なくとも1カ月は深刻な水不足に苦しんでいる。この40億人のうち、約9億人が中国に、約10億人がインドで暮らしている。その他、水不足に陥っている人口が多いのが、バングラデシュ、パキスタン、ナイジェリア、メキシコ、アメリカの西部や南部の乾燥した州などだ。近年では、ブラジルのサンパウロ、インドのチェンナイ、南アフリカのケープタウンなど、複数の大都市で深刻な水不足が起きている。

この問題は今後悪化するだろう。気候変動による悪影響はひとまず措くにせよ、新鮮な水に対する人類の需要は今世紀半ばには年間6兆立方メートルを超えて、現在より50パーセント以上増加すると予測されている。特にインドは、工業化が進み急増する人口の需要を満たすために、2050年までに新鮮な水の供給量を3倍にするという困難な課題に直面している。

こういった重圧を和らげるために、これからしばらくは、かつてないほど精緻な河川の分水計画が実施されることになるだろう。局所的な分水は何千年もおこなわれてきたが、流域をまたいでの大規模な分水となると話はまったく違う。第一に、大規模な工学的インフラと、大掛かりな地形のつくり変えが必要となる。第二に、はるか遠くから河川水を運んでくることで、地元の水源だけでは人口を維持できないような場所で、開発が進み、人口増加が促進される。この手法は20世紀のカリフォルニアに始まり、今では世界中に広がっている。

現時点で計画段階にあるか、すでに工事中の、流域をまたがる壮大な河川分水計画を3つだけ取り上げよう。中国の南水北調プロジェクト、アフリカのトランザクア（Transaqua）プロジェクト、そしてインドの全国河川連結プロジェクトである。

中国の南水北調は、現在のところ、流域をまたがる分水の構想としては世界最大である。全体としての目的は、雨量の多い南方から乾燥した北方へと水を送ること。方法はというと、チベット高原から東シナ海へと東向きに流れる強大な長江の水の一部を、北方に向かう、中国の西部と中部と東部に造成した3本の長い運河（それぞれ西線、中線、東線）で運ぶのだ（235頁の地図を参照）。

この構想は古くからあった。古代の大運河（京杭運河）の目的とは、穀物を積んだ船を行き来させるだけでなく、長江の水を乾燥した北部へと分け与えることでもあった。現プロジェクトの計画は、少なくとも50年前の、毛沢東の時代までさかのぼる。そのプロジェクトの基本計画が、２００２年に国務院の承認を受けて、同年末に着工されたのだ。

東線は、揚州市にて長江の水を引き、大運河も使って天津まで北上するルートで、２０１３年に完成した。中線は、漢江（長江の主要支流）にある貯水池から、北の淮河流域に向かい、そこから黄河の川底よりも下にあるトンネルを抜けて最終的に北京まで北上するルートだ。約１３００キロメートルのこの中線は２０１４年に完成し、約30万人が立ち退かされた。現在では、中線によって５０００万人以上に水が供給されており、北京の水供給の約7割を担っている。

第3ルートの西線は、まだ計画の初期段階だ。チベット高原に近い長江上流の3本の支流から水を分流して、需要過多な黄河の源流へと運び入れる予定だ。このプロジェクトの最終段階は、２０５０年までに完了する可能性がある。

中国の南水北調プロジェクトは、建設計画は半世紀をかけて練られ、建設費は少なくとも７７０億ドルと見積もられている。建設にかかる時間もコストも、あの三峡ダムより多くなりそうだ。完成のあかつきには、長江と黄河、淮河、海河の流域が相互に結ばれて、年間約４５０億立方メートルの水が中国南部から北部へと運ばれることになる。ちなみに、カリフォルニアの州水計画とセントラルバレー・プロジェクトで分流された水量をすべて合わせても、年間１４０億

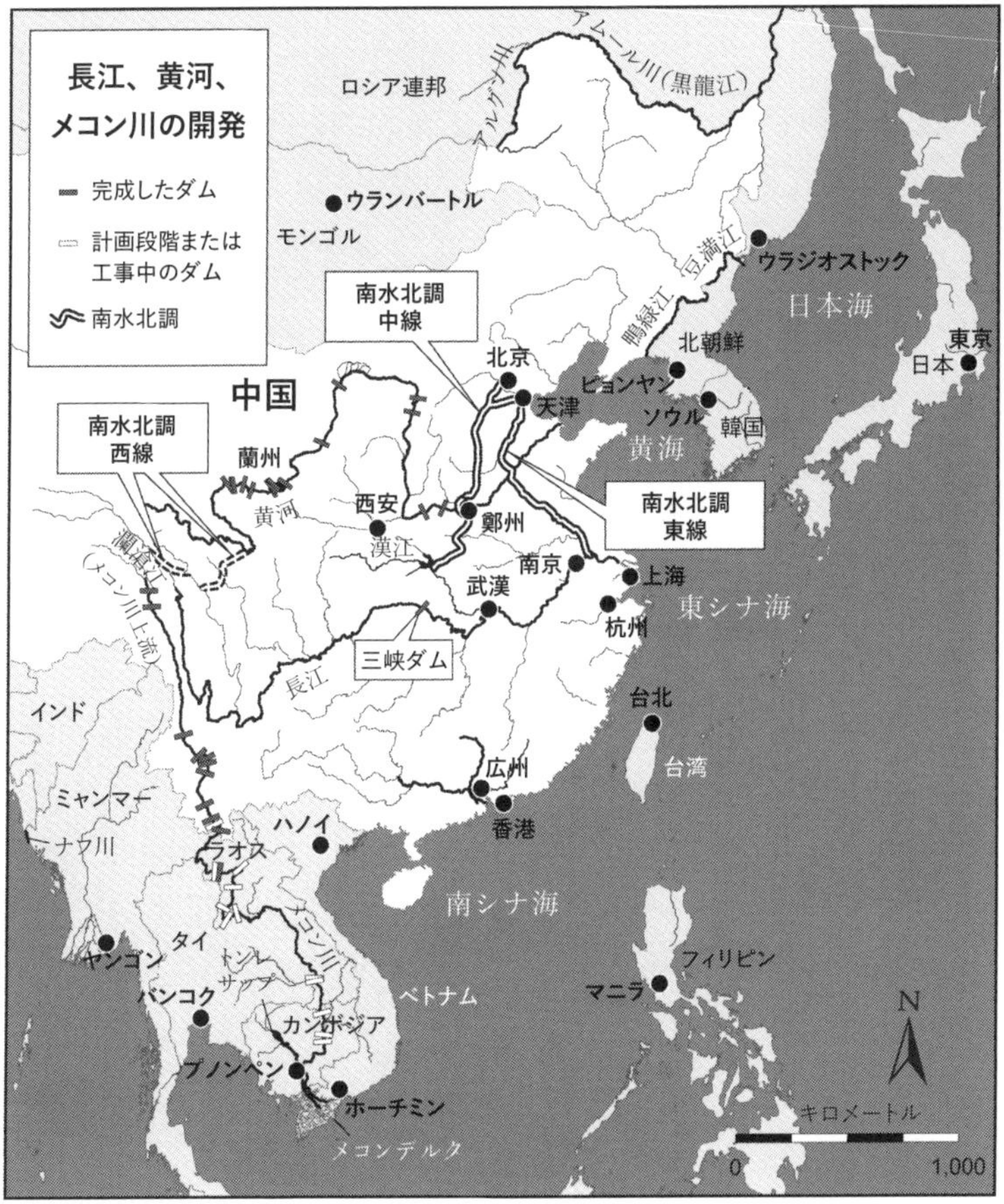

中国や東南アジアの河川では、大規模な開発が進んでいる。図に示したのは、長江流域の水を北へと送る中国の南水北調プロジェクト(東線、中線、西線)、三峡ダム、そして、中国からラオス、タイ、カンボジアへと流れるメコン川で完成済または計画中の新たなダムが並んでいる様子だ。

立方メートルにもならない。中国のこの大規模かつ多方面での分水計画は、たとえるならば、黄河に匹敵する大きさの人工河川を新しく1本つくって、国土を南から北へと突っ切って流すようなものなのだ。

場所は変わってアフリカの中西部では、トランザクアと呼ばれる野心的な大規模分水計画が実現に近づきつつある。その基本計画で想定されているのは、コンゴ川流域から分水して、チャド湖に流れ込むシャリ川まで、約2400キロメートルを運ぶことだ。計画によると、コンゴ民主共和国、コンゴ共和国、中央アフリカ共和国に、船の航行が可能な長い運河を造成し、いくつもの水力発電用のダムを建設するという。年間に約500億立方メートルの水が移され、だいたいその半分が約1300キロメートルの人工運河を通って運ばれることになる。

トランザクアの目的のひとつは、チャド湖を救うことだ。かつては淡水の豊かな生態系を形成し、何百万もの人々の生活を支えていたチャド湖だが、地域の灌漑用に取水され、降雨量も減少しているため、渇水が深刻化している。1960年代初頭には面積が2万2000平方キロメートルもあったこの巨大湖が、今では90パーセントも縮小して、1000平方キロメートルにも満たない。

その結果、魚も牛も作物も失われ、食糧不安と暗い社会経済状況が影を落として、過激な政治運動の影響を受けやすい地域となった。女子高校生の集団拉致で悪名高い宗教過激派組織ボコ・ハラムはナイジェリア北東部に反乱拠点を築いているが、そこはチャド湖が縮小したために絶望的としか言えない状況が生じている地域でもある。コンゴ川の水をもってくれれば、チャド湖の面積を7500平方キロメートルほどで安定させることができて、カメルーンやチャド、ニジェール、ナイジェリアの、最大7万平方キロメートルの農地を灌漑できるようになる。

チャド湖の一部を守るのは、トランザクアの目的のひとつにすぎない。プロジェクト推進派が目指すのは、この地域で渇望されている電力を供給するための、水力発電ダム建設だ。また、完全に航行可能な水路ができれば、ほとんど海に面していない内陸の10カ国が互いに行き来しやすくなることも利点である。そして、この分水路に沿って壮大な開発の回廊が新たに誕生して、地域の交通、農業、エネルギー、工業に多大な利益をもたらすというビジョンが思い描かれている。

2018年、ナイジェリアの首都アブジャでおこなわれた大規模な首脳会議の焦点となったのが、このトランザクアだった。首脳会議には、国際的な支援者と、チャド、中央アフリカ共和国、ガボン、ニジェール、ナイジェリアのプロジェクトに熱心な大統領が出席した。ナイジェリアのムハンマド・ブハリ大統領がプロジェクトに特に関心を寄せていたらしく、首脳会議の開催国となった。

会議では、アフリカ開発銀行が主導する500億ドルの国際投資ファンドの創設など、一連の提言と次のステップが確認された。トランザクアの実現可能性を調査するために、中国の巨大なインフラ投資構想「一帯一路」を通じた資金提供がすでになされている。トランザクアの社会的・環境的な代償はまだ十分にはわかっていないが、調査が進められている。何年も停滞していたこの壮大な河川分水構想への支持が、アフリカで勢いを増しつつあるようだ。

インドが挑む河川連結プロジェクト

流域を越えた大規模分水プロジェクトの究極が、現在インドで進行中の「全国河川連結プロジェクト（National River Linking Project）」、略してＮＲＬＰだ。すべてが実現されれば、ヒマラヤ山脈を流れる数十の源流が再構成されて、低地を流れる数十の河川が互いに結ばれることとなる。その全体としての野望とは、インド亜大陸全土における川の流れの再構築に他ならない。

ＮＲＬＰの目的とは、これまで述べてきた他の大規模な分水計画と同じく、雨の多い場所から乾燥地帯の川への分水だ。特に、国内の乾燥地帯に比べて50倍もの雨量があるインド北東部の川から、水を運ぼうとしている。プロジェクトの計画者は、数十年にわたる議論と調査によって、インドの川を、水が通常「余っている」川と「不足している」川に分類した。長い人工運河やトンネルによって、水が余っている川から不足している川へ水を移すのだという。

水文学的に言えば、この二元的な分類は、河川流量の季節性や水が実際にどう使われているかといった現実を極度に単純化しすぎている。たとえば、モンスーンによる降雨量が多い流域では、川の流量が多くても乾季には水不足になるし、乾燥地帯であっても水の管理を改善すれば水不足を解消できる場所はある。だが、インドのナレンドラ・モディ首相がＮＲＬＰを支持し続けていることと、インド最高裁がＮＲＬＰはインドの国益に適うと判断したことで、ＮＲＬＰへの国民の支持は拡大している。

ＮＲＬＰの基本計画は大きく2つの戦略で構成される。強大なガンジス川の源流の流域とブラマプトラ川の源流の流域は接しているのだが、その流域間で雨水を貯留・分水するというのが第一の戦略だ。基本計画のこの部分は「ヒマラヤ河川開発コンポーネント（Himalayan Rivers Development Component）」と呼ばれ、後の利用に備えた貯水と、流域を越えた分水の両方が計画に含まれる。インド北部、ネパール、ブータンの起伏に富んだヒマラヤ山脈に多数の大型貯水池をつくり、源流域の地理上の分水界を通り抜けるような「連結部」（水路橋やトンネル）を最大で14本建設することで、これを実現する。

第二の戦略は、インド亜大陸の低地を流れる数多くの大河を相互に連結することだ。基本計画のこの部分は「インド半島河川開発コンポーネント（Peninsular Rivers Development Component）」と呼ばれ、国土のあらゆる方向に放射状に広がる16本の長い運河を掘るプロジェクトが含まれる。そしてまもなく、ケン川＝ベトワ川連結プロジェクト（Ken-Betwa Link Project）という分水事業が始まろうとしている。環境保護派の反対に負けなければ、このプロジェクトによって、たくさんの貯水池とダム、そしてウッタル・プラデーシュ州とマディヤ・プラデーシュ州を結ぶ２２０キロメートルの運河がつくられることとなる。

インドが計画している全国河川連結プロジェクトの圧倒的な規模は比類ないものであり、その野心において中国の南水北調プロジェクトをもはるかに凌駕している。掘削量だけでも、これまで地球上でおこなわれた建設プロジェクトのなかで最大である。すべて実行されれば、１６８０億ドルが投じられて、１万５０００キロメートルを超える運河とトンネルが掘られ、年間１７４０億立方メートルの水が運ばれることになる。また、水力発電による発電能力は３万

4000メガワットで、インドの灌漑用地の面積が3分の1以上増加する見込みだ。モディ首相はNRLPを国の夢だとして、政権発足以来、変わらず支持し続けている。

NRLPが完成すれば、インドの大地をいくつもの川がこれまでと違う方向に流れることになるので、沿岸の生態系と何億人もの暮らしに大きな影響が及ぶだろう。経済発展のパターンが変化し、人々の生活は一変する。漁業は支障をきたし、外来種がはびこり、水質汚染や疾病の蔓延が促進されるだろう。河川が宗教と深く結びついているインドでは、長年にわたり保たれてきた宗教的・文化的慣習の一部が破壊されることにもなる。全国河川連結プロジェクトの熱心な支持者でさえ、このプロジェクトによって環境が破壊され、人々が立ち退かされることを認めている。

しかし支持者たちは、そういった損害よりも、人間の福利や経済成長のためにプロジェクトがもたらす利益のほうが大きいと主張する。具体的には、食糧の安全保障と洪水対策の改善、そしてまもなく地球上でもっとも人口の多い国となるインドにおいて、エネルギーや航行、都市部の水供給のための新たな開発のチャンスが見込まれるというのだ。

大いなる取引

確実な水の供給、電力供給、洪水対策、経済成長など、河川工学の巨大プロジェクトによって社会的利益は生じるものの、それには深刻な代償が伴う。たとえば、コミュニティは立ち退かされ、漁業は打撃を受け、河岸の生態系は損なわれ、航路は失われ、開発費用のために多額の税金が課される。

こうした代償についての科学的理解が進み、また一般にも広く知られるようになるにつれて、河川の新たな大規模プロジェクトに対する反発が先進国で強まっている。アメリカやヨーロッパでは巨大ダムの建設ブームは終わり、新たなダムの建設よりも、老朽化した建造物の閉鎖や撤去に関心が集まっている(この問題については第7章で取り上げる)。

しかし、発展途上国では、代償を払うに足る利益が得られると判断されることが多い。繰り返し主張されるのは、河川の巨大プロジェクトから得られる広い範囲での社会的・経済的利益は、限られた狭い地域内での環境と人に対するダメージを上回るということだ。この主張は、現在ブラジルでベロモンテダムに対してなされているが、100年前のカリフォルニアで、ヘッチ・ヘッチー渓谷をサンフランシスコ用の貯水池へと変えるオショーネシーダムの建設に対しても同じ主張がなされたものだ。その後のサンフランシスコの成功を見れば、その内容は正しいのかもしれない。それでも、代償が莫大なものとなることは否定できない。

特に、巨大な貯水ダムの建設では、必ずその代償を支払うことになる。数年分の川の流れを溜め込み、谷間全体が水没することもある。町全体が波の下に消え、川の生態系が破壊される。ダムのすぐ下流には、産卵場所への遡上ルートが塞がれて混乱した魚が集まる。ダムの内側では、水が淀み、温まり、酸素が失われる。貯水池に流れ込む汚染物質や土砂が沈殿して、湖底にある切り株の森やかつての生活の跡を覆っていく。川への放水は、ダム運営者と、電力需要にもとづく価格設定サイクルによって、そのタイミングと量が制御される。ついに放水されるときに出てくるのは土砂が取り除かれた上澄みで、これが勢いよく流路にぶつかって、何キロメートルもの下流まで川岸や氾濫原を削りとっていくのだ。

中国の三峡ダムは、カリフォルニア州のフーバーダムの20倍近くも発電し、長江の危険な大洪水から1500万人を守っている。こういった点は、地域に貢献する、非常に大きな社会的利益といえる。しかし、貯水池をつくるために100万人以上が立ち退かされ、コミュニティは湖底に沈んだ。ダムがつくられたことで、水質汚染や水を媒介とする伝染病が増え、小規模な地震や地滑りといった新たな地質学的危険が引き起こされている。カンザス州立大学のジダ・ワン准教授は、三峡ダムの放流水に含まれる土砂が少ないせいで、下流数百キロメートルにわたって長江の川底が浸食されていることを発見した。流路の底が深く削られることで、周辺の湿地や湖は水を奪われて乾燥化が進んでいる。また、何種類もの魚が絶滅してしまった。淡水性の希少なクジラ目動物で、長江にしかいないスナメリの一種は、今では1000頭ほどしか残っていない。

河川の巨大プロジェクトによってもたらされる社会経済的な恩恵も、支持者の思惑から大きく外れることが多い。発展途上国の大規模な水力発電プロジェクトでは、皮肉なことに、新たに得られる電力が、それをもっとも必要とする農村部の貧しい人々にはほとんど届かない。

私が大エチオピア・ルネサンスダム（GERD）の話を聞いたエチオピア政府関係者の誰もが、エチオピアでは4人に3人には電気がきていないと口を揃えて言っていた。ダムを建設すれば、まさにこういった人たちが電気を使えるようになるのだという含みがそこにはあった。しかし、人々が今いる場所に住み続けるのであれば、そうはならないだろう。エチオピアには全国的な送電網のインフラがないし、ＧＥＲＤは遠隔地にあるのだから、近隣諸国に電気を売るほうがはるかに理に適っているのだ。

その収益が貧しいエチオピアの人々の助けにならないとは言わない。しかし、この河川の巨大プロジェクトと、農村部の貧しい人々の生活環境の改善とは、間接的にしか結びつかないのだ。それどころか、大規模な貯水池にあるのは都市化を促進する効果である。水底に沈められる渓谷に住んでいた農民が追いやられる先は都市部や採掘産業の現場であって、これこそが、プロジェクトにより得られた金や電力が真に行き着く先なのだ。

私たちは、20世紀から21世紀初頭にかけての大規模な河川工学の巨大プロジェクトがもたらした被害から学ぶことができる。中国、東南アジア、ラテンアメリカ、アフリカでは、世界にわずかに残された自然な状態の河川に次世代の大規模ダムが建設されつつあるが、その際に過去のプロジェクトとは多少異なる技術が使用されそうだという明るい兆しがある。たとえば、巨大な貯水池なしで発電する、いわゆる流れ込み式ダムの設計や、土砂の一部を下流に流すといった手法だ。また、最近のダムには、高性能の魚梯《ぎょてい》（訳注　魚が遡上できるように設けた緩斜面や階段状の水路）や仕切りなどの技術が使われており、魚の産卵や移動に破壊的な影響を及ぼさない仕組みになっている。

第2章で述べたように、河川に関する国際条約の締結が主流になっている。２０１４年には、国連水路条約が発効した。協力的な河川管理の条約によって、水の配分だけでなく、汚染物質や生態系の問題への取り組みも始まっている。

これらのどの革新的技術をもってしても、河川工学の巨大プロジェクトのために環境と人とが払う代償をなくすことはできない。だが、次章で見るように、私たちは実際に失敗から学ぶこともあるのだ。

第6章 豚骨スープ

問題のある水

2017年3月22日、ミナ・グリというスーパー・ランナーが、ネバダ州ラスベガス近くのコロラド川に沿って、フルマラソンを走った。翌日、彼女は再びフルマラソンを走った。そして、その次の日も、次の日も、次の日も。

彼女は5日間で5回のマラソンを走ると、今度はブラジルに飛んで、アマゾン川に沿って6日間で6回のマラソンを走った。その後も連続して、メルボルン、上海、カイロ、ロンドンに飛んで、マレー・ダーリング川、長江、ナイル川、テムズ川に沿ってマラソンをした。そうして、5

月1日までに、6カ国の6大河川に沿って、40日で40回のフルマラソンを走ったのだ。

ミナ・グリは水資源の保護を訴える活動家だ。この1688キロメートルに及ぶ「6リバー・ラン」の目的は、これらの川をはじめとするさまざまな川の環境が、汚染や取水により悪化していることを広く知ってもらうためだった。その情熱に感銘を受けた人々が彼女とともに走り、多くのメディアで取り上げられた。「すべての人が清潔で安全な水を簡単に手に入れられるようになることは、私たちの世界が直面している喫緊の課題です」と、グリはこのチャレンジの後でブログに記している。そして、「#RunningDry」と名づけた次の啓発キャンペーンでは、水の保護を訴えるために、100日でマラソンを100回、走ることを決めたのだ（訳注 62回のマラソンを走り終えたものの大腿骨の疲労骨折のため断念、あとはチームが走り継ぎ100回のマラソンを終えた）。

自分の運動能力を水の保護活動へと転換させたのは、ミナ・グリが最初ではない。イギリスでは、環境保護主義者で作家、映画監督でもあった故ロジャー・ディーキンが国内各所を泳いで回り、イギリスの汚染された河川の窮状に人々の注意を向けさせた。アメリカでは、環境保護主義者のクリストファー・スウェインが1996年からコロンビア川、ハドソン川、モホーク川、チャールズ川など、汚染された川で泳ぎ続けている。彼が選ぶのは本当に恐ろしい場所で、下水、農薬、産業汚染物質にまみれながら泳いでいる。たとえば、ニューヨーク州ブルックリンを流れるニュータウン・クリークなどは、汚染が深刻なスーパーファンド・サイト（有害廃棄物による汚染地域）の排水が流れている。スウェインは泳ぎながら、水質や自身の生理学的なデータを収集して、研究者と共有している。グリやディーキンと同じく、自分の活動をとおして、現在世界の

スーパー・ランナーで水保護活動家のミナ・グリは、2017年に6本の重要な川（コロラド川、アマゾン川、マレー・ダーリング川、長江、ナイル川、テムズ川）に沿って40日間で40回のフルマラソンを走り、人々の注意を河川の行きすぎた分水や汚染などの環境問題へと向けさせた。（ケルビン・トラウトマン提供）

多くの河川に害悪を及ぼしている差し迫った環境問題へと人々の注目を集めようとしているのだ。

人間の排泄物や、有毒な産業廃棄物、大規模な取水などによって、世界中の河川が荒廃している。聖なる川として世界でもっとも崇められているガンジス川は、糞便性の大腸菌群と化学排水による汚染があまりに深刻で、宗教的儀礼として沐浴する何億というヒンドゥー教徒が健康被害を受けている。またガンジス川上流の支流に水力発電用のダムが建設されたため、流路の一部では流量が半減している。2019年の大祭クンブ・メーラーでは、約1億5000万人がプラヤーガラージ（かつてのアラハバード）付近の川に入り、その聖なる水を浴びた。モディ首相はガンジス川浄化の公約をずっと掲げているものの、未処理の下水や工場の化学廃棄物が川に流され続けている。

科学者として、問題のある水に遭遇したことが私にもある。これまでのフィールドワークで最悪の体験だったのは、修士論文用の水サンプル採取だ。インディアナ大学で指導してくれていた教授陣の口車に乗せられて、激しい雷雨のたびに、ある涸れた小川の川床に立って、周囲の丘陵からやってくる鉄砲水を水質調査用に採取することになった。アメリカ国立気象局が強雷雨警報を出すと、必ず何もかもをほっぽり出して、サンプルボトルと堆積物用の濾し網を積んだインディアナ州所有の大きなフォードSUVに飛び乗って現場に向かった。現場ではこのブロンコの屋根で寝るようにした。そうすれば、大粒の雨が顔に当たった瞬間に目が覚めるからだ。

一番ひどい嵐がやってくるのは決まって真夜中だった。チェストウェーダー（胴付長靴）とゴム手袋を身につけて、網とサンプルボトルを手に川床へと飛び降りる。ブロンコの眩しいヘッドライトとその光を反射する豪雨のせいでほとんど何も見えない状態で、上流に目を凝らして、鉄砲水がやってくるのを待ったものだ。はっきりと憶えているのは、長く続いた稲妻の光を受けて地獄のようなねじくれた景色が浮かび上がり、自分めがけて洪水が襲い掛かる瞬間だ。その直後、波が脚にぶち当たって砕け、水かさが増し、いくつものサンプルボトルと網とを水に沈め続ける私の長い夜が始まる。

その場所は、普通の丘陵でもなければ普通の小川でもなかったので、作業は大変だった。周囲の風景はトールキンが描写するモルドールのようで、「ぼた」という黒くて砕けやすい物質が不気味に積み重なっている。これは石炭の粉が混じった頁岩《けつがん》で、親指の爪ほどの大きさに砕かれている。そこから何かの植物が生えることはない。焼け焦げた石のように見えるが、そうではなく、黒く煤けたような色合いはこの物質特有のものだ。四半世紀前に古い廃坑で石炭を掘り出した際に、選り分けられ捨てられた廃石なのだ。

鉱山からは大量の岩石屑が出る。この廃石が地面に積み上げられると、むき出しになった黄鉄鉱などの鉱物が空気や雨水によってすぐに酸化される。このときに生成されるのが、酸性鉱山排水と呼ばれる、どぎつい色をした有毒の浸出液だ。これが近くの小川に染み出ると、小川を黄色やオレンジ色に変え、水のpHを大幅に下げて、あらゆるものを死滅させる。私が研究プロジェクトに取り組んでいた場所には、フライアー・タックと呼ばれる古い採炭施設があった。それは、インディアナ州南西部の美しい丘陵地帯に点在し、地下水や小川やウォバッシュ川を汚染している、数多くの廃鉱のひとつであった。

ぼたの山は周囲を汚染し、酸性で、自然発火することもあった。土壌の水分の酸性度があまりに高く、この場所の地中でくすぶる火の近くで、好熱・好酸性の細菌、テルモプラズマ・アキドピルムが生存しているのが新たに発見されたくらいだ。強い雨が降ると、ばらばらの頁岩片が丘を大量に滑り落ちて、小川をせき止めてしまう。鉄砲水も瞬時に酸性になるので、私の肌は荒れたり変色したりした。研究は面白かったが、今でも雨は好きになれない。

インディアナ州のその古い炭坑跡は、世界中で水質悪化の原因となっている何千何万という廃鉱のひとつにすぎない。酸性鉱山排水は、坑道や廃棄物処理場、尾鉱《びこう》池などから染み出す。この浸出液によって、鉛、クロム、マンガン、アルミニウム、ヒ素などの有毒な元素が、周辺の地下水や小川に入り込む。酸性鉱山排水によって深刻なダメージを受けている水路は全世界で2万キロメートルとの推定があるが、実際の数字はそれよりはるかに大きいはずだ。

アメリカの環境保護、半世紀の曲折

アメリカだけでも、何千もの廃鉱や工業用地、軍事施設、昔の有毒廃棄物処理場によって、いまだに水路や河川、地下水が汚染されている。なかでも特に汚染が深刻な場所は、連邦政府によってスーパーファンド・サイトとして指定されている。浄化に数十年を要する危険な場所だ。最初期のスーパーファンド・サイトに「ラブ運河」がある。短い水路で、場所はニューヨーク州ナイアガラ・フォールズ市内。国境沿いの町のナイアガラ川東岸にある。

ナイアガラの滝の約8キロメートル上流にあるこの運河は、もともと水力発電計画の一部として着工された。しかし、計画は1910年に断念され、掘った溝に有毒廃棄物が投棄されるようになった。フッカー電気化学社は、ここに2万1000トン以上の化学廃棄物を放り込み、1953年にはこれを粘土で埋め立てて、その土地を地元の学校区に1ドルで売り渡した。その後、土地には住宅と学校が建てられた。

1970年代後半には、住宅の裏庭から腐食したドラム缶が顔を出し、地下室に有害な化学物質が染み出すようになった。地域住民のあいだでは、流産や先天性欠損症、白血病などの深刻な疾患の症例数が異常な数にのぼっていた。1978年、『ニューヨーク・タイムズ』紙の一面で、ラブ運河の医療問題が報じられる。ジミー・カーター大統領は非常事態宣言を発出し、200世帯以上が避難した。1980年に2度目の非常事態宣言が出され、さらに750世帯が避難した。

1983年、浄化を要する地域としてスーパーファンド・サイトがはじめてリストアップされたのだが、その406の場所のひとつがラブ運河だった。それから20年以上の歳月をかけてラブ運河の除染がおこなわれた。今でも、トロントへ飛行機で向かうと、9000メートル上空から運河の長方形の溝を確認できるが、スーパーファンド・プログラムのおかげで汚染はそこまでひどい状態ではなくなっている。

スーパーファンド・プログラムは、1980年にアメリカ議会が制定した非常に重要な「包括的環境対処・補償・責任法（CERCLA）」から誕生した。この法律によって、環境汚染物質の危険な放出を停止または防止するための権限が国家に与えられ、化学産業と石油産業への課税により、最悪の汚染現場の浄化に充てるための信託基金（スーパーファンド）が設立された。

CERCLAは、資源保全再生法（RCRA）という過去の法律の修正を経て成立した。RCRAは共和党のジェラルド・フォード大統領が1976年に署名した法で、アメリカにおける国内の固形廃棄物の処理を規定する中心的な連邦法である）。RCRA、CERCLA、そしてスーパーファンドの予算の流れは、1970年代から1980年代にかけて、共和党政権と民主党政権が同様に可決した一連の進歩的な環境法において、特に重要な最初の枠組みとなった。

こういった姿勢が生まれたひとつのきっかけが、1969年にオハイオ州で、カヤホガ川の石油に覆われた水面が自然発火した事件だ。燃え盛り、すべてが死に絶えたような川の写真が『タイム』誌に掲載され、世論の反発を招き、ランディ・ニューマンの「Burn On（燃えろ）」やR.E.M.の「Cuyahoga（カヤホガ）」など、時代を反映した歌が生まれた。この川の発火は以前から起きていたのだが、国民感情のほうが変化していた。ラブ運河事件やレイチェル・カーソンの『沈黙の春』（1962年）の出版とともに、この燃える川によって、公害への強い政治的反発の時代がアメリカで始まったのだ。

当時の共和党は、環境問題に対して現在とはまったく異なるスタンスをとっていた。1970年1月、リチャード・ニクソン大統領は初の一般教書演説で、環境保護主義の新たな10年に向けたビジョンを示した。ニクソンはこう語り始めた。「核心を突く、大きな影響力をもつ出来事によって、これまでのやり方を変えねばならなくなる時期というものが折にふれてやってきます。そして、今が、その時なのです」

ニクソンは続けて、アメリカにおける環境汚染を規制・削減するための、野心的な計画の要点を説明した。計画には、国内総生産が年間1兆ドルしかない時代にあって、100億ドルの全国的な水質浄化計画が盛り込まれていた（現在の国内総生産に換算すれば7000億ドル近くになるだろう）。「清浄な空気、清浄な水、広々とした空間……。これらを再び、すべてのアメリカ人が生まれながらに有する権利とすべきなのです。（中略）私が議会に提案するプログラムは、この分野において、アメリカの歴史上、もっとも包括的にしてもっとも費用をかけたプログラムとなるでしょう」とニクソンは語った。

このような演説は、現在の共和党員には理解しがたいだろう。大統領図書館の記録写真で、ニクソンが議会で演説している様子を撮影した写真があるが、背後の高座に座っていた民主党のマコーマック下院議長が驚いているのが見てとれる（カラー口絵参照）。実際にニクソンは、国内の汚染された河川を水処理施設で浄化させるために、何十億ドルもの資金を要求する。そして、大気質の国家基準の設定と、自動車の排気ガス削減を提案した。さらに、有鉛ガソリンへの課税、石油の流出防止策、五大湖への廃液の放出禁止などを打ち出している。

ニクソン政権の最優先課題は、より安全で清浄な国を実現するための強力な連邦機関を新設することだった。その機関の役割は、公害についての国家基準を定め、施行することだ。また、汚染物質が公衆衛生や環境に与える影響についての基礎研究を実施し、汚染物質を減らす新たな方法を開発する。さらに、科学と信頼性の高いデータを用いて、大統領や議会がそれに従って判断できるよう、適切な政策提言をおこなうことが求められる。この新たな機関の名前を環境保護庁（ＥＰＡ）といい、１９７０年12月2日、ニクソンが署名した大統領令により設立された。

それから10年のうちに、ＥＰＡによって、水質浄化法、大気浄化法、有害物質規制法、そして前述のＲＣＲＡ、ＣＥＲＣＬＡ、スーパーファンド法の施行と執行がおこなわれた。これらの法律のおかげで、かつてはひどく汚染されたこの国が、半世紀で全面的に改善された。現在のカヤホガ川には、ビーバー、白頭ワシ、アオサギ、そして60種以上の魚が生息している。２００４年は、象徴的な節目の年となった。ラブ運河が、21年にわたる浄化の取り組みの末に浄化優先リストから外されたのだ。スーパーファンド・サイトのうち修復が認定されたのは413カ所で、ラブ運河はそのひとつだ。執筆時点では、リストにはまだ1337カ所が残っている。

このように、アメリカでは公害規制が強化される全体的な流れがあったのだが、2017年に、これが突如として反転する。就任したばかりのドナルド・J・トランプ大統領が、EPAを公然と批判していたスコット・プルイットをEPA長官に任命したのだ。オクラホマ州司法長官だったプルイットは、それまでにEPAを14回提訴していた。

16カ月の在任期間中、彼は数多くのEPAの基準や規制の廃止に向けて動いた。たとえば、湿地や水路を保護する「アメリカの水域（Waters of the United States）」規則の撤回などだ。さらに、EPA職員を積極的に削減した。キャリアを積んだ職員に金銭的インセンティブを提示して早期退職を促し、退職者のポジションは空席のままにした。1年のうちに700人以上の職員が去ったが、プルイットはさらに、1万5000人近い職員数を8000人以下にまで削減しようとしていた。

しかし、彼はこれらの目標を達成する前に辞任せざるをえなくなった。政治倫理に関わる問題をいくつも起こして、そこから浮上できなかったのだ。後任のアンドリュー・ウィーラーは、前任者のようなスキャンダルを回避しつつ、引き継いだ多くの政策方針をより巧妙に実施した。たとえば、ハドソン川の堆積物や魚には、危険なポリ塩化ビフェニル（PCB）汚染物質がまだ含まれていたのだが、スーパーファンドによる浚渫の再開を拒否した。また、国内のすべての河川の20パーセント近くと湿地の半分に対する連邦政府の保護を打ち切っている。

このような近年のＥＰＡの弱体化によって、水質汚染問題におけるアメリカの半世紀の前進が根底から覆される恐れがある。50年前は、下水や工場が排出する汚泥が川にそのまま流されるのは、アメリカ国内では当たり前の光景だった。だが、ＥＰＡが設立され、その後も両党の、そして国民の支持を受けての水質改善に向けた動きは、いずれの政党の政権でも失速することなく、何億人ものアメリカ人の健康な暮らしを支えてきたのだ。

２０２０年12月２日にはニクソン大統領によるＥＰＡ設立から50周年を迎え、スーパーファンド・プログラムも40周年を迎えた。アメリカのこの50年間の成果が、これからの50年間でさらに広がりを見せるだろうか。そう願ってはいるが、２０１９年の時点では、温室効果ガス削減のための包括的国家計画が、たとえば水質浄化法や大気浄化法、ＣＥＲＣＬＡのような先見性のあるものになるとはとうてい思えない。１９７０年代のアメリカのような環境保護に意欲的な国を今探すとしたら、私たちが目を向けるべきは、実は中国である。

中国の河長制

30年にわたる猛烈な工業化を経た中国では、カヤホガ川での発火のような事例がいくらでもある。本章のタイトル「豚骨スープ」は、上海の水道水に対する、中国人のブラックジョークに由来する。２０１３年、上海の主要な水源である黄浦江で、腐敗した数千頭の豚の死骸が流れているのが発見された後で広まったジョークだ。その数年前には、黒竜江省の省都ハルビンに水を供給する松花江で、ベンゼンやニトロベンゼンなどの有毒化学物質が80キロメートルにもわたり流出する事件も起きている。

中国版ラブ運河になりそうな場所も多い。たとえば広東省のグイユ（貴嶼）では、主に欧州各国からやってくる「電子ごみ」、つまり古いコンピューターやプリンター、携帯電話など廃棄された電子機器の再生処理が長年おこなわれ、水や土壌の汚染が深刻化している。

中国の処理場では、電子部品を取り出すためにプリント基板を燃やし焙ったりする、あるいは、むきだしの穴に入れた酸で部品を溶かして金属を抽出するといったことが頻繁におこなわれている。価値の低いプラスチックや残りかすは、地面に穴を掘って焼却したり、野原や川にそのまま捨てたりしている。

今では、このような電子ごみの再生処理場やごみ捨て場は、ＰＣＢ、ＰＡＨ（多環芳香族炭化水素）、難燃性の材料、そして鉛やカドミウム、銅、クロムといった有害重金属によってひどく汚染されている。グイユでは、町全体がこういった金属の粉塵で覆われており、近くの水田で栽培された米には危険なレベルの鉛やカドミウムが含まれている。さらに、鉱山や工場、石油化学工場などによってこれまでにもよくあった方法で汚染された、何千ものごみ処理場や水路もある。

１９７０年代のアメリカと同様、中国の指導者や市民は、汚染された水や空気に耐えられなくなりつつある。中国は外国の電子ごみの受け入れをほぼ中止しており、グイユでも、再生処理を無規制でおこなっている他の約３０００の拠点とともに、ほとんどの処理場の操業が停止されている。

２０１７年10月18日、中国国家主席にして中国共産党総書記の習近平は、中国共産党第19回全国代表大会で、ニクソンの１９７０年の一般教書演説ととてもよく似た大演説をおこなった。「私たちは、澄んだ水と緑豊かな山々がかけがえのない財産であることを理解し、（中略）自分の命を大切にするのと同じように環境を大切にしなければなりません」と、夢中で耳を傾ける聴衆を前に述べた。「山や川、森、農地、湖、草原を保全するための包括的なアプローチを採用し、環境保護のために可能な限り厳格な制度を導入します」。習近平は、より厳格な汚染基準と新たな規制機関、そして「政府主導の環境ガバナンスシステム」の新設を提案した。この新たな機関が、水や大気の汚染レベルを監視し、これからつくられる、より厳格な環境基準や法律を一元的に施行する役割を担うことになる。

どこかで聞いた話ではないだろうか。掲げられている目標は、47年前にニクソンが掲げた、新たな環境保護、国家的な汚染基準、環境保護庁（ＥＰＡ）の設立という包括的な提案とほぼ同じなのだ。習近平の中国は――２０１８年に全国人民代表大会で国家主席の任期制限が撤廃されたのだからこの表現は適切なのだ――今後数年のうちに中国版ＥＰＡの下で環境汚染防止政策を一元化するだろう。具体的な施策は異なるだろうが、中国はその進路を転換して、よりクリーンな未来に向けて進んでいる。

ますます深刻化する中国の水質汚染との戦いにあって、習近平の演説は、ほんの一撃にすぎない。中央政府は、いかにも中国的な政令と政治任用とを組み合わせて、物質的な豊かさと自然との調和的発展を目指す「生態文明（エコ文明）」構想を着々と進めている。

中国の汚染された河川や小川、湖、運河の状態改善は、この目標に向けた重要な一歩だ。たとえば、政府は最近、自然水路のパトロールと環境法の執行をおこなう「河長」という公務員の役職を新たに設けた。全国で任命された河長は膨大な数にのぼり、2017年だけで推定20万人が就任している。

この役職はさまざまな行政レベルの人員に割り振られて垂直的に統合されている。ある水路に問題が生じると、その担当の河長が個人的に責任をとらされる。この20万人以上の監視役の軍団が掲げられたとおりの役割を実行すれば、中国の河川の汚染問題は劇的に改善されるだろう。中国の水質問題のほとんどは、法律や規制がないからではなく、地方の役人や製造業者がそれらを無視しているせいで起きているのだから。

強大な長江に対する習主席の計画も、中国が水路の浄化に多方面から取り組んでいることの一例だ。第5章で見たように、この川は大量に分水され、三峡ダムによってせき止められ、その流路の大部分が汚染されている。しかし2016年と2017年に、習主席は長江を、従来の製造業よりもエコロジーと「グリーン発展」を優先する特別な経済区域にすると宣言した。長江およびその支流から1キロメートル以内での重工業施設や化学施設の新設・拡張は法的に禁じられた。これらの「生態系保護レッドライン」内では、新規プロジェクトは許可されず、多くの既存の施設が閉鎖されることになりそうだ。

こういった新たな規制は、これまでの中国の開発政策とは一線を画すものだ。カリフォルニア州に拠点を置き、世界中の河川と沿岸コミュニティの保護に尽力している、見識ある国際NGO

団体のインターナショナル・リバーズからも高く評価されている。中国が成功すれば、その新たな手法や技術の一部が、中国が国際的な開発の野心を向けている他の国々に広がっていくかもしれない。特に中国は一帯一路構想によって、ダムや水処理施設など、中央アジアの多くの新しいインフラプロジェクトへの資金提供を予定している。世界有数の水質汚染国である中国が水路保護の伝道師に変わるとすれば、世界にとって喜ばしいことであって、しかもそれは人々が思うよりも現実味のある話なのだ。

拡大するデッドゾーン

おいしいワイン、ルネサンス期のシャトー、そしてフランスの田舎料理がお好みならば、フランス中部にあるロワール渓谷のなだらかなブドウ畑と魅力的な歴史的町並みを訪ねる旅がお勧めだ。この地域のすばらしい白ワインやロゼワインは、樽が保管されている涼しい古びた洞窟のなかで味わうとより一層おいしく感じられる。谷間にある平地の大部分と肥沃なブドウ畑の土壌は、この美しい土地を蛇行するロワール川とその数多くの支流がつくったものだ。

これらの川沿いのあちらこちらに、小さな集落や村が点在している。数年前、私は妻とともに、そういった村のひとつであるトロオですばらしい1週間を過ごした。夕方の日課として、腰を据えて3時間かけてとる夕食の前に、緩やかにカーブして村へと流れ込む、ロワール（Loire）川支流のロワール（Loir）川右岸を散策した。石造りの桟橋が水面に突き出ていて、私たちはいつもバゲットのくずをお土産にもっていったので、魚にも憶えられた。エメラルド色の川が、うねる畑のあいだを、蜂の羽音のなかを、絵に描いたようなシャトーのそばを、滑るように流れている。昔から何も変わらない景色が、そこにはあるように感じられた。

たしかにすばらしい景色ではあったが、「昔から何も変わらない」というのは錯覚だ。私たちが与えたパンくずを呑み込んだ魚は一般的なコイだが、実はロワール渓谷全体の深刻な水質悪化に乗じてのさばっている侵入種なのだ。ロワール川（支流）の色がなぜエメラルドグリーンなのかというと、フランスでもとりわけ農地化が進んだ土地から硝酸塩の肥料が川へと染み出し、これを養分としてクロロフィルを豊富に含む藻類が爆発的に増殖したためである。

窒素とリンは植物の栄養素であって、地面で作物を成長させるのと同じように、水中の藻類も増殖させる。異常発生した藻類のために川や湖が鮮やかな緑色へと変わり、溶存酸素が減少する。「富栄養化」と呼ばれるプロセスだ。死滅した藻類は川底に沈み、微生物に食べられ、この過程でさらに多くの酸素が失われる。酸素量の多い水域を好むブラウントラウトやバーベルといった魚は消え、ブラックブルヘッドやテンチ、コイなど、沼のような水に耐えられる、あまり好ましくない種にとって代わられる。この渓谷の雄大なロワール川は、クロロフィルaの濃度がピーク時には1リットルあたり150ミリグラムを超えており、世界でもっとも富栄養化した川のひとつなのだ。

藻類が繁殖して酸素が欠乏した状態の、肥料たっぷりの河川は、流れ出た先の沿岸の海にも害を及ぼす。海洋の「デッドゾーン」は、河口や入り江から世界中に広がっている。このようなデッドゾーンの海底付近は酸欠、つまり急性の酸素欠乏状態にある（1リットルあたりの酸素量2ミリグラム以下と定義されることが多い）。海の生物は実質的な窒息状態に陥り、底生生物（海底やその近くに生息する生物）の混乱と死滅につながる。こういった生物には、商業的に重要な種であるワタリガニやヒラメ、さらには遠海魚が食べる軟体動物や甲殻類などが含まれる。

現在確認されているデッドゾーンは400カ所を超え、24万5000平方キロメートルに及ぶ。しかも、その数と範囲は拡大し続けている。形成が始まったのは1960年代から70年代にかけてのものが多く、1940年代後半に窒素肥料が使われ出してからのことだ。

毎年夏になると、メキシコ湾のルイジアナ州とテキサス州東部の沖合で、最大級のデッドゾーンが形成される。これを引き起こしているのがミシシッピ川から流れ出る水で、硝酸塩濃度は工業化が進む前の最大8倍にもなっている。この硝酸塩の多くの出どころはアイオワ州で、農地からミズーリ川とミシシッピ川上流に流れ出している。2017年、この注目すべきデッドゾーンは、約2万3000平方キロメートルという記録的な広がりに達した。ニュージャージー州とほぼ同じ大きさである。

デッドゾーンが拡大しつつある他の場所には、アメリカのチェサピーク湾やロングアイランド海峡、ドイツのエルベ河口やキール湾、フランスのロワール川やセーヌ川の河口、イギリスのテムズ川やフォース川の河口、中国の長江や珠江の河口、フィンランド湾などが挙げられる。河口から広がる沿岸部のデッドゾーンは深刻な海洋汚染問題だが、現在の世界の食糧生産システムには化学肥料が不可欠であるため、今後もさらなる悪化が予想される。

河川に流れ込むさまざまな医薬品

見落とされがちなタイプの河川汚染はまだある。肥料の次は、医薬品だ。医薬品の成分は、私たちの体内を通過して尿となって排泄される。また、古くなった処方薬をトイレに流して捨てるという悪い習慣を(悪気はないにしろ)もっている人もいる。現在の排水処理施設は、医薬品の成分を検査することもなければ、それらを取り除く物理的な能力もない。つまり、内分泌攪乱物質(環境ホルモン)、抗生物質、抗うつ剤などの、取り扱い制限のある物質が、私たちの体や下水処理場を抜けて河川へと流れ込み、そこから世界のより広い生態系へと入り込んでいるのだ。

その結果、河川の生物に憂慮すべき内分泌異常が生じている。2005年、ポトマック川では、ワシントンDCの排水処理施設より下流に生息していたコクチバスのオスのほとんどが、メスの卵母細胞をもっていることが発見された。これはワシントンのトイレに流されたエストロゲン製剤に起因するメス化であった。イギリスでも、間性化した魚の発生がさまざまな川で見られるのだが、その原因は下水処理場を通過したステロイド系エストロゲン製剤だと判明している。テムズ川流域の全河川のなんと3分の2で、水生生物が、この問題による内分泌攪乱の危険にさらされているという。

尿路感染症や気管支炎の治療に使われるスルファメトキサゾールなどの抗生物質も、河川で見つかっている。また、ハンドソープやボディソープなどには、トリクロサンなどの抗菌剤が不必要に添加されている。概して人間はあまりにも安易に抗生物質を使いすぎているし、家畜にもふんだんに与えすぎなのだ。抗生物質が下水処理場から自然の水路に流れ込むと、新たな抗生物質耐性菌への進化が促進され、生態系や公衆衛生に予期せぬ影響が及ぶことになる。

3番目の見落とされがちな河川の汚染源は、あなたの家の風呂場や薬箱に今ある物かもしれない。角質ケア用のクリームやジェル状のスキンケア製品の多くには、古い角質をこすり落とすためのスクラブ剤としてプラスチック製のマイクロビーズが使われている。合成ポリマーでつくられたこの小さな球体は、事実上破壊することができず、あまりにも細かいため水処理施設で濾過して取り除くことができない。マイクロビーズは、律儀にあなたの角質をこすりとると、水処理施設を楽々と通り抜けて川や海へと流れていく。そして小さな魚が食べ物と間違ってその粒子を丸呑みして、食物連鎖のなかへと入り込む。使用禁止の動きは進んでいるものの、プラスチックのマイクロビーズを含むスキンケア用品は今でも世界中のほとんどの地域で売られている。

マイクロプラスチック汚染は世界中の河川、海、さらには処理済みの飲料水にまで広がっているが、マイクロビーズという形態は特に悪質だ。プラスチックの微小な粒子を消化することによる健康への長期的影響は今のところ不明だが、発癌性や内分泌撹乱性が疑われている。一般に、容器入りの水には、水道水と比べてプラスチックの微小粒子が桁違いに多く含まれている。

医薬品やプラスチックが河川やより広い環境に流出するのを減らすために、個人にできる簡単な選択がある。プラスチック製のマイクロビーズではなく、オートミールやクルミの殻、軽石など、天然素材で角質を除去できる成分を含むスキンケア製品を使うこと。抗生物質は絶対に必要な場合しか服用せず、処方されたものは最後まで飲みきること。多くの薬局は古い薬をもっていけば処分してもらえるし、最低限でも、飲み残しの薬をトイレに流すのではなく、容器に密封してごみ箱に捨ててゴミ処理場に向かわせること。水道水を飲むこと。こういった予防策は、いずれも、川や海、そして生き物の体内へと侵入する合成化合物の増加を抑えるのに役立つ。

グリーンランドのリビエラ

先ほど、これまでのフィールドワークのなかでもっとも苛酷な経験について愚痴をこぼしたので、今度はもっともクールな経験について取り上げるのが筋というものだろう。

世界最大の、ウォータースライダーを集めた遊園地を想像してほしい。いたるところにアクアブルーの水が流れる急勾配の滑り台がある。いくつもの滑り台が合流して大きな滑り台となり、それらがすべて集まって巨大なウォータースライダーとなる。あなたのそばを通る泡立つ流れは幅が18メートルほどもあり、左手のどこかにある雷鳴のような音を響かせる穴に向かってひたすら突き進んでいる。遠くのその穴からは煙のように白い水しぶきが立ち上っている。轟音が鳴り響き、足下からはその振動を感じる。

今度は、このウォータースライダーが高所に設置されたグラスファイバー製ではなく、地面を削られてできたものだと想像してみよう。地面といっても土ではなく、ガチガチの白い氷だ。雷鳴のような音を轟かせる穴の先に待っているのは、プールではなく、グリーンランド氷床の底。子どもたちの楽しそうな叫び声が聞こえないのは確かだ。聞こえるのは息を切らせた自分の呼吸音と、体に括りつけたロープがこすれる音、そして遠くの氷河甌穴《おうけつ》からの轟きだけだ。

空想上の風景のようだが、これは私が2012年から現地調査や人工衛星での遠隔探査で研究を進めているグリーンランド氷床の融解域の様子だ。南極の氷床とは違って、グリーンランド氷床の表面は、夏の間に広範囲にわたって融解する。特に融解が広がっているのが、グリーンランド南西部のカンゲルルススアーク（デンマーク語での古い呼び名のソンドル・ストロームフィヨルドと呼ばれることもある）という小さな町の近くだ。

カンゲルルススアークの町は、第二次世界大戦中に建設されたアメリカの空軍基地がその起源である。1992年、飛行場と基地は廃止されてグリーンランドに明け渡された。グリーンランドはデンマークの自治領だが、自治権を拡大しつつあり、かつての植民地支配から徐々に解き放たれようとしている。現在のところ、カンゲルルススアーク空港（SFJ）はグリーンランド唯一の国際空港であり、同国の航空拠点となっている。グリーンランドはぜひとも訪れてほしい場所だが、コペンハーゲンから行く場合は、私が説明した融解域の真上を飛ぶことになるだろう。必ず窓際の席を予約して、良いカメラを携えることをお忘れなく。見たこともない景色が広がっているのだから。

「グリーンランドのリビエラ」との呼び名も高いこの場所は、他のほとんどの地域よりも天気に恵まれて乾燥している。6月から7月にかけては、ほぼ24時間、暖かい蜜のような日差しが降り注いで冬の雪を溶かし、その下にある暗色をした氷河の氷がむき出しになる。氷の表面は1日に数センチずつ溶けて、あちこちにくぼみができ、汚れて融氷水でびしょびしょになる。何百万もの小さな小川が小枝のように集まって大きい枝となり、最後には轟音をあげる幹、つまり氷河上の川ができる。最初は蛇行しているが、やがては氷の上を凄まじい勢いで流れ、地球上でもっとも速い川に数えられるほどになる。

私は学生たちとともに、衛星による計測技術を用いて、この地域にある何百本もの氷河上の河川のほぼすべてが氷河甌穴（融氷水により氷河のなかにできた縦穴）へと流れ込むことを突き止めた。この甌穴を抜けた水は氷床の下を通って氷床の端へと達し、最後には海へと流れていく。現在、グリーンランドの氷の融解により、全世界で海面が年間約1ミリメートルずつ上昇している。これは世界の海面上昇の約3分の1に相当し、海面はこれからさらに上昇すると予想されている。私たちが研究している氷河上の河川とは、この増加分の水のほとんどが最初に流れ出す場所なのだ。

また、融氷水は氷河の上で溜まって、氷河上湖を何百もつくっている。広大な白い氷河の上に点在する青く輝く湖は、まるで宝石のようだ（カラー口絵参照。グリーンランドでフィールドワークをした際の写真）。見るだけなら美しいが、危険な場所でもある。毎年、多くの湖で突然、湖底に氷河甌穴ができて、数時間で湖から水が抜ける。湖に溜まっていた融氷水が氷床をまっすぐに下り落ち、そこから海に向かって流れるのだ。

グリーンランドの氷河上にある川や湖の強烈な視覚的インパクトが理由のひとつとなって、『ニューヨーク・タイムズ』紙は、ピューリッツァー賞受賞歴をもつ写真家のジョシュ・ヘイナーと同紙記者のコーラル・ダベンポートを、私たちの2015年の現地調査に同行させた。調査の科学的目的は、今後のグリーンランドの融解の進行と、それにより生じる海面上昇を予測する複数の気候モデルの精度を検証することにあった。氷河上の巨大な川の流量を測定し、また一方でドローンと衛星を使って、上流の分水界を正確に割り出すという方法をとった。流量の測定結果を気候モデルのシミュレーション結果と比較すれば、それぞれの気候モデルによる予測がどの程度信頼できそうかが明らかとなる。

私のチームが川の上にケーブルを張って、データ送信機能のある浮きを青い急流へと送り出している頃、ヘイナーは『ニューヨーク・タイムズ』紙がはじめて手掛ける、ドローンによるオリジナル空撮映像のひとつを撮影していた。それは壮大な映像だった。後に同紙がその映像を組み込んで制作した「溶け去るグリーンランド」というマルチメディア作品は、2016年にウェビー賞を受賞している。

翌年の夏に、今度は『ニューヨーカー』誌が、ピューリッツァー賞受賞作家のエリザベス・コルバートを私たちのフィールドワークに同行させた。ヘリコプターからの荷降ろしや、溶けかかった氷の上にテントを張る作業を熱心に手伝ってくれた彼女に、私たちはすっかり感心した。その彼女が私たちとともに一泊してから帰国して執筆したのが、「グリーンランドは溶けている」という思慮深い記事だ。

記事には、グリーンランドにいる科学者と、島外からの入植者、そしてデンマークとの権力闘争が続くこの島のことが書かれている。2017年に私たちが科学的発見を発表した後で、『ニューヨーク・タイムズ』紙は、私たちがドローン撮影した映像の一部を用いて「グリーンランドが溶けるとき、その水はどこに向かうのか」というマルチメディア作品を新たに制作した。これら3つの記事は注目を集め、この溶けつつある重要な氷床や、ほとんどの人が存在すら知らなかった氷河を流れる川の奇妙なシステムについての驚くべき画像と知見とが、一般の人々に届けられたのだ。

これらの青い川は、氷床の表面をものすごい勢いで流れ、その熱によって氷の中に溶け込み、流路の勾配を増しながら消え去る。これは陸上の河川とは真逆だ。陸上の河川は、一般に源流部でもっとも勾配が急で、海岸に近づくにつれて平らになる。グリーンランドのこの地域では、氷河上の川のほとんどすべてが、いずれは氷の割れ目に行き当たる。割れ目は川の水を吸い込み、溶けて氷河甌穴となる。甌穴を落ちた水は、岩盤とそれを覆う氷とのあいだを通るのだが、圧力勾配によって、のしかかる氷の重さ（つまり圧力）が低い氷床の端へと向かうことになる。融氷水は氷床の端で噴出し、巨大な濁流となり、やがて海へと流れ込む。

そのひとつのワトソン川は、分厚い岩盤の峡谷を過ぎ、カンゲルルスアークの町を激流となって流れている。その白く泡立つ急流はあまりに荒々しく、私は10年にわたり、峡谷にかかる鉄橋から川の流量を測定しようとしているが失敗に終わっている。ごく平均的な夏でも流量を測定できないのだ。２０１２年7月に氷床の全表面が4日間にわたって一時的に溶けたときには、異常な量の融氷水が噴出してその鉄橋は壊れてしまった。

現代の観測機器や衛星の時代になってから、これほど大規模な融解が起きたのははじめてだった。氷床の頂上にある氷床コアの掘削キャンプは、気温が氷点下になることなどまったく想定されていない場所なのに、ふわふわの雪が溶けて水になってから凍って固まった。

標高の低いところでは氷河上に誕生した新たな川が轟音を立てながら氷の上を流れ始めた。更新世を生き延び、1000世紀以上にわたり陸上で凍結したままだったグリーンランド氷床が、海へと還りつつある。それを推し進める最大の要因は、かつては氷河の崩壊だったのが、最近では氷床の融解となっている。

ピーク・ウォーター

何億年にもわたり、水循環をとおして、海面の高さは地球の気温の変化に応じて上昇と下降を繰り返してきた。氷河時代には、山や大陸の上に雪や氷となって蓄積される水のほうが、氷河が溶けたり河川を流れたりして海へと戻る水の量よりも多い。その結果、全体として海から陸に水が移動し、氷床や山岳氷河が増大し、海面が下降する。間氷期には、山岳氷河や氷床の溶ける量が、降り積もる雪の量を上回るので、氷の総量が減って海面が上昇する。海から陸に水が移動する主な経路とは、蒸発と降水であり、陸から海に水が戻る主な経路とは、融解と河川である。

地球の気候が寒冷化すると、陸氷が増えて海面が下がる。地球の気候が温暖化すると、陸氷が減り海面が上がる。海と氷のこんなダンスが、第四紀の200万年以上にわたって続いてきた。寒冷化と温暖化のサイクルは、およそ10万年周期で繰り返されている。地球の歳差運動や、自転軸の傾き、地球が太陽を回る公転軌道の離心率の変動により、この周期が決まる（ミランコビッチ・サイクルという）。氷河期から間氷期までの1サイクルは、人類史において最初の農耕文明が出現してから現在までの、10倍以上の期間に及ぶ。

現在、地球の気候は再び温暖化しているが、そのペースは、数万年単位ではなく数年単位という速さだ。毎年、最高気温の記録が何度も更新される。氷河は急激に縮小している。世界の海面は、1年あたり3ミリメートル以上も上昇している。生物は緯度の高い場所へ、より標高の高い場所へと移動している。北極海に浮かぶ海氷の面積は、NASAがマイクロ波衛星による測定を開始した1970年代後半と比べると、40パーセント減少した。

観測結果に見られるこういった変化の主な原因は、産業活動により大気中に増加した二酸化炭素やメタン、亜酸化窒素などのガスだ。たとえば日射量や、火山が非活発化している期間など、他にも地球を温暖化させるプロセスはあるのだが、いずれのプロセスについても慎重な測定がなされており、現在生じているほどの気温上昇を説明できるものはない。地球のミランコビッチ・サイクルはとてつもない長さのスパンで機能するものであって、近年の劇的な温暖化とは無関係だ。大気中の温室効果ガス濃度の上昇は、慎重に測定された疑う余地のない現象であって、現在私たちが経験している気温上昇を説明できるものはこれしかない。

温室効果ガスに地球の表面温度を調節する役割があることに議論の余地はなく、ずっと以前からよく知られていた。温室効果ガスは対流圏を温めるのだ。1820年代、フランスの数学者ジョゼフ・フーリエは、地球と太陽の距離から導き出される温度よりも、地球の実際の温度がはるかに高いことに気がついた。その物理的な理由とは、大気中の温室効果ガス分子が、地表から放出された赤外線の熱エネルギーを吸収して、それを再放出するためである。これがわかったのは1896年のことで、スウェーデンの物理化学者スヴァンテ・アレニウスにより手計算で示された。温室効果がなければ、あなたはこの本を読んでいないはずだ。なにしろ、地球は生命のない氷の玉になっていただろうから。

40年以上にわたる研究の末に、専門の気候科学者たちが一致した見解とは、現在の地球の温暖化の最大の原因は温室効果ガスの人為的排出であって、主に化石炭素の燃焼とコンクリートの製造によってその温室効果ガスが生じているというものだ。これほどの見解の一致が見られるのは前代未聞である。科学者といえば、懐疑的で競争心が強く、相手を出し抜けるかどうかでキャリアが決まるような連中なのだから。

苦労して得られたこの見解を否定するためにもっともよく使われるのが、「地質学的過去には他の地球物理学的原因によって自然の気候変動が起きている」という言い回しなのだが、これもまた同じ科学コミュニティによってなされた発見だというのは皮肉ではある。

研究者たちはもうずっと前に、本当に人間が気候変動を起こしているのかという議論は終えて、次の段階へと移っている。現在、彼らの研究が焦点をあてているのは、私たち人間が引き起こしている急激な気候変動と環境変化のペースと、その結果として何が起きそうかという問題だ。

気候変動が河川にどのような影響を及ぼすかについての多くの研究も、これに含まれる。過去の流量の記録を分析した結果、20世紀半ば以降、記録がとられている世界中の河川の約3分の1において、年間の総流量が30パーセント以上変化していることがわかった。これらの記録から浮かび上がるのは、明確な地理的パターンだ。

寒冷な高緯度の河川の流量は概して増加している。ところが、温暖な中緯度の河川の流量は概して減少しており、60パーセント以上減少している河川もある。歴史的記録からこういった流量の減少が特に顕著に見られる地域は、中国とアフリカ、ヨーロッパの地中海沿岸、中東、メキシコ、オーストラリアで、なかでも突出しているのが中国の黄河だ。これらの中緯度地域での流量減少のほとんどは、人為的な取水、ダム、河川の分水を原因としており、気候変動は二次的な要因である。

一方で、高緯度地域での河川流量の増加は、強い気候応答を反映している。流量増加の多くを引き起こしているのは、クラウジウス・クラペイロンの関係だ。この大気物理学の基本方程式からわかるのは、温かい空気がより多くの水蒸気を保持できる（したがってより多くの降雨をもたらす）ことだ。冬季の流量も概して増加している。これは、冬がより温暖になったことと地下水の流量の増加によるもので、特に北極圏や亜北極圏の凍土地帯で顕著だ。

山岳氷河を水源とする河川も、太古の氷が溶けて海に還るにつれて、水量が増している。この流量の増加は一時的なものだが（これを「ピーク・ウォーター」という）、氷河を水源とする世界の重要河川のおよそ半分は、このフェーズをすでに過ぎている。

水量増加の影響は一時的だ。アジアのウォータータワーにある氷河が縮小することで、インダス川とガンジス川、ブラマプトラ川、長江の上流の流量が今世紀半ばまでに5〜20パーセント減少すると予測されている。

この問題の影響が特に大きいのが、流量の約40パーセントをヒマラヤの氷河に頼っているインダス川とブラマプトラ川だ。ブラマプトラ川の源流部ではすでにピーク・ウォーターを迎え、終えてしまっている。ガンジス川は2050年頃、インダス川では2070年頃にピーク・ウォーターが起きると予想されている。それを過ぎると、これらのきわめて重要な河川の夏の流量は減少し、この水によって生存できる人の数が少なくとも6000万人は減ることになる。ほとんどの気候モデルによって降雨量のわずかな増加が予測されているものの、これが実際に起きなければ、予測されている流量の減少はさらに悪化するだろう。

また、陸氷が減少するにつれて、河川の水量に季節変化が生じるようになる。巨大な氷河には、暑くて乾燥した年でも川を維持する働きがある。より多くの氷が溶けるので、より多くの水が流れるからだ。寒くて雨の多い年には、氷河が再び大きくなる。だが、氷河が完全に消えてしまうと、この有益な緩衝効果も一緒になくなる。ということは、現在、氷河の融氷水を利用している人々は、農業用水がもっとも必要となる夏や旱魃のときに河川の流量が減少するという未来に直面しているのだ。河川の流量減少による悪影響は他にもある。下水道の排水や汚染物質を希釈するための水の減少だ。つまり、汚染のレベルが変わらなくても、汚染物質の濃度が上昇するので、河川の水質が悪化する。

もっと短期間の、季節というタイムスパンで見ると、山の雪塊もまた、冬に降った雪を春先から夏まで保持することにより、同じような役割を果たしている。雪が冬の間ずっと溶けなければ、下流まで水が届くのが遅くなって、農作業のためにもっとも役立つ時期に水が到着してくれる。

気温が高すぎて冬の雪塊が維持されなければ、種まきの時期よりもっと前に、溶けた水が海まで流れ出てしまう。中国やインド、アメリカなど、農業に雪塊を利用している国は、この問題を緩和するためにダムを建設して冬の流れをせき止めてはいるが、山の膨大な積雪を貯水池で代替するのは物理的に不可能なことだ。

また、気温が上昇すると、蒸発や植物による水の消費量が増えるため、土壌から水が奪われる。その結果、河川に流れ込む水の量が減少する。これは、水供給の大部分をコロラド川に依存するアメリカ南西部にとって深刻な問題だ。４０００万の人口と、地域のほぼすべての都市が、この川に依存しているのだ。ロサンゼルスやフェニックスなどの有名な都市だけでなく、アルバカーキやサンタフェなどの小さな都市でも事情は変わらない。降水量の減少と気温の上昇により、コロラド川の年間流量は長期的な平均値を大きく下回っている。アメリカ7州への分配が法的に定められているのだが、構造的な不足が生じている。

２０００年から２０１４年にかけて、コロラド川の年間平均流量は20世紀の長期平均（１９０６〜１９９９年）よりも20パーセント近く減少している。この減少分のだいたい3分の1から2分の1は、全流域での０・９℃というかつてない気温上昇で説明できる。これにより、雪塊が減少し、植物が消費する水の量と土壌からの蒸発量が増加したのだ。気温の上昇が続けば、コロラド川の年間流量の減少も続くだろう。気候モデルによると、控えめに見ても、今世紀半ばまでに少なくとも20パーセント、おそらくは30パーセントのさらなる減少が予想されている。２１００年までに、コロラド川の年間流量は現在の半分以下になる可能性がある。

気候の温暖化は、河川の流量や流出時期の変化の他にも、さまざまな形で河川に影響を与えている。コイのような温水魚ならば水温の上昇に順応できても、マスのような冷水魚はそうはいかない。冬に凍った川を歩いて渡るのがどんどん危なくなるし、春に起きる解氷洪水の勢いが弱まる。このような洪水によって敷設済みのインフラが被害を受けることもあるが、大量の土砂と水の流入から氾濫原の生態系が受ける恩恵は大きい。北極圏や亜北極圏の凍土地帯では、地面の融解により地下水から川への流入量が増えることで河川の化学的性質が変化する。古代の土壌炭素が水に溶け出し、やがてそれが大気中に放出されるのだ。

気候変動が河川に及ぼす影響のなかでとりわけ懸念されているのが、異常洪水の発生頻度の増加である（前述の解氷洪水は別だ）。クラウジウス・クラペイロンの関係から、大気が温まると一般に降雨量が増えることがわかっている。つまり気温の上昇によって、熱波や旱魃の発生確率が高まるだけでなく、河川洪水が起きる確率も上がるのだ。

しかし、降水パターンの予測は気温変化よりもモデル化が難しい（だからこそ、大気科学研究のなかでも特に挑戦のしがいのある活発な分野なのだが）。過去の記録から、年間の総流量にはっきりとした傾向があるのは確かだが、異常洪水の傾向を立証するのは困難だ。その理由のひとつは、稀にしか起きない出来事の統計的傾向を明確に割り出すには、ものすごく長い期間にわたる記録が必要となるためだ。例外的に、アメリカ中部における河川洪水の頻度が近年大幅に増加していることが統計的調査により確かめられている。

より一般的には、河川洪水の頻度は世界全体の平均気温の増加に応じて非線形に増加することが、気候モデルから明らかになっている。全体として、世界の平均気温が１・５℃上昇すると、世界全体での洪水による死者数は倍近くに、洪水による直接的な経済被害は3倍近くになると予測される。気温上昇が２℃の場合、死者数はさらに50パーセント増え、直接的な経済的被害はさらに倍増する。

しかし、このように世界平均としてまとめてしまうと、世界各地の重要な地理的コントラストが見えなくなる。たとえば、現時点で再現期間が１００年（任意の年に1パーセントの確率で発生するという意味）とされる洪水が、ヨーロッパの地中海沿岸、中央アジア、アメリカ南西部では今後は発生頻度が低くなり、東南アジア、半島インド、東アフリカ、南アメリカの大部分では高くなると予測されている。つまり、洪水災害の危険度が増す地域がたくさんある一方で、安全になる地域もあるのだ。

流路変更、大規模ダム、水質汚染などによる影響に続いて、気候変動もまた、世界の水系にとってはストレスだ。長期的観点での夏の流量の減少、洪水の発生頻度の変化、水温の上昇などによって、人間や、自然の生態系にも悪影響が及ぶ。このようないくつものストレスがあるために、世界の河川を監視・理解することや、河川資源を賢く利用することが、かつてないほど重要になっている。次の2つの章では、新たな技術や測定装置、モデル化が、どのように役立つのかを見ていこう。

第7章 新たな挑戦

カーメル川は美しい小さな川である。そんなに長い川ではないが、その流域には川としてもつべきものがすべて備わっていた。それは山々の間に発し、しばらくはころがるように流れ落ち、浅瀬を走り、ダムにせき止められて湖となり、ダムを乗りこえ、丸石の間で音をたて、すずかけの林の下をさ迷うようにのろのろと流れ、鱒のいる淵に注ぎ……（中略）。豊かな小さな谷の農場は川に接していて、果樹園や野菜畑の水をひいている。川のそばでウズラが鳴き、日暮れに山鳩がさえずりながらやってくる。アライグマは蛙を求めて川の縁を行きつもどりつする。それは川として何ひとつ欠けるところがないのだ。

『キャナリー・ロウ——缶詰横丁』（出典 ジョン・スタインベック著、井上謙治訳、福武書店、1989年）

絶滅危惧種の回帰

ノーベル文学賞作家ジョン・スタインベックが育ったカリフォルニア州サリナスバレーは、移民、農業、水争いといった歴史に彩られる場所であり、現在アメリカではレタスの産地として知られている。彼の小説の多くは、故郷でのはみ出し者や、周辺の景色に触発されている。故郷の近くを流れるカーメル川もそのひとつだ。

カーメル川は、セントラルコーストのサンタルシア山脈に源を発し、カーメル・バイ・ザ・シーのすぐ南で太平洋に注ぎ込む、宝石のような川だ。スタインベックは1945年の小説『キャナリー・ロウ』で、この川に生い茂るシダやザリガニ、そして川岸をひそやかに行き来する野生のキツネやクーガーについて書き記している。スタインベックの時代には、押し合いへし合い海へと向かう、スチールヘッドと呼ばれる頑丈なニジマスで、カーメル川はきらきらと輝いていた。

スタインベックはスチールヘッドをあるダムの下流に配しているが、おそらくはサンクレメンテダムのことだろう。ダムの建設は1921年、後のノーベル賞作家が19歳の頃だ。高さ32メートルのこのダムは、イワシの缶詰工場と人口が増えつつあるモントレー市にとって水の重要な供給源となった。だが、ダムのせいで、カーメル川上流にスチールヘッドが遡上できなくなった。

サケと同様、スチールヘッドの成魚は産卵のために海から戻り、内陸部の冷たくて酸素の豊富な川で、川底の粗い砂利に卵を産む。魚梯（階段状の狭い水路）もつくられて、それを魚がよじのぼればサンクレメンテダムを越えられるようにしたのだが、あまりに急勾配だったため効果がないことが判明した。『キャナリー・ロウ』出版の4年後には、さらに10キロメートル上流に2つ目のダムが魚梯なしで建設された。

それ以前には、この川で、1年に約2万匹のスチールヘッドの成魚が遡上する壮大な光景を見ることができたのだが、その数が減り始めた。1960年代になると魚の数は90パーセント以上減少し、現在も減り続けている。1997年には、アメリカの絶滅危惧種保護法によって、スチールヘッドが絶滅危惧種に指定された。そして2015年にサンクレメンテダムで確認された個体数は、わずか7匹だった。

これらのダムができる前のカーメル川は、どの川もそうであるように、大量の土砂を転がして下流の海まで運んでいた。しかし、水の動きの悪い貯水池にぶつかれば、川の流れが遅くなり、土砂がそこで落ちてしまう。土砂はダムの後ろに堆積し始め、2008年にはサンクレメンテ貯水池の貯水容量は90パーセント以上も減っていた。貯水という本来の目的を果たせなくなり、さらに悪いことにダムそのものが安全上の危険要因となっていた。

カリフォルニア州ダム安全局は、このダムは大規模な地震や洪水に耐えられないと判断。ダムを所有していた公益事業会社のカリフォルニア・アメリカン・ウォーターは、老朽化し目的を果たせなくなった構造物を守るための、費用のかかる改修工事に直面することとなった。

水産生物学者からは、長い間、ダムが川を塞いでいるという批判も受けていた。そこで同社は、ほとんど何の役にも立っていないこの構造物を改修するのではなく、カリフォルニア沿岸委員会およびアメリカ海洋漁業局（アメリカ海洋大気庁の一部局）と協力して、ダムを安全に撤去してカーメル川をより自然な流れに戻す方法を考えることにした。

これは大胆な試みであり、技術的な難易度が高かった。構造物を解体するだけならかなり簡単なのだが、1世紀近くにわたり溜め込んできた土砂を突然放出すれば、川は泥土で塞がり、川底が上昇して、下流に新たな洪水被害が生じるだろう。かといって、土砂を掘削してトラックで運び出すのは費用がかかりすぎて実行できない。費用対効果を考えると、堆積物の3分の2以上（約190万立方メートル）を適当な場所で動かないようにする必要があった。

そこで、独創的な工学的手法がとられた。ダム上流で川の流れを変えて、古い貯水池と堆積物のほとんどを通らないようにするのだ。隣接する尾根を破砕・貫通させて新たな河道をつくり、近くの支流へと合流させる。この支流は、もとの流れに加えてカーメル川の全流量を運べるようにと、幅を広げられて長さ760メートルの迂回路へと改修された。迂回路には、現地で切り出した岩を使った階段状の魚梯や、魚が一休みできる溜まりをつくるなど、スチールヘッドが遡上できるよう慎重に設計された。

2015年にこの工事が完了すると、サンクレメンテダムは解体された。ほどなく、スチールヘッドがこの迂回路に棲みつくようになった。10代のジョン・スタインベックが暮らしていた時代以降ではじめて、この絶滅危惧種の魚が自由に遡上して産卵できるようになったのだ。

ダム撤去のメリット

サンクレメンテダムの解体は、アメリカやヨーロッパで進行している、より広範な動きを反映している。2019年現在までに、アメリカだけでも1600基近くのダムが取り壊された。国内にはまだ約8000基のダムが（たくさんの小型ダムも含めて）残っているので、それに比べれば少ない数だが、解体に向けた動きは勢いを増しつつある。こうした撤去の約70パーセントは1999年以降に実施されており、現在、アメリカの北中西部、北東部、西海岸の各州で古いダムの取り壊しが進んでいる。カリフォルニア州、オレゴン州、ミシガン州では5パーセント以上、ウィスコンシン州では10パーセント以上のダムがすでに撤去された。

撤去の検討を始めるきっかけとなるのは、環境問題ではなく、経済的な問題である場合がほとんどだ。20世紀初頭に建設された多くのダムは、土砂の堆積とコンクリートの老朽化により、耐用年数の終わりを迎えている。このようなダムは、往々にして状態が悪く、建設当初の目的を果たすことはもはやできていない。危険な構造物の所有者には、責任リスクがのしかかる。また、アメリカの水力発電用ダムは、連邦エネルギー規制委員会（FERC）の認可が定期的に必要となるのだが、そのためには費用のかかる改修工事が必要となることも多い。そのうえ、太平洋岸北西部では風力発電や太陽光発電による発電量が急増しているため、再生可能エネルギーの価格が下がり、水力発電ダムの経済的価値はさらに低下している。経済的な理由だけでも、ダム解体はその所有者にとってますます魅力ある選択肢となっている。解体費用を誰かが負担してくれるのならなおさらだ。平たく言えば、古いダムの取り壊しが、所有者の利益となることも多いのだ。

ダム撤去を加速させている要因は他にもある。撤去が河川再生にいかに有効であるかを示す科学研究が増えているのだ。古いダムを撤去する際に適切な土砂管理をおこなうならば、これまで懸念されていたほどのダメージを短期間で環境に与えることはない。数年かけて少しずつダムを撤去すれば、堆積した土砂の放出とそれに伴う下流での洪水の危険性は緩和される。数年もすれば、はるか上流の土砂供給源と下流の河道が再びつながって、川は土砂を海へ運ぶという本来の仕事を再開する。

これまで撤去されたダムは、ほとんどが高さ10メートル以下の比較的小さな構造物だった。しかし、技術者や科学者が自信をつけるにつれて、その状況は変わりつつある。２０１４年、ワシントン州のエルワ川で、数十年にわたってチヌーク（タイヘイヨウサケの最大種でキングサーモンともいう）の通り道を塞いでいた非常に背の高い２つのダムが取り壊された。３年がかりで少しずつ進められた解体作業の末に、高さ64メートルのグラインズ・キャニオンダム（カラー口絵参照）と高さ33メートルのエルワ・リバーダムの最後の欠片がついに取り除かれたのだ。

川の回復は早かった。数年のうちにエルワ川はもとの流路の形を取り戻し、溜まっていた１０００万立方メートル以上の土砂を押し流して、河口付近の海底が10メートルほどもち上がった。これら2つのダムは海岸近くにあったので、それらがなくなることで、回遊魚が上流域の広い範囲に及ぶ良質な生息環境まで再び戻ることができるようになった。最後の爆破から数日のうちに、かつての橋台を越えて上流へ向かって泳ぐチヌークの姿が目撃された。その目指す先には、オリンピック国立公園内の祖先の産卵場所がある。

さらに壮大な計画も進行中だ。クラマス川にある、４つの背の高い水力発電用ダムを撤去するというのだ。集中的な水利用がなされているこの川は、オレゴン州と北カリフォルニアをジグザグに通り抜けて太平洋へと注ぎこんでいる。１９１８年に最初のダムが建設されたときから、アメリカ先住民の各部族はこれらの邪魔なダムに抗議してきた。２００２年のサケの大量死と、ＦＥＲＣによる50年目の再認可の期限が近づいていたことを受け、老朽化したこれらのダムの将来をめぐり、漁業者と先住民が、農家や政治家と対立した。しかし、これら異なる立場の利害関係者のあいだで驚くほど前向きで持続的な連携が生まれ、最終的には数十の政府機関、部族政府、農業団体、環境ＮＧＯが参加する、大きな歩み寄りの合意が3種類、結ばれたのだ。

苦労して達したこれらの合意は、ダムを所有するパシフィコープの支持も得た（この会社はウォーレン・バフェット率いる持株会社バークシャー・ハサウェイの子会社であり、オマハで開かれるバークシャー・ハサウェイの年次株主総会にダム撤去を求める抗議者が必ず足を運んだことが功を奏したのかもしれない）。そして、数年にわたる交渉の末に、ついに合意に達したのだ。ＦＥＲＣの承認が得られれば、早ければ２０２１年にも解体が始まるだろう（訳注　２０２１年４月時点では、２０２４年の開始が見込まれている）。

このように古いダムを撤去する傾向は、西ヨーロッパでも進んでいる。何十万もの小さなダムや堰、暗渠によって、ときには何世紀にもわたり河川の生態系が分断されてきた場所だ。フランス、スウェーデン、フィンランド、スペイン、イギリスでは、こういった小型の構造物がこれまでに少なくとも５０００個は解体されており、大型の構造物もいくつか取り壊されている。

2018年には、スペインのウェブラ川につくられていた高さ22メートルのダムが解体された。ウェブラ川はイベリア半島最大の川のひとつであるドゥエロ川の重要な支流で、この解体により、サルダ（小形の淡水魚）、カワウソ、ナベコウ（コウノトリの一種）の個体数が回復した。そしてフランスでは、ノルマンディーのセリューヌ川にある大規模水力発電ダム2基と、ドイツとの国境のライン川に建設された巨大なフォーゲルグリュンダムの解体の準備が進められている。

欧州河川ネットワーク（European Rivers Network）、世界回遊魚基金（World Fish Migration Foundation）、リバーズ・トラスト（Rivers Trust）、世界自然保護基金、リワイルディング・ヨーロッパ（Rewilding Europe）といったさまざまなNGOの連合事業体であるダム・リムーバブル・ヨーロッパ（Dam Removal Europe）によると、今後数年間の解体候補となるダムがさらに数千基は特定されている。この環境へのすばらしい取り組みを勢いづけているのは、経済性と、法的責任への懸念、そして2027年までにヨーロッパの水路を「生態学的に良好な状態」かつ「化学的に良好な状態」にすることを義務づけている、水枠組み指令（Water Framework Directive）というEUの法規制である。

たしかにダム撤去にはいくつかのリスクもある。蓄えられた土砂を少しずつ放出するために最善の計画を立てたとしても、異常洪水が起これればひっくり返されるかもしれない。また、土砂が有毒な汚染物質を含んでいる場合、放出した下流域の生態系に壊滅的な打撃を与える可能性がある。さらに、露出した貯水池の底に侵略的な植物種が侵入する可能性もある。魚類はすぐにもとの生息地に戻ることができるとしても、水辺の森がもとどおりの姿になるまでには何十年もかかるだろう。

それでも全体として、この10年間の取り組みから、束縛を解かれた川はかつての物理的特性をすぐに取り戻せることがわかってきた。自由な流れを取り戻したカーメル川は、それから1年もしないうちに、堆積していた土砂を1メートル以上も減らしてしまった。そして2年のうちに、川底の新たな産卵床となった砂利が太平洋まで続くようになったのだ。

豊かな先進諸国は、20世紀のはじめから半ばにかけて、自国の河川に熱狂的にダムを建設したものの、いまやその撤去を始めている。一方、第5章で述べたように、世界の発展途上国は何千もの新しいダムを建造あるいは計画中だ。彼らもまた100年後には、老朽化したコンクリートや、砂利で埋まった貯水池、失われた漁場といった問題に取り組んでいるのだろう。河川をせき止めることで、短期的には多くの経済的、社会的利益が得られるが、それには長期的な代償がついてくるのだ。

土砂への渇望

河川の土砂をダムの背後に閉じ込めることの欠点がもうひとつある。結果として、ダムの下流で土砂が不足するのだ。大きな貯水池をもつダムに共通する問題とは、土砂の含まれない上澄みが放出されるという点にある。

私の父は地質学者で、50年以上にわたり河川の堆積作用を研究してきた。その父が最近、サスカチュワン川デルタの湿地縮小をめぐる紛争に巻き込まれている。この広大で豊かな生態系をもつ、内陸部の水路と沼地で形成されているデルタは、カナダ北部のカンバーランドハウスという村の近くにある。

1962年、州立電力会社のサスクパワー社が、この村から約60キロメートル上流のサスカチュワン川に、大きなダムと貯水池とをセットにしたE・B・キャンベル水力発電所を建設した。ダムは、州にとって重要な水力発電源となった。しかし、ダムによって生態系に被害が及ぶことにもなった。理由のひとつは、それまで氾濫原やサスカチュワン川デルタへと定期的に流れ出て豊かな湿原を潤していた洪水が、せき止められたことにあった。

ダム建設により湿原が干上がったため、営巣地を求める渡り鳥は混乱した。それだけではない。何世紀にもわたって、この地域の豊富な野生動物を狩猟や罠猟で捕えてきた、先住民のクリー族やメティス（先住民とヨーロッパ系住民の混血）の人々にも影響が及んだ。カモやヘラジカ、マスクラットの個体数が減少し、それらを食料あるいは副収入源としている人々は深刻な打撃を受けた。また、若者が野外に出る気持ちをそがれて屋内でインターネットづけになると嘆く人もいた。

地元の人たちは、至極当然ながら、ダムが河川の氾濫を抑えているために湿原が消えつつあるのだと考えている。そして、単純に、サスクパワー社に人工的な大水を時折起こさせれば問題は軽減されるはずだと主張する。しかし、父の数十年にわたる現地調査の結果、E・B・キャンベルダムが放流する水には土砂が含まれていないため、問題は見た目以上に深刻で、かなり取り返しがつかない状態になっていることがわかった。

河川の水が動きのない貯水池に入ると、含まれていた土砂の大部分が沈殿して貯水池の底に溜まる。その結果、ダム下流に放出されるのは、土砂がきれいに取り除かれた水となる。川は自分の河道の堆積物を自分で喰らう状態になり、河道は削られて、深く、広くなる。河道が浸食されて拡大すると、氾濫の時期でも水が堤防を越えないようになる。以前ならば溢れ出ていたほど多くの水を川に流しても、周辺の湿地は恩恵を得られず、その乾きが癒やされないままになるのだ。

私がはじめてサスカチュワン川デルタを訪れたのは30年以上前のことで、低賃金の助手として父の現地調査に参加した。皆で、この川のぬかるんだ氾濫原から砂と泥を掘削して採取した。その目的は、このカナダでもっとも豊かな野生生物の生息地のひとつが、洪水の長い歴史によってどのように形づくられたのかを理解するためだった。思い出すのは、太ももまで水に浸かって柳をかき分けながら、重い掘削装置を泥の中に沈めようともがいているときに、獰猛な蚊の大群に集《たか》られたことだ。

今、その場所は乾いている。マスクラットやカモはいなくなり、それらを追っていたクリー族やメティスの人々の川船も姿を消した。サスカチュワン川は拡大を続ける水路に閉じ込められたまま、サスクパワー社と、土砂と水の物理学とに支配されて、ただうつろに流れ続けている。

ダムの被害を軽減する方策

河川ダムがもたらす不利益と環境破壊を受けて、ダム撤去を求める声はますます高まっているものの、そのような状況は、20世紀のはじめから半ばにかけて建設した構造物の老朽化に直面している少数の豊かな先進国に限定されている。別の場所ではダム建設の新ブームが到来し、世界中で少なくとも3700基もの大規模ダムが新たに計画中あるいは建設中だ。第2章と第5章で述べたように、これらの新規プロジェクトのほとんどは、中国、東南アジア、中央アジア、アフリカなど、国内での反対運動が弱い場所で進められている。

世界的に見れば、ダム撤去により環境が改善されたとしても、それは比較的少数であって、毎年新たに建設される何百基ものダムによる環境被害を補塡できるものではない。これまで見てきたように、20世紀の河川工学の巨大プロジェクトによって、生態系と社会に深刻な被害がもたらされた。新たな大規模ダムプロジェクトを進めている者たちは、今度こそは、同様の失敗を避けられるのだろうか。

その答えは、「避けられない」と「避けられるかもしれない」の間のどこかにある。三峡ダムや大エチオピア・ルネサンスダムのように巨大な貯水池を伴うダムの場合には、住民の立ち退き、流路変更、魚類の移動の妨害、水質悪化、土砂の堆積、下流の浸食といった犠牲が避けられない。だが、「数年にわたる川の流れと川が運ぶ土砂の大半を呑み込んでしまう、巨大な貯水池を備え、そびえ立つダム」という古いパラダイムに挑戦する汎用性の高い考え方が、少なくとも3つある。それは、「デザイナーフロー」「土砂通過技術」「流れ込み式ダム」だ。

「デザイナーフロー」とは、経済面での目的と環境面での目的をともに達成できるよう、貯水池の放水を最適化するという考え方だ。大きな貯水池は、河川の自然の流れを溜め込むので、河岸の生態系が破壊される。それならば、たとえば自然な洪水サイクルを模倣したり、侵入種を押し流すことを目的として放水のタイミングを戦略的に決めることで、この問題を軽減できそうだ。

実際に、サンフアン川（コロラド川の支流）をせき止める貯水池ダムをモデル化した最近の研究では、冬季に放水量を増やすことで、貯水池の基本的な経済的目的を損なうことなく、在来魚を守り、侵入種を減らせると結論されている。言うことなしではないか。

実のところ、デザイナーフローは人々の注目を集め、議論の的となっている。たとえば、雑誌『サイエンス』の表紙を飾った最近の研究がある。メコン川はカンボジアと中国、ラオス、ミャンマー、タイ、ベトナムの6000万人以上にエネルギーと食糧を提供している。このメコン川流域にあるトンレサップ湖は年間20億ドル規模のきわめて重要な漁場なのだが、論文で論じられているのは、建設計画中のダムがトンレサップ湖に及ぼす悪影響をデザイナーフローによって軽減できるかという問題だ。著者たちは数学的モデルを用いて、デザイナーフローのタイミングを慎重に調整することで、この重要な漁場を保護できるだけでなく、漁獲高を4倍近くに増やせると主張した。しかしこの論文は、その方法論と結論に問題があるとして、とてつもない数の批判文書が書かれることとなった。著者たちはこれに反撃し、反対派の主張は「不正確」であり「見当違い」だと一蹴した（科学者にとっては激しい罵り文句だ）。

もっと全般的な、デザイナーフロー反対派の主張とは、巨大な貯水ダムが環境に及ぼす圧倒的な負の影響に対して、ダム自体で対抗しようとするのは徒労だというものだ。放水のタイミングを工夫しても、大規模ダムの特徴である魚道の遮断、水温上昇、水質悪化、土砂の堆積といった問題は解決できないと指摘している。もっともな指摘ではあるが、だからといって、「既存の大規模ダムの放水タイミングを最適化することで下流域の環境になんらかの利益がもたらされる可能性がある」という提案が完全に否定されるわけでもない。

本書の執筆時点では、どちらが正しいか判断するのは難しい。デザイナーフローは比較的新しい考え方であり、論文として発表された科学的知見もまだ少ない。大規模ダムによる環境破壊を軽減するために確信をもってデザイナーフローを導入できるようになるには、さらに多くの研究が必要である。

2つ目のアイデアはもっと有望で、土砂がダムを通り抜けられるように、新しいダムを設計・管理するというものだ。この「土砂通過技術」によって、ダム下流の河道の浸食と、それに伴う生態学的・経済学的問題の軽減が期待されている。カリフォルニア大学バークレー校教授で河川修復を専門とするマチアス・コンドルフは、メコン川下流とその支流で現在建設が計画されている130基を超えるダムに土砂が溜まることによるリスク評価をおこなった。コンドルフはまず、コンピューターモデリングを使って、これらの計画中のダムによる堆砂と下流域での土砂不足を計算した。

驚くべきことに、現在の計画に従って建設されれば、メコンデルタに届いている土砂の96パーセントが閉じ込められ、メコンデルタの存在そのものを脅かすほど深刻な土砂不足と浸食の問題を生じるという結果が出ている。次にコンドルフは、溜まった土砂の少なくとも一部を、ダムを通り抜けさせたり迂回して運んだりできるようにする、さまざまな技術的解決策を特定した。たとえば、バイパス水路や、通砂（スルーシング）、排砂（フラッシング）、密度流（水と土砂が混ざり合ったものがつくる、周囲より密度が大きく高速に動く流れ）を利用してダム建造物を通して土砂排出をおこなう方法などだ。また、砂を多く運ぶ特定の支流は、ダムをつくらずそのままの状態で残すべきである。こういったアイデアを当地の建設計画に取り入れることで、メコン川の土砂がデルタまでより多く届けられるようになり、深刻な土砂不足により生じるさまざまな問題が軽減されるだろう（解消はされないにしても）。

大きな貯水池をもつダムが環境に及ぼす最悪の影響をいくぶん軽減できる3つ目の技術は、「流れ込み式ダム」である。流れ込み式ダムの考え方を大まかに言うと、貯水池を小さくするか、あるいは完全になくすというものだ。もっとも純粋な形の流れ込み式ダムは、水をまったく溜めず、背の低いダムに設置したタービンに水をただ通過させるだけだ。もう少し一般的な形としては、小さな貯水池で一時的に流れを遅らせるけれども、その期間は数カ月から数年ではなく、数時間から数日にする。この戦略は、旱魃が起こりやすい地域や目的が貯水にある場合はうまくいかないが、安定した流れのある河川で水力発電をおこなう場合には魅力的だ。

流れ込み式ダムも、流量の変化や魚道の遮断、土砂の堆積など、環境への悪影響を完全に回避できるわけではない。しかし、従来の大規模な貯水ダムに比べれば、被害は少ない。メコン川下流は年間を通じて流量が安定しているので、計画中の大型構造物はすべてある種の流れ込み式ダムではある。これらのダムで土砂通過技術が活用されれば、将来のメコン川は、コロラド川や長江など、大規模な貯水池をもつ河川の今のような姿にはならずにすむだろう。

未来の水車

この「流れ込み式」の概念は古くからあり、石臼を回して小麦を挽いていた初期の水車にまでさかのぼる（第1章参照）。産業革命の時代、ヨーロッパやニューイングランドの川につくられた堰堤（ローヘッドダム）は、安定した流れを水車に向けて送るように設計された流れ込み式だった。この昔ながらの方式が、現在、新たな関心を集めている。自由に流れる川を利用して、無炭素の電力を適度な量だけ発生させることを目的としており、水を溜めるとしてもわずかな量だ。

マイクロ水力発電とは、少なくとも10キロワット以上で、100キロワットまたは200キロワット以下（国によって異なる）の発電能力をもつ設備である。隔絶した地域で電気を使用するために何十年間も用いられてきた、昔ながらのニッチ技術だ。現在、中国、ネパール、パキスタン、ペルー、スリランカ、ベトナムの遠隔地で、何万基ものマイクロ水力発電設備が稼働している。

典型的な設備の場合、渓流からトンネルやパイプなどの導水路へと分水し、下方に設置した小さなタービンに水を流し込んで、家一軒から数軒で使うのに十分な量を発電する。このアイデアの変型版として、上掛け水車やアルキメディアン・スクリュー（アルキメデスのポンプ）を使う場合もある。流れが安定していて凍結の心配がない場所ならば、マイクロ水力発電がその地域の安定した電力源となる。分水の量を少なく抑えれば、環境にもダメージはほとんどない。

現在では、たくさんの企業が、この昔ながらの技術を、農村部だけでなく都市部でも使えるよ

低炭素エネルギー革命が進む今日、アルキメディアン・スクリューや水車といった古代の技術がルネサンスを迎えている。適切に設計されたシステムは環境に悪影響をほとんど及ぼさず、古い歴史ある建造物に後から組み込めることも多い。写真はイギリスでの導入例。（マン・パワー・ハイドロ社提供）

う現代的にアレンジして販売している。木材ではなく軽量の板金でつくられているが、基本的な考え方は同じだ。イギリスだと、マン・パワー・コンサルティングという会社が60基以上の設備を導入しており、そのほとんどがアルキメディアン・スクリューを近代化したものだ。イギリスには堰堤をつけた川や水車場の跡地が数多くあり、再生可能エネルギーのささやかな供給源となることが期待されている。アルキメディアン・スクリューはまた、既存の堰堤に組み込むのに特に適している。古い水車場には水車を設置できるし、場合によっては歴史ある木製の水車が回っていたのと同じ場所に取り付けることもできる。

イギリスのノーサンバーランドにあるビクトリア朝時代の荘園領主の邸宅「クラッグサイド」は、世界ではじめて水力発電により照らされた邸宅である。それから約140年を経て、荘園の所有者たちはその伝統を復活させた。長さ17メートルのアルキメディアン・スクリュー式のマイクロ水力発電設備を設置し、荘園内で水をせき止めてつくった湖からその設備へと水を引いた。こうして、クラッグサイドは無炭素エネルギーを得られるようになり、エネルギーの半分を再生可能エネルギーでまかなうという目標を達成した。また、イタリアのトリノで実施されているプロジェクトはもっと大規模で、古い運河に設置した80基の近代的な水車によって2000世帯以上に十分な電力が供給されている。

原理は時代を超越しているものの、現代的アルキメディアン・スクリューと水車は今なお技術的進化を続けている。たとえばイギリスのスミス・エンジニアリング社が販売しているのは、レーザー加工した鋼鉄を使った高効率の上掛け水車だ。毎秒100リットル程度という少ない水流で5キロワットを発電し、7年もすればもとがとれるのだという。水車は、まるでイケアの家具のように平べったい箱に入って届いて、組み立てに特別な工具もいらない。カナダのニューエナジー社が販売しているのは、川にダイレクトに沈めて5〜25キロワットの電力を発生させられる、軸が垂直なタービンだ。同社は、据え付け型のさまざまな構造物（流れをせき止めることなく川の流れのなかでタービンの位置を固定できる浮き台など）や、発電した電力を一般家庭で使用する電気に変えるための変換キットも提供している。

大きな中国の小さな水力発電

やや大きめの流れ込み式設備のことを小水力発電（SHP）といい、発電能力は10メガワットまたは50メガワット以下（これもまた国によって異なる）の設備と定義される。特に中国は小水力発電を他のどの国よりも積極的に取り入れており、僻地の農村に電力を供給するために数十年前からこの方式を活用している。1990年代には、農民が薪ほしさに木を伐採するのを防ぐために、国の環境政策の一環として小水力発電の利用がさらに拡大された。

2000年代に入り、中国のほぼ全世帯に電気が届くようになると、小水力発電技術の国内利用のあり方が再び進化した。発電量と、温室効果ガス排出量の削減についての国家目標を達成するために、小水力発電設備を送電網につなげることが中国の戦略の要となったのだ。中国政府は小水力発電所の新設を奨励するため、発電能力が50メガワット以下の民間所有の水力発電所を認可する権限を地方政府に委譲した。そして送電網会社にはこれらの発電所の電力を強制的に買わせた。

小水力発電技術が、僻地の農村に電力を供給するための実用的なソリューションから環境保護ツールへ、さらには低炭素エネルギーの国家的供給源へと変貌を遂げるに伴い、小水力発電ブームが巻き起こった。2015年には中国国内の小水力発電施設は4万カ所を超えた。施設は主に流れ込み式の導水路と発電所から構成される。すべての施設の設備能力を合わせると80ギガワットに迫り、三峡ダムの4倍に達する勢いだ。

中国の小水力発電ブームによって国全体の再生可能エネルギーの生産量が増加したと評価されているが、代償もある。地方政府は今では小水力発電を収入源だと捉え、強い財政的インセンティブによって、小さな水路を過剰に開発しては導水路と発電所とを次から次へと設置している。なかには、分水されすぎて流路の大部分が涸れてしまった川もあり、生態系は破壊され、畑の灌漑ができなくなった地元農民の生活に害が及んでいる。

この中国の経験から重要なことがわかる。小水力発電の設置によって温室効果ガスの排出は削減されるだろうし、巨大な貯水ダムに比べれば社会的・環境的ダメージは少ないかもしれない。しかし賢明に設計・管理しなければ、被害は生じる。この問題に対処するため、非営利団体の低影響水力発電機関（Low Impact Hydropower Institute）、略してＬＩＨＩは、持続可能な設置を奨励する試みとして、一定の要件を満たしたマイクロ水力発電と小水力発電のプロジェクトに対して、人々や生態系に「低影響」であるとの認定を与えることにした。

ＬＩＨＩの認定を受けるには、魚道や、河川でのレクリエーション、野生動物の生息環境、絶滅危惧種、文化遺産や史跡への影響が最小限に抑えられていることと、無料での一般の自由な立ち入りが認められることが条件となる。「気候変動との戦いで、生態系を犠牲にすべきではありません」とＬＩＨＩの事務局長シャノン・エイムズは言う。「発電しながらでも生息環境を守れるし、環境を改善できる場合も多いのだと、低影響認証プロジェクトが実証しているのです」

そして、どうやらこの考えは広まりつつあるようだ。本書執筆時点において、アメリカ全体で150近いプロジェクトがＬＩＨＩの認証をすでに受けており、新たに数十のプロジェクトが結

この20年間で、中国は小水力発電技術の利用を大幅に拡大した。2015年までに、中国国内の小水力発電所の数は4万カ所を超え、それらの総設備能力は80ギガワットに迫り、三峡ダムの4倍に達する勢いだ。この怒江沿岸の写真から、低炭素電力を生み出すために、支流から分流して導水路によって小さな発電所まで水を流している様子がわかる。(タイラー・ハーラン提供)

果を待っている。

マン・パワー・コンサルティングのような革新的な企業や、ＬＩＨＩのような認証制度の狙いは、持続可能なマイクロ水力発電と小水力発電の、できたばかりの市場の可能性を引き出すことにある。欧州小水力発電協会によると、設置可能な場所はヨーロッパだけでも30万カ所以上と、いたるところにあるという。

今のところはニッチな市場だが、適切に設計された設備は効率的で信頼性が高く、環境への悪影響も少ない。さらに、農村部でも都市部でも地域の電力源となり、より広い枠組みにおける再生可能エネルギーの目標達成に貢献できる。再生可能エネルギー技術への関心と教育を促進し、歴史的価値のある水車場やダムに設置すれば、人々の好奇心を駆り立てることも可能だ。

マイクロ水力発電や小水力発電と聞いたときに人が最初に連想するのは、山奥で隔絶した暮らしを営むコミュニティや、ハルマゲドンに備える特殊な人々のことかもしれない。しかし、グリーンエネルギーの選択肢を増やしたいと考える都市住民も、この魅力ある、低影響の技術の恩恵を受けられるのだ。

繊細な味わいの雷魚の煮込み

私の目の前のテーブルには、深皿に入ったスープと、強い香りを放つ何やらよくわからない熱々の料理が2皿、並んでいた。仲間たちはクメール語で楽しげに話しながら、自分の取り皿に盛り始めている。

料理をのぞき込むと、徐々に形の見分けがつくようになってきた。片方の大皿に盛られているのは、小さな沢蟹をぶつ切りにして、揚げて、スパイスで煮込んだもの。もうひとつの皿の上では、くちばしのついた鶏のはげ頭が、その臓器や肉を切り刻んだ山の下から飛び出していた。その皿の端には、丸くて茶色い、ゴムっぽいものが添えられている。深皿のなかで浮き沈みしているのは、白身魚のほぐれやすそうな塊と、火の通った魚の内臓ひと揃いだった。食欲をそそる、いいにおいがする。唐辛子にニンニク、レモングラス、そしてプラホック（発酵させた魚のペースト）だ。私は覚悟を決めて、すべての料理を食べてみた。

おいしかった。ゴムっぽい丸い塊は鶏の血をゆでたものだったが、それさえもおいしかった。残念だったのは、鶏肉が筋っぽくて硬かったことくらいだ。私たちのまわりで神経質そうに餌をついばんでいる雌鶏たちは、たしかに体格がよくて、しっかり運動していそうだった。私たちの食事中も、他の客からランチの注文を受けたばかりのコックにしつこく追いかけられて、一羽の鶏が必死で走り回っていた。

そこは美しい場所で、カンボジアではほとんどの場所がそうなのだが、やはり屋外であった。藁葺き屋根つきのおよそ3メートル四方の高床があって、私たちはそのきれいに掃除された木の床にあぐらをかいて座っていた。あたりには同じような屋根つきの高床があちこちにあり、お客さんたちがいた。目の前には、緑豊かな植物に囲まれたエメラルド色の池が輝いている。池にはおんぼろの竹製の橋が架かっていて、いかにも手作りの丸木舟が4艘つながれている。ガラスのような水面が、魚の泳ぎに合わせて、くぼんだり水紋をつくったりしていた。

この繊細な味わいがする白身の持ち主は、邪悪そうな見た目をした、雷魚という生き物だった。アジア、マレーシア、インドネシア、熱帯アフリカに生息する捕食性の淡水魚だ。数時間前、排水された養魚池の泥の中から引きずり出された1匹を、プレゼントとしてもらったのだ。筋肉が発達したウナギに似た体にはヒョウのような斑紋があり、頭部は巨大で、大きく開いた口には歯がびっしり生えている。見かけは恐ろしかったが、おいしいですよと保証された。ビニール袋のなかで身をよじっていたが、そのままレストランで渡すと昼食用に調理してくれた。

雷魚は攻撃的な捕食者だ。魚、ヘビ、カエル、鳥、他の雷魚など、チャンスさえあればなんでも捕食する。カエルと同じく、旱魃になると泥のなかに潜り込んで生き延びる。水の外でも呼吸が可能で、陸《おか》の上で身をくねらせながら移動して他の川や池を探す。北米だと違法に野生へと放たれて急速に個体数を増やしている侵入種であって、この魚についての恐ろしい話ならいくつも聞いたことがある。

魚類や野生生物の管理を担当する人たちは、雷魚の猛烈な食欲と回復力に、もはや茫然自失状態だ。釣り人はこの魚を「フランケンフィッシュ」と呼び、お気に入りの釣り場にやってくるのを恐れている。私はUCLAの環境科学コースの学生への講義で、この雷魚の脅威について、カワホトトギスガイ、ミナミオオガシラ、ホテイアオイ、ドブネズミなど他の侵入種とともに取り上げたことがある。

2002年、メリーランド州のショッピングモールの裏手にある池で、釣り人が戸惑いながら釣り上げた雷魚が、アメリカでのはじめての報告例だ。この発見でメディアは大騒ぎとなり、排水された池からは雷魚の稚魚が何十匹も姿を現した。調査の結果、何者かがアジアの魚市場で購入した生きたままのペアをこの池に放したことがわかった。

2年後、チェサピーク湾に注ぎ込む重要な支流であるポトマック川で、別の雷魚が捕獲された。2018年には、雷魚はメリーランド州全体の上流域でも見つかるようになり、1年あたり3つ近くの新たな部分流域にその生息地を拡大していた。このペースでいけば、50年のうちに、サスケハナ川、ラパハノック川、ジェームズ川、ヨーク川を含む全流域で雷魚が生息することになる。

母国では忌み嫌われている生き物が、別の国では高価なごちそうとして喜ばれているのを見るのは奇妙な感覚だった。プノンペンの露店市では、金属製の桶いっぱいの生きた雷魚を前に激しい交渉が展開され、都会の消費者が高額で買いとっているのを目にした。生態系を破壊する侵入種としての雷魚のことならなんでも知っていたが、原産地でこれほど好かれている魚だとは思いもしなかった。

私たちが食べたのは特に味がよくて貴重な雷魚で、その理由は生育環境にあった。水を抜いた池の底で生きたまま捕えられたのだが、それまでは池を囲む広大で肥沃な水田を泳ぎ回り、自分で餌をとって大きくなったのだ。

水田は、私が訪れた12月には乾いていたが、5月から7月にかけてのモンスーンによる雨が降る時期には、周囲の水路や河川、トンレサップ湖の増水によって水が張られる。毎年の冠水の時期になると、掘ってつくられた人工池は、水深1メートル足らずの広大で浅い湿地の底に沈む。

そうすると、乾季には池に閉じ込められていた繁殖用の成魚が池を出る。周囲の水田を抜けて長い距離を泳ぎ、渓谷に辿り着いて産卵する。近くの水路から抜け出した野生の雷魚と同じ行動をとるのだ。湛水した田んぼにはプランクトンなどの生き物が大量発生し、その豊かな栄養源が、寿命の短い良質な淡水魚を育ててくれる。

水田での雷魚の成長は早く、数週間もすれば食べられる大きさに育つ。魚の排泄物は底に溜まり、水田にとって無料の肥料となる。モンスーンによる雨が降りやむと、増水した水は、水路や川へ、そして水田に掘られた捕獲用の池へと引いていく。魚は水の移動に従うしかないので、ほとんどが池に閉じ込められることになる。秋になると、水田は乾き、稲は育ち、池は周辺から自然に流れついたナマズや雷魚など、売り物になる魚でいっぱいになっている。

季節ごとの自然な湛水と小規模な養殖とを組み合わせることで、水田を生産性の高い漁場にすることができる。そのために主に必要なのは、乾季の間に魚を捕まえて留めおくための深い池を戦略的に配置することだ。放射状に広がる浅い溝を水田に掘っておけば、水位が上昇すれば魚が分散し、水位が下がれば捕獲できるという仕組みが最大限に生かせる形になる。池の水を抜いたり投網をしたりして魚を捕って、農民が食料や現金収入を得ている。一方、魚の数を保つために漁が禁止されている池もある。「コミュニティ魚保護区域（community fish refuge）」と呼ばれるこういった禁漁区を設けることで、翌年もまた、次の世代の魚が水田に戻ってくるのだ。

私たちがもらった大きな雷魚だが、レストランの隣にある緑豊かなコミュニティ魚保護区域に泳ぎ込んでいたとしたら、もう1年、生き延びられたことだろう。だが、あの魚が入ったのは捕獲用の池で、池の水は抜かれた。汲み出された池の水は周囲の乾いた田んぼに送られて灌漑用水となる。そして、総計200キログラムの魚たちが泥の中から引き揚げられ（排水された捕獲用の池についてはカラー口絵を参照）、いけすに入れられて市場に運ばれ、1キログラムあたり1ドル50セントから2ドルで売られる。水田で育った私たちの大きな雷魚は、特別に雑味がなく、化学物質への曝露も最小限なので、プノンペンでなら養殖物の一般的な雷魚のだいたい2倍の値段の10ドルで売れたことだろう。

このような、自然のプロセスと人工的なプロセスの両方を生かしたハイブリッド型の養殖は、水田漁業（Rice field fisheries）、略してRFFと呼ばれる。RFFは、東南アジアの政府機関やNGOが推進する持続可能な漁業形態として、ますます人気を集めている。私がカンボジアにきた理由とは、国際非営利研究NGOのワールドフィッシュ（WorldFish）が実践するいくつかのRFFプロジェクトを訪ねるためだった。同NGOは、持続可能な漁業を通じて、発展途上世界の飢餓と貧困の削減を目指して活動している。

ワールドフィッシュの世話役たちは、農村に出向いては、田んぼで米と一緒にタンパク質を育てる方法を農家の人たちに教えている。ほとんどの村にはRFFシステムを設計・建設するための資金がないので、団体は寄付者や政府に働きかけて助成金を調達している。掘削が必要だが、そのための費用は通常数万ドルとかなり安価であり、ほとんど初期費用ですむこともあって、財団や寄付者にとって魅力的な寄付先なのだ。

私が訪れたRFFプロジェクトのひとつは、トンレサップ湖の近くのコーン・トゥノット村のために2015年につくられたものだった。コミュニティ魚保護区域である60×150メートルの池ひとつと、それを取り囲む複数の捕獲用の池によって、村民がどれほど助けられていることか。私は強い感銘を受けていた。人々が夕食のために網を打っているあいだに（カラー口絵参照）、チャム族の長老が、この村だけでなく周辺の村も、水田に毎年魚が泳ぎ込むようになって恩恵を受けているのだと話してくれた。

養殖と稲作を組み合わせるというこのアイデアは、古くからある。かつて中国では湛水した水田への鯉の放流が一般的におこなわれていたし、他にもさまざまな水田での養殖方法が時代とともに編み出されては忘れ去られていった。

今になってこの考えが新たな関心を集めているが、それは農村部の貧しい人々の食糧や経済面での回復力を向上させる簡単な方法だからだ。開発途上国で暮らす10億人以上の人々が動物性タンパク質のほとんどを魚から得ており、25万人が漁業や養殖業で生計を立てている。ワールドフィッシュをはじめとする持続可能な養殖に取り組むNGOは、教育や資金調達、重機による土木作業をおこない、季節的な洪水のサイクルと農業を巧みに組み合わせることで、世界でもっとも貧しい人々を支援している。

最先端のサケ

カンボジアを訪れる9カ月前に私が立っていたのは、ノルウェー北部のフィヨルドにある、高度に機械化された、コンピューター制御のサケ養魚場のデッキであった。

そこにあるのは自給式の、鋼鉄でできた生態系だ。集中管理プラットフォームからは黒い給餌チューブが水面を長々と伸び、その先には10個の巨大な輪が整然と2列に並んで浮かんでいる。それぞれの輪の下には網の囲いがずっと下まで続いていて、そのなかで20万匹ものよく肥えた銀色のサケが絶えず泳ぎ回って餌を食べている。陸地にある特別な施設では、冷たい淡水の川の自然な流れや砂利が再現されており、そこで孵化した魚がこの養魚場に運ばれている。

このようにして、ノルウェーでは、タイセイヨウサケ（アトランティックサーモン）のライフサイクルが人工的に完全再現されているのだ。給餌チューブが、魚の餌となる油分の多い茶色いペレットを運ぶたびにガタガタと音を立てて揺れる。集中管理プラットフォームにボルトで固定された、巨大で清潔な鋼鉄製ホッパーから、アルゴリズムに従って餌が自動的に送り出されているのだ。プラットフォーム上階の快適なブリッジからは、環状の囲いがよく見渡せる。液晶ディスプレーが光を放つ湾曲したコンソールで、それぞれの囲いの餌の消費量、温度、pHなど、水質の指標をモニターしている。

にこやかなノルウェー人女性の養殖業者が、湯気の立つコーヒーを片手に、クッションの効いたオフィスチェアに座ってくるりと回転すると、あらゆるソフトウェアについて解説してくれた。カンボジアの泥だらけの養魚池とはこれ以上ないほどかけ離れた技術が使われていたが、どちらの場所でも目的は同じであって、「できるだけ多くの魚肉を育てること」に尽きる。

サケの養殖は、海シラミの寄生や、抗生物質や農薬の過剰使用、海底を汚す餌や糞便などの問題があって、環境という観点では波乱に富んだ歴史をもっている。養殖サケは逃げ出すことも多く、天然のサケと競合して数で勝ってしまうこともある。餌のペレットの成分は主に魚粉と油であり、つまりサケを育てるために他の魚が消費されているわけだ。

しかし、近年ノルウェーはこういった問題への対処に関して大きく前進している。たとえば、抗生物質の使用量の大幅削減、海シラミ大量感染の監視と隔離の強化、代替飼料の開発などだ。サケ養殖業は急速に成長していて、現在ではノルウェーだけでも年間80億米ドルを超える産業となり、このスカンジナビアの小国が養殖タイセイヨウサケの世界最大の生産国となっている。養殖サケは世界中で売られ、天然サケに代わって、ノルウェーで特に重要な水産物の輸出品となっている。

世界的に、養殖業が勢いを増している。すでに水産養殖は年間1億トン以上の食品を生産する2000億ドル超の産業であって、他のどの食品製造業よりも急成長している。2016年に全世界で養殖されたのは、魚類が1390億ドル、甲殻類が570億ドル、軟体類が290億ドルにのぼる。5大生産国は、中国、インド、バングラデシュ、ミャンマー、カンボジア。そして、もっともよく養殖されている魚は、各種のコイ、ティラピア、ナマズ、サケで、甲殻類では小型と中型のエビが多い。

2000年から2019年のあいだに、養殖魚の生産量は年間2000万トン足らずから約6000万トンへと3倍近く増加している。かなりの量だが、それでも養殖魚を1年間1人あたりで平均すると7キログラムにすぎず、かろうじて1週間分の食料に相当する程度の量だ。これ

ノルウェーではサケの養殖が盛んだ。陸上の施設で孵化して成長したスモルト（降海時期となり体色が銀色に変化した個体）は、沖合の養魚場へと移される。ここボーデ近郊にあるのは最新型の養魚場だ。機械化された集中管理プラットフォーム（手前）から、浮遊する環状の囲いへと餌のペレットが分配される。それぞれの囲いにはコンピューター制御の水質センサーと最大20万匹のサケが入っている。（ローレンス・C・スミス提供）

だけ成長の余地があるのだから、近年の養殖業の急成長はまだ始まったばかりと考えてよさそうだ。

2050年までに100億近い人口を抱えることを思えば、この全世界的な流れは必然であり、望ましいことでもあるだろう。タンパク質の需要は加速しており、商業規模で追い回されている野生の食肉としては地球最後となる魚介類を、情け容赦なく捕り尽くす可能性が私たちにはある。正しい方法をとれば、養殖の魚類、甲殻類、軟体類、そしておそらくは藻類さえも、私たちの食料に占める割合を増やすことができるし、そうすべきなのだ。

侵入種対策としての養殖業

ドイツでもっとも大きく、もっとも愛されている都心の公園のひとつが、ティーアガルテンだ。いくつもの庭園や池、小川からなる2・1平方キロメートルのオアシスで、ベルリン中央部のチェックポイント・チャーリーからほど近い。夏になると、ベルリン市民はティーアガルテンに集い、リラックスして、ささやかな自然を楽しんでいる。

ところが最近、水面から這い出てきたギョロ目の甲殻類が遊歩道で恐ろしいハサミを振り回す姿に、多くの人が驚かされるようになった。この公園で爆発的に増加しているのは、ルイジアナ州の小川や沼地が原産の侵入種、アメリカザリガニ（*Procambarus clarkii*）だ。ティーアガルテンの個体群の出どころは、おそらくはペット業界だろう。水槽で飼っていた持ち主が飽きてしまって、公園内のどこかの水場に何匹か捨てたものと思われる。

たとえば「赤沼ザリガニ」「ルイジアナザリガニ」「沼ザリガニ」「ザリガニ親父」「泥の虫」などさまざまな呼び名をもつアメリカザリガニは、ヨーロッパ原産のザリガニにとって致命的な病気の保菌者だ。さらに、その捕食性、高い生息密度、活発に穴を掘る習性などによって、広範な水辺の生態系に深刻な打撃を与えている。他の多くのザリガニと異なり、地面に掘った穴のなかで乾期を生き抜き、陸地を長距離這って新たな生息地を見つけることさえできるのだ。

この歓迎されない侵入者が貴重な食料となっている場所もある。アメリカザリガニは見た目も味も小形のロブスターのようで、ゆでてよし、香辛料を効かせたジャンバラヤに入れてよし、他にもさまざまな調理法でおいしく食べられる。ルイジアナ州では1600人以上の養殖業者が養殖池でアメリカザリガニを育てているし、アチャファラヤ川では1000人近い商業漁業者がザリガニを捕っている。ルイジアナ州のザリガニ産業によって、年間の合計で約6800万キログラムが食品となり、州には3億ドル以上の経済効果がもたらされている。

ドイツでは、ベルリン市民にこの問題を食べて解決してもらえないものかと、当局が特別な商業的漁業許可を与えたり、アメリカザリガニが食べられることを地元レストランに宣伝したりしている。だが、アメリカザリガニの殻を剥くのは手間がかかるし、ドイツではその身を食べる習慣もない。当局の戦略は必ずしも軌道に乗ってはおらず、この侵入種は今後も生き残って、その生息域を拡大しそうだ。

実は、侵入種のザリガニを食べるという発想には前例がある。約100年前、南京のある人が、カエルの餌としてアメリカザリガニを輸入することを思いついた。アメリカザリガニはすぐに周辺の水田に侵入し、何十年ものあいだ不快な有害生物と見なされていた。しかし、１９９０年代に地元の料理人が香辛料を利かせて調理し始めたところ、有害生物が大人気のごちそうとなったのだ。現在、中国ではザリガニ養殖が年間20億ドルの産業となっており、同国は安価な冷凍ザリガニの尾を輸出するようになったため、ルイジアナの生産業者は厳しい競争のなか苦境に立たされている。

こういった前例もあることなので、世界中の水辺の生態系を脅かす侵入種の蔓延を、新たな食品市場の開発で食い止められないかという考えは魅力的だ。たとえば、ミシシッピ川流域に広がり、五大湖にも迫ろうとしている、深刻なアジアン・カープ（アジア産のコイ）の問題がある。もともとは１９６０年代から70年代にかけて、池の藻類を抑制するために中国から輸入されたコイなのだが、大きな洪水が起きたときにミシシッピ川に侵入し、その後ミズーリ川やイリノイ川の水系にまで入り込んだ。

「アジアン・カープ」という呼び名だが、実のところ、アジアで何世紀にもわたって飼われてきたいくつかの種の総称であって、特にコクレン、ハクレン、アオウオ、ソウギョが含まれる。サイズも個体数も並外れて大きくなって、在来魚を圧倒し、水質を悪化させ、パニックに陥ると空高く跳ね上がり、ボートに乗っている人に怪我をさせるなど深刻な問題を起こしている。体重50キログラムにもなるアジアン・カープの跳躍によって生じたとされる死亡事故が何件も発生しているのだ。また、その驚異的な跳躍力によって、堰堤や閘門など、通常なら通り抜けられないような構造物も乗り越えてしまう。

本書執筆時点では、アメリカ陸軍工兵隊がシカゴの運河に設置したいくつもの電気バリアが、アジアン・カープのミシガン湖への侵入を阻止する最後の砦だ。もし突破されれば、年間70億ドルの水産業と五大湖固有の生態系が受けるダメージははかり知れず、五大湖に流れ込む多くの河川にまでアジアン・カープが住みつくようになるだろう。脅威はきわめて深刻で、ミシガン州自然資源局は最近、アジアン・カープの五大湖侵入を防ぐための現実的な計画を考案した人に100万ドルの賞金を出すと発表した。

では、アジアン・カープの商業漁業を発展させることで、アメリカ内陸への侵入を食い止められないだろうか。これらの魚は小骨こそ多いものの白身の味は淡白で、すり身にしてパテやフライにするとかなりおいしく食べられる。網焼きにしてもメカジキと同じで身が崩れるようなことはない。

南イリノイ大学カーボンデール校では、肥料や、家畜・養殖用の飼料としてアジアン・カープを利用する研究がおこなわれている。イリノイ大学では実験的にアジアン・カープを学食で提供している。ケンタッキー州では、フィン・グルメ・フーズ（Fln Gourmet Foods）という新進の会社が、アジアン・カープの小骨を取り除く技術の特許を取得し、魚を加工して骨なしの切り身、フィッシュケーキ、フィッシュバーガー、スリミ（surimi）と呼ばれるフィッシュペースト（アメリカではカニカマとしての提供が多い）などを製造している。

私は同社のホームページから、冷凍のアジアン・カープ・ハンバーガー、フィッシュケーキ、ゴマと生姜でマリネした切り身を、ちょうど71ドルで注文した。食べてみたところ、フィッシュケーキは少々硬かったが、切り身はホワイトフィッシュ（シロマス）のように、ほぐれやすく噛み応えもあっておいしかった。

民間ベンチャー企業であるシルバーフィン・グループ（Silverfin Group）は、アメリカ国内にかなり大きな市場を育てられると考えている。その名が示すとおり、同グループはアジアン・カープを「シルバーフィン」（銀のヒレ）と呼ぶことでイメージの刷新を図っており、2018年にはシスコフードサービス社と提携して、シルバーフィン製品を全国に流通させた。同グループが掲げる企業理念は次のとおり。

「わが社はアジアン・カープの商業漁業を推進することにより、その個体数を減らして脅威を最小限に抑え、在来種との共生を可能とし、個体の跳躍による水上スポーツ中の事故を最小限に抑え、切望されている雇用を創出し、商業漁業を再生させ、地域経済を活性化し、消費者に安全で健康的な魚製品を提供します」

しかし、イメージを新たにしても、この魚のために国内の消費者市場をつくるのは大変な挑戦だ。ほとんどのアメリカ人はコイに魅力を感じていないうえに、必要とされるのは巨大な市場なのだ。成魚のメスは1年に100万個以上の卵を産み、そのほとんどが孵化して生き残る。生息域では1マイル（1・6キロメートル）あたり35トンのアジアン・カープがいると見積もられており、1時間の漁で1400キログラム近く捕れることを思えば、この侵入種の問題を食べて解決するには国のために何百万人ものアメリカ人がシルバーフィンを好物にしなくてはならない。

より現実的な市場は、中国だ。すでにアジアン・カープが広く食べられており、消費者にも、国内産の養殖魚よりアメリカ産の天然魚のほうが安心して食べられるという認識がある。この国際市場の拡大を阻む主な要因は、養殖のコイが廉価であることと、消費者が活魚を好むことだ。こうした難点はあるけれども、アメリカの内陸部で新たな輸出漁業が始まっているのかもしれない。

イリノイ州は、アジアン・カープ漁の活性化を目的としたビジネスイニシアチブを複数導入しており、アメリカ産アジアン・カープの中国への輸出を目指すビッグ・リバー・フィッシュ・コーポレーションに200万ドルの助成金を出している。ケンタッキー州では、ロサンゼルスから移住してトゥー・リバーズ・フィッシャリーズ社を立ち上げたアンジー・ユーという女性起業家が、この輸出市場にも目をつけた。

ユーの会社では商業漁業者を雇ってコイを捕り、その身をパテやテール、ソーセージ、カマ、団子などに加工して急速冷凍し、出荷する。同社で加工したコイの肉は2014年に約230キログラム、2018年には約900キログラムだった。生産量は急速に伸びており、2021年は4500キログラムを、2024年は9000キログラムを目標としている。同社が生産するアジアン・カープの90パーセントが海外に輸出されている。

この想定外の養殖は、世界の水路に広がる侵入種の問題に対するせいぜいで部分的な解決にしかならない。アメリカザリガニやアジアン・カープには成功の見込みのある商業市場があるかもしれないが、五大湖のカワホトトギスガイや、ポトマック川の雷魚にはそれがない。また、アジアン・カープの場合でも、しっかりしたサプライチェーンをゼロから構築しなければならない。たとえば冷凍施設や加工施設を用意して、なじみのない種を捕れるよう多数の漁師を訓練する必要があるのだ。人々がアジアン・カープを食べることに抵抗がなくなり、その商業的価値が確立されたとすると、今度はこの魚を違法に移植放流する者が出てくるだろう。

もっと踏み込んで言うと、侵入種を対象とした新たな産業の育成は、駆除の方法にはなりえない。ビジネスモデルを成功させるには供給を維持または拡大する必要があるからだ。ミシシッピ川流域にアジアン・カープ産業が誕生すれば、他のどんな産業でもそうするように、業界団体が設立されて、事業を保護するためのロビイストが雇われるだろう。商業捕獲という手段によって、アメリカではアジアン・カープの、ドイツではアメリカザリガニの個体数をコントロールできるようにはなるかもしれないが、根絶の可能性はきわめて低い。

河川利用におけるイノベーションの萌芽

本章ではここまで、川をより自然な状態へと回復させることで川に利益をもたらす有望で新しいアイデアをいくつか検討してきた。たとえば、ダムの撤去、水と土砂を溜め込まない新設計のダム、マイクロ水力発電と小水力発電、持続可能な養殖業、侵入種を食材とする試みなどだ。物理的な河川の復元（たとえば河道を固めているコンクリートや洪水制御構造物を撤去するなど）は、土木工学において急速に成長している一分野であって、第9章でロサンゼルス川との関連でこれについて議論する。環境汚染防止策（第6章参照）とともに、こういった取り組みのすべてが、河川環境の健全性をただ悪化させてきた人類の長い歴史を反転させる可能性をもっている。

これらのアイデアは、レクリエーション地域、持続可能な水力発電、魚のタンパク質など、社会的に利益をもたらすものだ。しかし、その効果は控えめで、過去の失敗の軽減に主眼が置かれている。川に関する新しくて大きなイノベーションは、今後、現れるのだろうか？　それとも、社会的、経済的に大きな利益を生み出せるのは、フーバーダムやグランドクーリーダム、テネシー川流域開発公社といった、その着想が20世紀初頭にまでさかのぼる巨大貯水ダムに限られるのだろうか。

現在議論されているもっとも刺激的な新しいアイデアのひとつが、コロラド川を、再生可能エネルギー貯蔵のための巨大装置に変身させられるかもしれないというものだ。

風力や太陽光といった再生可能エネルギーによる発電コストが下がり続けているなかで、電力会社がこれらの技術を採用する際の主な障害となっているのは、費用ではなくその間欠性だ。日暮れ後や風が弱いときには発電量は少なすぎ、強風だったり快晴ならば発電量が多くなりすぎる。余剰電力を売ったり外に出したりできない場合は、発電を停止しなければ送電網に負荷がかかる恐れもある。電力会社も消費者もこのような不安定さは許容できない。これこそが、石炭と天然ガスを使う火力発電所が今日のエネルギーミックスに不可欠であることの大きな理由だ。

全国に分散した高電圧送電網があれば間欠性の問題の解決に大いに役立つのだが、アメリカではコストが高く、政治的にも敷設は難しいだろう。また、長距離の送電によってエネルギーが失われる。そのため、解決策の一部として、必要なときに送電網に戻せるような、手近な場所に余剰電力を貯蔵する費用効果の高い方法が求められる。多くの研究や試験的プログラムがおこなわれ、巨大なバッテリー倉庫や、空気を圧縮して地下の洞窟に送り込む方法など、さまざまな興味深い技術が検証されつつある。

他にも、電力が潤沢なときにコンクリートブロックを吊り上げておいて、後でそれを落として発電するというアイデアもある。だが、これまでのところ、ほとんどの蓄電方法はコストが高すぎるか、大規模な実証実験がおこなわれていない。注目すべき例外が、揚水発電だ。何十年も前から水力発電の変動を平準化するために使われている、時の試練を経た技術である。

揚水発電は概念的には単純で、通常は既存の水力発電ダムが利用される。余剰電力が発生すれば、その電力を使って、ダムの発電所の下から水を汲み上げてもとの貯水池に水を戻して溜めておく。電力が必要になれば、再び放水してダムのタービンへと送り込んで発電する。エネルギーの損失もあるので、回収の効率は70~80パーセント程度だ。

揚水発電は世界的な解決策とはならない。貯水池を建設できる、似たような物理的条件をもつ場所に限られるためだ。しかし、その条件が整った場所ならば、一般的かつ効果的な技術である。中国、カナダ、アメリカ合衆国、ロシア連邦など、河川での水力発電が盛んな国ではすでに広く用いられている。

フーバーダムによってせきとめられたコロラド川の水を溜めているのが、人工的につくられた巨大貯水池のミード湖で、ラスベガス近郊にある。第6章で述べたような河川の流量減少と構造的な取水量の不足によって、ミード湖の水位は異常なまでに低下しており、執筆時点では発電能力のわずか20パーセントしか発電していない状態だ。しかし２０１８年に、ロサンゼルス市水道電力局（ＬＡＤＷＰ）は、この貯水池を中心に据えた、30億ドルの新しい揚水発電システムの実現性を検討するための大規模な工学的研究を進めていると発表した。

このプロジェクトを特異なものとしているのは、その巨額の費用もさることながら、エネルギーが従来のエネルギー源から得られるものではないという点だ。提案によると、フーバーダムの下流約30キロメートルの地点（未定）に、風力発電と太陽光発電によるエネルギーだけを溜めるのだという。再生可能エネルギーによる電力が余る時期には、それを使って、新たに建設するパイプラインでダム背後のミード湖まで水を汲み上げる。電力が必要になれば、それを放水してダムのタービンへと送り込んで発電する。

このアイデアの革新性は、計画されている揚水発電の規模が並外れて大きいという点と、すべてのエネルギーが無炭素の再生可能エネルギー源から得られる点にある。提案で示されているほどのエネルギー貯蔵の仕組みが組み込まれるのなら、間欠性の問題に十分に対処できるので、２０３０年までにエネルギーの50パーセントを再生可能エネルギーにするというカリフォルニア州の目標達成が可能となる。

コロラド川を30億ドルの電池に変えるというこの壮大な提案では、２０２８年が完成予定とされているが、工学面、経済面、政治面で多くのハードルが残っている。まず、フーバーダムは連邦政府の土地にあるので、アメリカ内務省の承認が必要である。また、提案内容による環境と文化への影響を評価するための、国立公園局の審査とヒアリングをパスしなくてはならない。下流のアリゾナ州ブルヘッドシティの住民は、モハーベ湖で舟遊びができなくなるのではと懸念している。この湖もまた、コロラド川の人工貯水池なのだが、すでに大きな水位変動が生じているのだ。

揚水発電は決して新しいものではないが、これが途方もない規模の提案であり、再生可能な風力エネルギーと太陽光エネルギーの貯蔵に特化していることは間違いない。このプロジェクトが実現すれば、21世紀前半における、人類の河川利用をめぐる特筆すべきアイデアだと言えるだろう。

危険な大都市の新たな洪水対策

2番目の大きなアイデアとは、あまりにも当たり前すぎて見過ごしてしまうようなものだ。第4章で詳しく述べたように、河川の氾濫とは、人類のそばに常に存在する脅威である。そして、都市の成長がこの脅威を高めることになった。これまでの世代が慎重に避けてきた、リスクの高い低地を開発したためだ。三角州では、世界的な海面の上昇（原因は気候変動）、土地の陥没（原因は地下水の汲み上げ）、沿岸浸食の増大（原因はダムによる河川土砂の滞留）などによって、河川氾濫の脅威がさらに悪化する。私たちの社会はこうした問題に直面しているので、洪水を軽減する新技術があれば、直接かつ即時に社会のために役立つ。

そして、世界でもっとも危ない状態にある都市のひとつが、新たな洪水対策と排水技術によって、この問題に真正面から取り組んでいる。

ルイジアナ州ニューオーリンズは、鉢状の窪地にある。南はミシシッピ川、北はポンチャートレイン湖に囲まれたくねくねした細長い低地に、州の人口のほぼ3分の1にあたる100万以上の人々が暮らしている。街の大部分は、両側の水面よりも低い場所にあり、建物の土台よりも高い場所を、川面の荷船が進んでいることも多い。土壌の水分量が多すぎるため、死者を地中に埋葬できず、地面より高く設えた霊廟に納めている。

誰もが欲しがるニューオーリンズの高台は、川岸それ自体に沿って存在している。ミシシッピ川が洪水を起こしては好きなように川岸を越えていた時代に、何世紀もかけて自然に築かれた堤防の上の土地だ。速い流れの洪水が、川岸を越えると流速が遅くなり、運んでいた土砂のなかでも特に重い粒が落ちて堆積して、川岸に沿ってくねくねと曲がった小高い地形ができる。これが自然堤防だ。

何千年にもわたり、平坦で湿地の多い三角州や低地の河川流域で暮らすようになった人々は、この高台を大切にしてきた。ニューオーリンズの創建者たちがこの高台に建設したのが、歴史あるフレンチクォーター地区である。ニューオーリンズでとりわけ賑やかなこの地区が、洪水の危険性という点では、実はもっとも安全な地区のひとつなのだ。

端的に言うと、ニューオーリンズには自然の排水路がない。ミシシッピ川の洪水でも、ポンチャートレイン湖を経由する高波も、あるいは小さめの暴風雨でも、街に水が流れ込めば、そのほとんどをポンプで汲み出す必要がある。そしてそれこそが、街が生き残りをかけて実行していることなのだ。

「ポンプのオペレーターが、私たちを守る初期対応者です」。そう説明するのはアンジェラ・デソト、新たな野心的揚水計画である南東ルイジアナ都市洪水対策プロジェクト（SELA）のプロジェクトマネージャーだ。「彼らがいなければ、街は洪水に襲われます」。そのとき私は彼女と他の3人と一緒に、ニューオーリンズのダウンタウンから車で20分ほど離れたジェファーソン郡にあるSELAの新しいポンプ場の「セーフルーム」を見学していた。このポンプ場はカテゴリー5のハリケーンにも耐えられるよう頑丈に建てられている。鋼鉄製の2段ベッド、独立型の発電機、食料と水の備蓄、そして天井には避難用ハッチが備えられている。洪水災害時には、ポンプのオペレーターが外に出ることは許されない。

SELAとは、アメリカ陸軍工兵隊、ルイジアナ州、地元の郡当局による新しい野心的なパートナーシップである。これまでに確保した27億ドルで建設しているのは、強力なポンプ場と、街路の下の地下運河、そして街路からミシシッピ川へと水を排水する「ポンプ・トゥ・ザ・リバー」だ。地面から現れた3本の巨大パイプがもち上がって堤防を乗り越えている。SELAはこの設計によって、ミシシッピ川を、街からの排水をおこなう巨大な雨水管へと効果的につくり変えたのだ。

SELAは、ニューオーリンズ大都市圏の洪水防御の第3の柱である。最初の2つは、ハリケーンおよび豪雨による被害リスク低減システム（HSDRRS）と、ミシシッピ川と支流プロジェクト（MR&T）だ。HSDRRSは、ハリケーン「カトリーナ」と「リタ」の後の2005

南東ルイジアナ都市洪水対策プロジェクト（SELA）とはルイジアナ州の新たな野心的取り組みであり、その重要な構成要素に「ポンプ・トゥ・ザ・リバー」がある。ニューオーリンズ大都市圏の街路に溢れ出た水を、ミシシッピ川に排水するための仕組みだ。写真は、プロジェクトに含まれる、堤防を越えて川へと排水するための放水パイプの一部。写っている人影を見れば、この巨大さがわかるだろう。（ローレンス・C・スミス提供）

年に着手された、防潮壁や堤防、ゲート、ポンプ場によって構成される２１４キロメートルの防御線である。

ＭＲ＆Ｔは、１９２８年に制定された水防法（第４章で取り上げた１９２７年のミシシッピ川大洪水がもたらしたもののひとつ）に端を発する。この広範な法案によって、アメリカ陸軍工兵隊はミシシッピ川との永遠の闘いを義務づけられることとなった。現在ＭＲ＆Ｔの取り組みに含まれているのは、６０００キロメートルを超える人工の堤防、８０００平方キロメートルに及ぶ放水路と戻り水の溜まり、貯水池とポンプ場、そしてミシシッピ川の河道そのものに対する数えきれない改修工事などだ。

２０１８年に設立３００周年を迎えたニューオーリンズというアメリカの大都

市を守る戦いは、ずっと続いている。本書執筆時点で、ジェファーソン郡ではSELAによる30件のプロジェクトが完了し、オーリンズ郡では20件が完了または進行中だ。SELAの協力機関は、これらが完了したら、周辺の各郡で同様のインフラを構築するためにさらに23億ドルを確保したいと考えている。それに成功すれば、洪水によって世界でもっとも危ない状態にある大都市のひとつを守るために、SELAには約50億ドルがつぎ込まれることとなる。

暗い砂漠のハイウェイと、その先にあるホテル・カリフォルニア

ニューオーリンズから西に3000キロメートル離れた場所にある、また別のアメリカの大都市もまた、川に関する問題の技術的な解決策を模索している。

ロサンゼルスは、第5章で触れたように、遠く離れた河川から水を引いてこなければ、その近代的な姿を保つことはできない。北部カリフォルニアや他の西部の6州の住民を困らせているのは、サクラメント川、オーエンズ川、コロラド川が、すべて南部カリフォルニアの人々の福利のために使われていることだ。

水は、カリフォルニア上水路、ロサンゼルス上水路、コロラド川水路によって、南へ西へと運ばれる。より小さな地元の川（特にサンタアナ川とサンガブリエル川）や土中の帯水層とともに、これらの3つの人工河川によって、ロサンゼルス郡、オレンジ郡、リバーサイド郡、サンバーナーディーノ郡、サンディエゴ郡、ベンチュラ郡の1900万人の住民に水が供給されている。

意識していようがいまいが、住民たちは皆、南カリフォルニアの水供給の大部分を販売し監督している都市圏水道公社の顧客だ。第5章で紹介したこの各都市と地方自治体水道局の巨大複合体は1928年に設立された（アメリカ議会が水防法を可決したのと同じ年だ）。公社を設立したのは、アナハイム、ビバリーヒルズ、バーバンク、コルトン、グレンデール、ロサンゼルス、パサデナ、サンバーナーディーノ、サンマリノ、サンタアナ、サンタモニカといった都市である。

現在、都市圏水道公社には26の組織が加盟し、15の都市と、インランドエンパイア地域やオレンジ郡、サンディエゴ郡の水道局などが含まれる。公社が所有する物理的な施設としては、9つの貯水池、16基の水力発電施設、5カ所の水処理施設、約1600キロメートルのパイプライン、トンネル、運河などがある。

都市圏水道公社の代表執行役、ジェフリー・カイトリンガーとはじめて会ったのは、ロサンゼルスのダウンタウンにある本社の重役室だった。ビルの入り口の両側には、陶器タイルの巨大壁画がある。片方には、砂漠のなかをコンクリート製の水路が延びて、野菜を豊かに実らせながら遠くの超高層ビル群へと向かう様子が、もう片方の壁画には、高くそびえるダムから泡立つ青い水が5筋、噴き出す様子が描かれている。建物に入ると、ロビーの床に見えるのは、鷲と金色の熊、そして上半身裸のたくましい2人の作業員が、真正面に向けてパイプから水を噴出させている図案だ。どうやら都市圏水道公社は、自分たちがやっていることを率直に認めているようだ。

カイトリンガーからは、公社が前世紀に克服した多くの問題について、そして今世紀に克服しなければならない諸問題について、1時間以上にわたる説明を受けた。第5章で説明したように、公社は、カリフォルニア州の北部から南部へと水を移す壮大な「州水計画」の推進役であった。また、アリゾナ州境からロッキー山脈の水を約390キロメートル運ぶコロラド川水路を建設した。他の州やメキシコと直接交渉する力をもち、最近ではアリゾナ州やネバダ州と、コロラド川の水についての共有協定を結んでいる。

公社の化学研究所では、自身の配水システム全体にわたる水質検査を毎年25万件近く実施している。2000人近い正社員を抱え、年間予算が20億ドル近くあるこの公社は、水の供給により地域の人々を生かしているだけでなく、経済面でも地域を支えているのだ。ドイツ人の歴史学者カール・ウィットフォーゲル（第1章参照）が今も生きていれば、「ロサンゼルスは現代的な水利社会であり、都市圏水道公社はその社会におけるもっとも必要不可欠にして無慈悲な官僚機構である」と断じそうだ。

カイトリンガーは今、将来を見据えて大きく舵を切り、公社をまったく新しい方向へと導こうとしている。その先にあるのは、システムに取り込んだ水を際限なくリサイクルするという未来だ。2015年、南カリフォルニアが史上最悪の水不足に見舞われたとき、彼は突然の啓示に打たれた。「州水計画がなければ、ロサンゼルスは旱魃で潰れていたに違いありません」と彼は厳しい顔で語った。彼はこの危機をきっかけに、しばらく前から誰もが気づいていた問題に焦点をあてることにした。「地域の成長のために、都市圏水道公社は再び水を見つけねばならない」という問題だ。遠く離れた自然の川で、これから新しく利用できる川はもはやないので、非自然的な流れを探さねばならない。

これまで公社は、地域の水計画ではなく、水供給インフラにのみ焦点をあてていた。しかし、さらに以前の1991年に旱魃があってから、公社は5年ごとに将来の見通しについての文書を発表するようになった。そっけない名前がついたこの「総合的水資源計画」に載せられたアイデアを年代順に見ていくと、この巨大連合事業体が、地域随一の水計画立案者としての新たな役割を確立する様子がわかってくる。

公社はまず、標準化された測定方法と指標、水保全プログラムを加盟組織に押し付けることで、ばらばらに運営されている各組織に及ぼす力を強化した。そして、この水保全プログラムの資金を調達するために、加盟組織に対して、1エーカー・フィート（約1233立方メートル）あたり約80ドルの税金を一律で課した（水管理料金と呼ばれる）。この税収は、地元で持続可能な新しい水源を開発するために使用されている。地元における新たな水源確保は公社のより広範な戦略の一部であって、その目的は拡大する地域の水需要に応えることにある。

その目的のために、公社が新たな水供給源として注目しているのが、下水処理水だ。2017年には、ロサンゼルス郡の下水処理施設（LACSD）と新たに提携し、下水処理をした排水を再利用する「地域再生水プログラム」を立ち上げた。再利用の方法とは、処理済み排水をさらに浄化して、地下に送り込むというものだ。排水の供給源として公社が狙っているのが、カリフォルニア州カーソンにあるLACSDの全米最大級の下水処理施設である。今のところ、この施設の処理済み排水は海に排出されている。

2018年、カーソンの施設内に試験的な実証実験設備がつくられた。約1年間にわたりデータを収集してから、その経験をもとに、敷地内に本格的な施設が建設される予定だ。現在の構想では、この地域再生水プログラムによって、浄化した飲料水が1日に最大5億7000リットル生産される。これを、カーソンから放射状に伸びる100キロメートルの新しいパイプラインを通じて、ロサンゼルス郡とオレンジ郡の720万人に水を供給している4つの地下帯水層へと戻すことが考えられている。

1日に最大5億7000リットルという数字ではピンとこないだろう。現在、カーソンの水処理施設が受け入れている生下水は1日に約15億リットルで、500万人分の排水に相当する。つまり、この再生プログラムは、排水の3分の1以上を清潔で飲用可能な地下水として還元しようとしているのだ。これは、ロサンゼルス上水路が流している水の半分近くを地下に戻すことに相当する。

私はカーソンで、都市圏水道公社による「地域再生水プログラム」の試験的な実証実験設備の起工式に出席した。現場でおこなわれた起工式では、パイプやタンク、消化槽などがごちゃごちゃと並んでいるLACSDの下水処理施設を背景に、大きな日除けテントとステージが設置されていた。用意されていたのは、ケータリングのイチジクのサンドイッチ、カリフォルニア産の果物、そして、排水を浄化した飲み水の冷たいボトルだ。政治家がひしめき合い、たくさんのスピーチがあった。

カイトリンガーのスピーチは特によかった。彼は、最初に勤めた下水処理施設のことや、なぜ水道局と下水処理施設が情報交換をしないのかとずっと不思議に思っていたことなどを振り返った。「私たちは、この南部カリフォルニアに水を運ぶために懸命に働いているのです。一回しか使わずに他の地域に運び出してしまうなんて、もったいないじゃありませんか！」と彼は吠えてた。観客は歓声をあげ、拍手をし、浄化された下水をさらに口へと運んだ。南部カリフォルニアの人々のために重要な新しい水源の蛇口を開くことを象徴して、お偉方2人が2つの金メッキの儀式用の蛇口に歩み寄って、蛇口を開けた（カラー口絵参照）。100年以上前の似たような式典でウィリアム・マルホランドがロサンゼルス上水路を開通させたことを、私は考えずにはいられなかった。

この、専門的な表現で言うところの地下浸透処理は、南部カリフォルニアでは、ずっと以前から用いられてきた。しかし、それまで使われていたのは、確保した河川の水であって、下水処理場の水ではなかった。オレンジ郡水道局の副局長であり地下水補充システム（GWRS）を担当していたマイケル・ウェーナーから直接説明を受けたところによると、オレンジ郡はすでに世界最大の地下水涵養《かんよう》プログラムを実施中であって、カーソンの処理場から提供される浄化水により、オレンジ郡は都市圏水道公社の主要な顧客のひとつになるだろうとのことだった。

GWRSは、サンタアナ川の普段は水のない礫床《れきしょう》に、長方形の集水溝をいくつも掘っている。洪水になると、この集水溝に水が溜まり、集まった水がゆっくりと地中に浸透する。また、洪水時の水を、近くにある廃鉱になった砂利採石場の深い穴まで流して、再び地中に染み込むようにする。オレンジ郡がこれらの穴をつくった手法は巧妙だった。彼らは未開発の土地を購入して、必要なだけの穴が手に入るまで砂利を掘ってはその砂利を売った。その売り上げは、土地の購入費を上回りさえした。

このオレンジ郡水道局の地下水補充システムは、受賞歴もあるすばらしいシステムだが、現在のところ設備容量を下回る状態で稼働している。上流にある他の水道局も川の水を逃がさないように集めて自分のところで浸透させているために、サンタアナ川の流量が減少しているのだ。オレンジ郡は都市圏水道公社が再生させた廃水という商品をぜひ購入したいと考えている。浸透に必要となる集水溝も、準備はできている。水を浸透させる先は既存の帯水層であって、そこを経由した水をこれまでも住民が消費してきた。都市の水道水へと直接流し込むわけではない。それにより、これまでの「トイレから蛇口へ」という水再利用の取り組みで問題となっていた、心理的な不快感を緩和できる。

下水処理水は、南部カリフォルニアで利用できる、最後のまだ手がつけられていない河川水源だ。今のところ下水処理水は海に放出されている。しかし、それも長くは続かないだろう。都市圏水道公社による地域再生水プログラムの建設費用は推定約27億ドル。LADWPによってネバダ州のミード湖で計画されている揚水発電システムに匹敵する、野心的なプロジェクトである。

実現すれば、この新たに得られる水のほとんどは、もとを辿ればオーエンズ川、サクラメント川、コロラド川の水である。つまり、イーグルスの名曲「ホテル・カリフォルニア」で「あなたは決してここから離れられない」と歌われるように、その水は二度とロサンゼルスを離れることはなくなるのだ。

第８章　川とビッグデータ

河川データの爆発的増加

私は宗教的な人間ではない。自分が見たり触れたりできる物事をもとに動く人間だ。そして、科学こそが、世界や宇宙を探求するための最善のツールだと信じている。そのいずれも、完全に理解できることは決してないのだとしても。私のような考え方の人間に心地よさと安心感を与えてくれるのは、計測と観察、そして数値だ。

だからこそ、２０１５年7月19日にグリーンランド氷床の上で見た、目を疑うような奇妙な情景を思うと、いまだに落ち着かない気分になる。同僚や学生たちが大声をあげて騒いでいるのがなければ、自分が幻覚を見ているのだと思っただろう。だが、滑るように視界に飛び込んできた2つの物体は、足下の氷や、まわりに積まれている機材が入った箱、近くの氷床上でエンジンの出力を下げた状態でいるエア・グリーンランドの真っ赤なヘリコプターと同じように、リアルな存在だった。

ものすごい勢いで流れる氷河上の川のなかでは、速度を増すそれらの物体は目立たなかったものの、私にはすぐにその正体がわかった。スイミングプールや客船の壁にぶらさがっているような白い浮輪型の救命具で、その輪のなかには鮮やかなオレンジ色のペリカンケースが収まっている。私は知っていた。輪の下には、流れをとらえてうまく乗るための、ポリカーボネート製の硬いひれが数センチ水のなかに突き出ていることを。そして、両方のケースには、GPS受信機と音響測深機、温度プローブ、イリジウム衛星通信システムのモデムが入っていることを。そのモデムによって、氷床の底へと呑み込まれるまで、貴重な測定値が軌道上の通信衛星に絶え間なく送られるのだ。

調査チームが大騒ぎするなか、片方の浮輪がもう一方にすばやく接近していた。私たちが苦労して青い激流に張り渡した長いケーブルのところまできた瞬間に、どういうわけだか後を追っていた装置が先を進んでいた装置に追いついて、両方がロープの下をくぐり抜けてしまったのだ。まるで全速力の競走馬のように、2つの装置はロープの下を同時に通り抜けて、ほんの短い間だけくっついていたかと思うと、数百メートル下流で轟音を立てている氷河甌穴へと吸い込まれ、散り散りになって消え去った。

うなじの毛が逆立ち、不思議な、異様な感覚に襲われた。2時間前に、それらの装置を上流の別々の支流に投下したのは私だった。場所は2キロメートル以上離れていて、投下の時間差は30分ほどあった。計画どおり、それぞれが曲がりくねった支流を転がるように流れて、ついには私の目の前の川に辿り着き、そして甌穴へと流されていった。

しかし、これらの装置は決して出会うはずのないものだった。水路も違えば速度も違う、ときには渦に呑まれて足止めを食らったり、たくさんのありえないようなタイミングが重なって、まったく別の急流を乗りきった後でロープの真下で合流するなんて。私が5セント硬貨1枚をもってカジノに入り、出てきたときには大富豪になっているのと同じくらいありえないことなのだ。

その数時間前、私と同僚たちは、私が立っていた場所からほんの数メートル離れた場所に置いていたそれら2つの装置を、半円を描くようにして取り囲み、装置を設計・製作したNASAのロボット工学者、アルベルト・ベーハー博士を追悼した。亡くなったアルベルトは、このとき私たちと一緒に氷床上にいるはずだった人物だ。

6カ月前のこと、彼は自作の実験用単発飛行機でロサンゼルスのヴァンナイズ空港を出発し、その直後、機体はサンフェルナンド・バレーの繁華街に墜落した。私はアルベルトの代わりに、彼が開発した装置2つをエア・グリーンランドの赤いヘリコプターに積み込んで飛び立ち、遠く離れた2つの源流にそれぞれの装置を落とし、それらの源流が流れ込んでいる氷河上の川を見つめていたのだ。

アルベルトは、当日その場所にいた多くの仲間にとって良き友人であり、私たちは彼の死に打ちのめされた。追悼の場では、悲しむ同僚のひとりがこう言った。アルベルトは今、彼が他の誰よりも多く訪れたこの氷床上で、間違いなく自分たちと一緒にいるはずだと。私も同じように感じられたらと願ったが、そうは思えなかった。だが、自分の目が信じられなくなるような光景を目の当たりにすると、その確信が揺らいだ。

その後、氷の上空を低空飛行してカンゲルルススアークに戻るとき、私はヘリコプターのパイロットに、あの出来事がいかにありえないことだったかを言い立てていた。パイロットは肩をすくめて言った。「たぶん、その浮輪が何かの役割を果たしたんでしょう」。そうかもしれませんね、と私は落ち着かない気持ちで答えた。いつか、自分の勇気をかき集めて、それらの計測機器から送られた貴重なデータを確認して、流域モデルで検証するつもりだ。そうすれば、私が見たものが、科学的に説明がつくかどうかがわかるだろう。

アルベルト・ベーハーが生涯をかけて情熱を注いだものとは、素敵な奥さんと3人の幼い子どもたちを他にすれば、極限環境において貴重な科学データを収集するための自律型センサーと遠隔探査システムの構築だった。グリーンランドでの調査のためにつくってくれた計測器つき河川用浮輪と自律型ボートは（カラー口絵参照）、彼の数ある発明のうちのほんの2例だ。

彼は、カリフォルニア州パサデナのNASAジェット推進研究所のロボット工学者として、火星探査機キュリオシティや周回探査機マーズ・オデッセイの計器の設計に携わった。また、アリゾナ州立大学の教授として、極限環境ロボット工学・計測研究室を率い、深海、極地の氷の湖、噴煙をあげる火山の噴火口など、とてつもない困難を伴う場所で現地調査をおこなうための巧妙なセンサーや画像装置を学生たちと考案した。

彼は、科学者が自然界を研究し計測するための方法を様変わりさせる、静かな革命の最前線にいた。特に今は、自動運転車の勢いある市場に牽引されて、小型で安価なセンサーが目まぐるしく次から次へと登場している。これらのセンサーは科学的な用途にも使われ、数カ月あるいは数年にわたって屋外に放置されたり、ドローンに搭載されたり、携帯電話ネットワークにワイヤレス接続されたり、あるいは私たちの浮輪つき装置のようにグリーンランドで玉砕覚悟の任務にぽいっと送り出されたりする。

人工衛星による新たな遠隔探査技術によって得られた画像やデータは、NASAをはじめとする国家的な宇宙機関によって、あるいは最近は多くの民間企業によっても、オンラインで無料提供されるようになりつつある。全体として、これらの技術によって、地球の表面で起きていることに関する私たちの理解が急速に拡大している。人工衛星の実用的な用途はたくさんあるが、そのひとつが、地球の海や陸、氷、植生、人間の活動、そして河川を観測することなのだ。

データのこの爆発的な増加は、これ以上ないほど良いタイミングで起きた。河川に対する科学的理解は、まだ欠けている部分がたくさんあるし、今なお発展し続けている。ここまで読んでくれたあなたなら、世界中の河川が危機に瀕していて、今後さらに厳しい試練にさらされることは十分に理解できただろう。

だが、ここに書いてきたようなさまざまな物語は、どうして残っているのだろうか。それは、語るに足るだけの情報を誰かがどこかで記録してくれていたからだ。しかし、河川があまりにも広大で、重要で、人間や生き物の暮らしとあまりに密接に関係しているため、見落とされた物語も無数にあり、それらはすでに歴史のなかで失われてしまった。

80億人の人口と200近い国々を有し、河川と関係のある、人間と生態系にとっての課題を無数に抱えるこの世界において、もはやこのような損失は許されない。私たちに必要なのは機械である。科学を推し進め、欠けている情報を埋めるための機械。すなわち、センサー、衛星、コンピュータモデルが必要なのだ。

川の目的と存在理由

何十億年にもわたり、流れる水はプレートテクトニクスと戦って、大陸を支配しようとしてきた。プレートの衝突によって地殻が厚みを増して隆起すると、河川はそれに挑みかかり、再び平らにしようとする。そして、気候がもたらす水を利用して、浸食作用により生じた物質を海へと運ぶ。このプロセスの細部によって、土地の形状や河川の挙動の大半が決まるのだ。

険しい山の上まで車で行ったことがあれば、その道は川の谷間に沿っていたのではないだろうか。標高が上がるにつれて谷間は狭くなり、下を流れる川が見えてくる。見下ろす先にあるのは、岩だらけの岸辺の砂利と絵に描いたような急な流れだ。川岸に農地はない。砂利道は荒れて整備もされておらず、鋤《すき》よりも、高山に生息するマーモットのほうがしっくりくる。

さらに車で登り続けると、砂利でいっぱいの谷底は、はるか下方となる。そびえ立つ山の頂に逆らうかのように、谷が山に食い込んでいるのだ。山の険しい地形に、川が緩やかな傾斜を押し付けている形だ。

最終的に、ごつごつした岩だらけの谷は狭くなり、やがて見えなくなる。道はさらに上へと延び、ハンドルを握る指の関節が白くなるほどのヘアピンカーブを曲がり続けると、かつて山岳氷河があった場所に、美しい滝や宝石のような湖を見ることだろう。ようやく峠に辿り着くと、冷たい風に吹かれながら急いで写真を何枚か撮って、運転を再開するかもしれない。先に進むと道は下り坂となり、岩だらけの新たな谷が目の前に現れる。鏡に映したかのようなそっくりの景色が繰り返され、次の峠を越えて山を下ると、再び岩だらけの谷間が目に飛び込んでくるのだ。

写真を撮ったかもしれないその峠は、地形上の分水嶺である。2つの川が山々を相手に、そして互いを相手に、覇権を争う最前線だ。雨、雪、そして重力を糧にして、それぞれの川が山肌を削りとる。浸食を続ける源流は、ナイフのように山肌を削りとりながら、互いに向かっていく。川は山を砕き海へと運ぶ。いつの日か、地面の下の地殻変動を起こす力が、山脈を隆起させるのに倦む時がきたら、川が勝利する。何千万年、あるいは何億年かかるかわからないが、とにかく川が勝つのだ。

湖や滝が多い場所から標高が下がると、谷間は広くなって砂利に埋もれた状態となり、川の存在感が増す。一般に、このあたりで峠道が谷間と合流して、その緩やかな傾斜に沿って平地まで下っていく。もちろん、すべての川には、周辺の地形や地質から受ける制約がある。しかし、その制約のなかで、川は周辺の環境を巧みに操作しながら役割を果たしている。ほとんど意図的にすら見えるのだが、自分に使用可能な土砂と水の量を最大限に生かしたエネルギー効率で、浸食している山を一粒一粒、運び出すのだ。

川はみずからの川床の傾斜を調整して、それを実現している。滝を流れ落ちる水や、きれいで硬い岩盤の上を流れる水は、少しずつ流路を切り開きながら下方に向かう。しかし、いったん流れが十分な量の物質を集めて、堆積させることもできるようになると、周辺の環境を支配し始める。ここでは物質を置いていって、あそこでは物質を取り除いて、といった具合に。そのすべては、丸石や砂利、砂などを下流に移動させられるよう、的確な傾斜をつくるという目的に沿ってのことなのだ。

川に流れ込む岩石が大きい場合（先ほど見てきた険しい山の谷間の場合など）、川は傾斜を強め、その結果、流速と、こういった大きな岩石を転がす掃流力も強まる。岩石は下流でぶつかるうちに、少しずつ壊れて、丸石へ、砂利へ、砂へ、そしてシルトへと変わる。

この一連の過程とともに、川は徐々に勾配を緩め、小さくて軽くて動かしやすくなった土砂の混合物を下流に運び続けるのに最適な傾斜となる。土砂が堆積するにつれて、川は蛇行を始め、低地の流域でよく見られる緩やかな馬蹄形のカーブを描くようになる。谷の標高が同じだけ下がったとすると、蛇行した川のほうがより長くなり、そのぶん勾配は緩やかになる。

このような全過程の物理は、複雑で高度に数学的である。何十年も研究されているが、今も活発な研究分野だ。ノーベル賞を受賞した理論物理学者である、あのアルベルト・アインシュタインもこのテーマに強く惹かれていたものの難しすぎると判断して、代わりに天文学を選んだ。彼の息子のハンス・アルベルト・アインシュタインは、カリフォルニア大学バークレー校で、父親ができなかったことに生涯を捧げた。川が土砂を下流に運ぶ仕組みについて、数学的理解を深めようとしたのだ。

川にとって理想的な状態とは、多くの河川がそれに近づきはするもののほとんどは達成できないある種の平衡状態であり、「平衡河川」と呼ばれる。平衡河川について、アメリカの地質学者のJ・フーバー・マッキンは、大きな影響を与えることになる論文にこう記している。「平衡河川とは、利用可能な流量と一般的な流路特性を備え、長い年月にわたって、流域から供給された荷重の運搬に必要なだけの流速を生ずるように、勾配が微妙に調節されている川をいう」

この発想の起源は、さらに昔の19世紀後半にまでさかのぼる。現代の地形学（地形とその形成過程に関する研究）を共同で創始したG・K・ギルバートとウィリアム・モリス・デイヴィスの研究だ。

平衡河川の縦断面は、典型的な凹型を示す。つまり、緩やかなカーブを描く長いホッケースティックのように、源流から河口に向かって川床の傾斜が徐々に平らに変化しているのだ。平衡河川は、上流では傾斜が急で、川底に粗い堆積物が並んでいる。一方、下流域では、傾斜は先に進むほど緩やかになり、堆積物が細かくなる。この理由は、つきつめれば、河川の重力エネルギーと、川床の摩擦抵抗に打ち勝って堆積物を動かすために必要となるエネルギー量とのバランスにある。

たとえば地殻の隆起や支流、海面上昇、人間の行動など、河川の理想的な平衡状態を妨げる可能性をもつものは多数あるし、実際に妨げてもいる。だが、そういった妨害があっても、すべての川は、エネルギー効率のよい方法で土砂を下流に運ぶために、絶えずその形状を微調整している。実際には、これらすべてはたんなる物理学である。しかし、川が自分自身と周辺の環境を調整して、より高次の目的のために努力しているという発想は、私には非常に人間らしく思えるし、自然界の内部の働きが理解されるように感じられるのだ。

「たゆまぬ努力」と「炎と氷」の対決

UCLAの自然地理学の若手教授として最初の研究プロジェクトに取り組んでいた頃、私は不覚にもこのマッキンの重要な研究を知らなかった。そんな私のために、先述の原則を強く実感させてくれたのは、遠隔探査の技術であった。

1996年10月初旬、ヴァトナヨークトルというアイスランド南東部の大部分を覆う氷冠の下で火山が噴火し、恐ろしいことに2週間続いた。この噴火で500メートルほどの厚みがあった氷が溶けて、氷の表面に開いた裂け目からは蒸気と灰が吹き出した。4立方キロメートル近くの融氷水が、氷の下にある椀型の地形のくぼみへと流れ込む。流れ込んだ水によって上部の氷の塊が押し上げられ、最終的には氷が岩盤から引きはがされて、氷河下に新しくできたこの湖から水が突然に流れ始めた。融氷水は、50キロメートルにわたる氷河の下の川(エスカー)を流れ、11

月5日と6日に、世界最大の外縁堆積原（アウトウォッシュプレーン）であるスケイザルアゥルサンドゥルへと噴出した。

それは壮大なヨークルフロイプ（jökulhlaup）だった（アイスランド語で氷河湖決壊洪水を意味する）。水は氷河の端から噴出し、幅40キロメートルの広大な砂原を流れる2本の小さな網状河川を伝って海へと流れ始めた。2本の川を合わせた流量は毎秒数立方メートルだったのが、15時間後には約5万3000立方メートルにまで増加した。これまで少しの水と土砂を運んでいた細い流れが、巨大なミシシッピ川の4倍近くの流量をもって、怒濤の勢いで流れ出したのだ。

ヨークルフロイプが押し寄せたのが人のいない地域だったのは幸いだった。その破壊は凄まじく、砕けて氷河から外れた小さな家ほどもある氷塊が、激流のなかをおもちゃのように転がった。外縁堆積原の場所によっては岩や砂利が最大で12メートルも積み重なった。逆に20メートル以上も削られた場所もあった。アイスランドを一周する唯一の幹線道路である国道1号線は、2本の橋と、かなり長い区間がきれいさっぱり流された。

NASAの著名な惑星科学者であるジェームズ・ガービンの厚意により、被害を確認するための現地視察に私も同行した。NASAはたまたま、ヨークルフロイプのほんの5カ月前に、航空機搭載型地形計測器（Airborne Topographic Mapper）という、レーザーを用いて航空機から計測する新たな遠隔探査技術の試験を、外縁堆積原の中央付近でおこなっていた。これは現在もNASAが使用している技術で、航空機から下向きに螺旋を描くようにレーザーを照射して、地表の高度を広範囲にわたって非常に正確に計測するのだ。

私たちは途方もなく高額な料金で借りた四駆でスケイザルアゥルサンドゥル周辺を跳ね回り、その破壊の規模に呆然とした。巨大なクレーターがあちこちにあり、地面に残された家ほどもある氷塊が溶けつつあった。大きな石が山積みになっている場所もあれば、何キロメートルも先の下流まで転がっていたりした。幹線道路は跡形もなく消えていた。深く削られた平原の上で道が突如として宙に浮いて、そこで終わっていた。

ガービンが興味をもったのは、火星の表面と比較できそうな、非現実的な景観だった。私が興味を向けたのはこの地の川だった。NASAが偶然にも洪水前に実施していた航空機からのレーザー計測のおかげで、河川がどのように地形を形成するかを確認する貴重な機会が得られたのだ。

稀にしか起こらない大洪水と、日常的に生じている水の流れとでは、どちらの影響が強いのだろうか。この大洪水の規模を考えれば、前者の影響が強いに違いないと私は考えていた。ガービンとともに写真撮影と現地の計測をおこなった後、私は帰国して、ヨークルフロイプによる河川の被害とその後の回復を調査するためにNASAの航空機搭載型地形計測器を再びアイスランドにもち込めるよう、研究助成金の申請書を作成した。そのときに私が主軸に据えた仮説とは、この歴史的大洪水によって、外縁堆積原を流れる2本の小さな川は変容し、もとに戻ることはないだろうというものだった。

5年後、NASAによる2回の飛行作戦と、泥まみれになった多数のフィールドワーク、そしてアイスランドの郷土料理である茹でた羊の頭やら腐らせたサメ肉やらを食べた後には、私の仮説はぼろぼろになっていた。

1996年、アイスランドのヴァトナヨークトルという氷冠の下で起きた火山噴火によって、ピーク流量がミシシッピ川のおよそ4倍に達する破壊的な氷河湖決壊洪水が生じた。この洪水によって傍の堆積原が引き裂かれ、地面が深く削りとられた場所もあれば(写真)、土砂で埋め尽くされた場所もあった。しかし、その後の数年のうちに、流量がはるかに減った通常の河川の流れによって、こうした大規模な影響のほとんどが消え去った。(ローレンス・C・スミス提供)

航空機からのレーザー計測に合わせて、衛星レーダー干渉法というまた別の新たな遠隔探査技術を用いて証明されたのは、アイスランド近代史における最大のヨークルフロイプによってたしかに川の流路が破壊されたものの、その影響は長くは続かなかったということだ。洪水がえぐりとった川底の深い穴は、川によって埋め直された。洪水で砂利が堆積したところも、川によって少しずつ海へと流されていった。ヨークルフロイプからわずか4年後には、この洪水が地形に与えた影響のおよそ半分がすでに消えていた。

これらの川が本当に大切にしていたのは、仕事に戻ることだった。アリが砂を運ぶように、川はみずからの川床の傾斜を修復して、もっともエネルギー効率のよい方法で土砂を運ぶという仕事に戻ったのだ。センチメートル単位の正確さをもつNASAのレーザー遠隔探査技術によって記録されていたのは、被害を受けた2本の川が平衡状態を取り戻そうと努力している様子だった。大災害の影響は、短期的には深刻だったが、何年かするときれいになくなった。これこそが、浸食・運搬・堆積という作用をもつ河川の、意志の力なのだ。

地球の記録者たち

1957年10月4日、ソビエト連邦は世界初の人工衛星スプートニク1号の打ち上げを成功させて、宇宙時代の扉を開いた。アメリカがこれに対抗するため新設したのが、月に最初に人を送ることを使命とするアメリカ航空宇宙局（NASA）だ。ジャーナリストのチャールズ・フィッシュマンは著書『大いなる飛躍』において、その後のNASAの有名なアポロ計画から、人工衛星やコンピューター、遠隔通信といった技術革新がどのようにして生まれ、今日も成長し続けているのか、その足跡を辿っている。

あまり知られていない話だが、スプートニク1号の打ち上げからわずか2年後、アメリカはコロナ計画の一環として極秘の偵察衛星を次々と打ち上げ、宇宙から地球を撮影し始めた。偵察衛星には高精度のフィルムカメラが搭載され、貴重な成果物はパラシュートつき大気圏再突入カプセルで打ち出され、カプセルは飛行機によって空中で確保されるか、海軍艦艇が海から引き上げるかした。カプセルは塩で栓がされているので、早く回収しないとそれが溶けてフィルムは海底に沈んでしまうのだ。コロナ衛星で撮影された画像は現在機密解除され、サウスダコタ州スーフォールズ近郊にある、アメリカ地質調査所の地球資源観測科学センター（EROSセンター）からオンラインで自由に入手できる。

NASAのことを、宇宙開発しかしていないと思っている人が多いが、これは誤解である。実は、NASAの活動範囲には常に地球が含まれている。初期の月探査ミッションで搭乗した宇宙飛行士たちは、ハッセルブラッドのカメラで宇宙船の窓から地球を撮影した。コロナ計画の極秘画像とは違って、これらの写真は公開されて、一般市民や科学者のあいだで大きな反響を呼んだ。

1960年代後半、アメリカ地質調査所所長のウィリアム・T・ペコラからの熱心な後押しを受け、NASAはよく知られる月探査ミッションと並行して、歴史的な地球観測プログラムを開始した。ペコラが亡くなったのは、NASAが地球資源技術衛星1号（後にランドサット1号と改称）を打ち上げるわずか数日前のことだった。

このランドサット1号に搭載された主要計器が、「マルチスペクトルスキャナーシステム（MSS）」というセンサーだった。フィルムカメラとは違って、MSSが収集するのはデジタル画像だったので、画像データを、衛星用のアンテナをもつ受信局へと送信できた。そのおかげで、収集できる画像の数は飛躍的に増えた。また、MSSが取得できる地球表面の画像は1種類ではなく4種類あり、電磁スペクトルの異なる波長帯（緑色光、赤色光、赤外線領域の2種類）の画像を収集した。これにより、デジタル画像処理ソフトウェアを使って4種類の画像をさまざまに組み合わせ、カラフルで情報量の多い、地表のデジタル地図を作成できるようになった。

ランドサット1号は6年間働いて、大きな成果を収めた。1号に続いて、2号、3号、4号、5号、7号、8号が観測の任にあたった（6号は打ち上げの際インド洋に墜落した）。次のランドサット9号は２０２０年12月に打ち上げが予定されている（訳注　２０２１年９月に打ち上げられた）。50年以上にわたり７００万枚以上の画像を蓄積しているＮＡＳＡのランドサット・プログラムは、地球の記録者としての役割を、もっとも長く、静かに担い続けている。

衛星による絶え間ない観測の威力を示す好例が、２０１６年に『ネイチャー』誌に掲載された論文だ。著者は、欧州委員会共同研究センターのジャン＝フランソワ・ペケル、アンドリュー・コッタム、アラン・ベルウォード、そしてグーグル・スイスのノエル・ゴアリックである。

彼らは、クラウドベースのデジタル画像処理プラットフォーム「グーグルアースエンジン」を使用して、ランドサットの画像の全球アーカイブを解析し、１９８４～２０１５年の世界中の河川、湖、湿地の変化を連続的に追った。当時、私を含めて他の科学者たちがランドサットの衛星画像を使用するのは、一定の時間内での少数のスナップショットを用いて地表水の状態を研究するためだったが、この２０１６年の研究はまったく違うものだった。著者たちはクラウドコンピューティングによって、ランドサット衛星が地球を周回して得た32年分のすべての写真を取り込んだのだ。その膨大なデータ量には前例がなかった。

この『ネイチャー』誌の論文は、サンフランシスコで開催されたアメリカ地球物理学連合の年次学会で実演された。参加者が2万5000人を超えるこの学会は、地球と宇宙の科学者が集まる世界最大の会議だった（今もそうだ）。ペケルはその場で研究成果を実際に見せた。巨大な映写スクリーン上にカラフルな地球の地図が矢継ぎ早に映し出されたときには、聴衆が息を呑む音が聞こえるほどだった。

消滅した地表水は9万平方キロメートルにのぼっていた（バイカル湖の3倍近い面積だ）。かつては常に水があり安定していた水域のうち、16万2000平方キロメートル以上が不安定化していた。特に中東や中央アジアが、大規模な流路変更や取水、旱魃などにより、大きな打撃を受けていた。

また、衛星画像により明らかとなったのが、これまで水がなかった場所に新たな水域が多数出現していることだった。面積は総計で18万4000平方キロメートル（ドイツの約半分）、そのほとんどが人工的なもので、新たに建設されたダムでせき止められた貯水池だった。会場はざわめいていた。これほど多くの情報がたったひとつの研究に集約されているのを、それまで誰も見たことがなかったのだ。

その後まもなくして、さらにグローバルな地表水調査が始まった。ノースカロライナ大学のジョージ・アレンとタムリン・パベルスキーがおこなったのは、ランドサットの衛星画像のアーカイブと、骨の折れる実地計測との融合だった。

2人は7つの川のそれぞれについて、徒歩で上流へと向かい、最上流の複数の水源を突きとめた。その際に、途中で川幅を測定していったところ、ある奇妙な事実を発見した。場所や地形、気候、植生とは関係なく、水源から最初に現れる水流の幅が平均で32センチメートル（プラスマイナス8センチメートル）だったのだ。どんな流域でも、その流れを上流へと辿ると、まるで触手が這うようにいくつもの源流へと伸びていき、やがてそれらはディナープレート程度まで幅が狭まるのだ。

これについての物理的な理由はまだ解明されていないが、この発見は、河川の源流域の嶺線で起こる多くの生物地球化学的プロセスおよび堆積的プロセスにとって重要な意味がある。特に、開水域は、二酸化炭素やメタンといった温室効果ガスの天然の供給源であって、影響力も大きい。つまり、何十億もの細い源流の発見が意味するのは、これらのガスの放出量が今まで考えられていたよりも多いはずだということだ。

これらの細い源流は、あまりにも小さく、あまりにも数が多すぎるため、宇宙からは計測できない。そこで、アレンとペバルスキーは再びランドサットのデータを利用し、宇宙から見える世界の全河川の幅を調査した。そして、統計学と、前回の研究で明らかになった32センチメートルという限界値を用いて、上流の水源まで考慮して、全世界の河川の表面積を見積もった。

すると河川の水面が約77万3000平方キロメートル（世界中の氷河以外の地表面の0・58パーセント）を占めているという結果が出た。この数字は以前の推定値より44パーセント大きい。つまり、温室効果ガスの排出において、これまで考えられていた以上に、河川が大きな役割を果たしているのだ。詳細な現地調査、ハイエンドコンピューティング、衛星画像のグローバルアーカイブを融合することではじめて可能となった発見だ。

ＮＡＳＡのランドサット衛星プログラムだけではない。フランスのスポットという一連の衛星の打ち上げは１９８６年までさかのぼる。ＮＡＳＡの巨大なテラ衛星とアクア衛星が打ち上げられたのはそれぞれ１９９９年と２００２年で、いずれもセンサーがぎっしりと積み込まれていた。

２０１４年からは、欧州連合（ＥＵ）のコペルニクスプログラムが、衛星（名称はセンチネル）を使って宇宙の画像を収集し、それと同時に各種の現地ネットワーク（気象観測所、大気質センサー、海洋観測ブイ、灌漑用水の需要量）を使って地上での計測値を収集するようになった。このＥＵのプログラムによって、すでに6基の衛星が打ち上げられており、２０３０年までにさらに20基近くの打ち上げが予定されている。

このような政府機関による長期的なプログラムに加えて、マクサー（旧デジタルグローブ）やプラネットといった民間企業による超高解像度衛星画像の収集が始まっている。マクサーはコロラド州に本社を置く国際的企業であり、所有・管理している一連の商業衛星は30センチメートルという細かい空間分解能で地表をマッピングし、車や人でさえも鮮明に検出できる。一方、サンフランシスコに本社を置くプラネット社が打ち上げているのは、「キューブサット」という規格の衛星だ。安価で、大きさはパン入れ程度、カメラくらいしか載っていない。これを何百も打ち上げて、とんでもない量のデータを蓄積している。同社が思い描いているのは、高解像度の衛星画像にいつでもどこからでもアクセスできるような近未来だ。２０１８年、同社は週に40基の新しいキューブサット衛星を生産できる製造施設を新設した。私の指導学生のサラ・クーリーは、博士論文に備えて、この高解像度の衛星画像を大量に吸い上げて地球全体における地表水の変化を追跡するための、機械学習アルゴリズムを使用した先駆的研究を進めている。

これらの拡大し続ける世界規模のアーカイブには、ペタバイトの（もうすぐエクサバイトになる）衛星画像が保存されている。最近になるまで、これほどのデータ量をまるごと分析するのは現実的ではなかった。たとえば、アメリカ議会図書館の紙媒体の蔵書をすべてスキャンした場合のデータ量は約0・01ペタバイト。しかし、40年以上にわたり800万枚以上の画像を収集したランドサット画像アーカイブは、それだけで1ペタバイトものデータ量なのだ。

だが、クラウドベースの計算により、これらの巨大で拡大し続けているビッグデータのアーカイブを、ほんの数年前では想像もできなかった速度と地理的スケールで分析することが可能になりつつある。現在では、高速のインターネット接続が可能で、ある程度熟練した人ならば、衛星画像というタイムマシンに乗り込んで、世界のあらゆる場所の過去と現在を見に行くことができるだろう。

河川研究にとって、このビッグデータの爆発的な増加には無限の価値がある。洪水地域の衛星画像は、保険金請求時の調査や洪水リスクモデルの改善に利用されるようになった。人口密集地の上流にある河川を監視すれば、洪水発生の数日前に早期警告を発することも可能だ。他にも、河川の色のわずかな変化をとらえて、浮遊土砂や藻類などの色彩豊かな水質指標が追跡されている。熱画像技術を使えば水温のわずかな変化をとらえられるので、たとえば工場排水や、地下水湧水が河川に流れ込む場所などの検出に利用されている。さらに、マサチューセッツ大学の土木環境工学科のコリン・グリーソン教授は、アーカイブ化された衛星画像を利用して「一観測地点水理幾何（at-a-station hydraulic geometry）」と呼ばれる河川固有の指標を特定し、地上での計測をまったくおこなわずに宇宙から河川の流量を合理的に推定することに成功した。

今では、このような遠隔探査技術によって、どんな僻地であろうとどこの行政区であろうと関係なく、世界中の河川を調査・監視するかつてないチャンスを誰もが得ているのだ。

3Dメガネをかけよう

急激に拡大している世界的ビッグデータのアーカイブは、すぐに、二次元画像だけでなく三次元画像で構成されるようになるだろう。

比較的最近まで、高解像度のデジタル地形データは、誰もが欲しがるものだが、その入手は困難だった。これらのデータを作成していたのは主に軍部であり、地形を利用した低空飛行の巡航ミサイルを誘導したり、地震波の記録を照らし合わせて核爆弾の秘密実験を探知したりといった、機密性の高い目的で使用されていた。大学院生だった頃、紙の地形図に描かれた細かい茶色の等高線をすべて手作業でデジタル化しなければならず、感謝祭に帰省できなかったことがある。また、大学がアメリカ国家地理空間情報局（当時は旧称の国家画像地図局だった）から有償で借りた制限つきデジタル地形データをこっそりコピーして売ろうとした同級生が、逮捕されて服役したこともあった。

しかし、2020年には、高解像度の三次元デジタル地形データがインターネット上で誰でも無料で利用できるようになった。この流れは、2000年にNASAのスペースシャトル「エンデバー号」がおこなったシャトル・レーダー・トポグラフィー・ミッション（SRTM）という特別な地図作成ミッションまでさかのぼる。レーダー（radar）とは「RAdio Detecting And Ranging」の頭文字をつなげた用語であり、ひとつ以上のアンテナを用いて、可視光や赤外線よりもはるかに波長の長い電磁波であるマイクロ波を照射および受信する仕組みを指す。SRTMが使用するのは「レーダー干渉法」というすばらしい技術である。電波を照射してその反射を2カ所のアンテナで受信して、その微妙なずれから一種の三角測量で地表の標高を割り出す仕組みだ。

これを実現するために、エンデバー号は上下をほとんど逆にした状態でペイロードベイ（貨物室）を開けて、そのなかの1つ目のアンテナが地球に向くようにした。もう1つのアンテナは、長さ60メートルの伸縮式マストの先端に取り付けられており、スペースシャトルの横方向へと慎重に伸ばされた。

幸いにもすべてがうまくいき、それから10日間、スペースシャトルの熱心な宇宙飛行士たちは、地球のまわりを何度も周回しながら、2つの受信アンテナで集めたレーダーデータを磁気テープ（なんと古風な！）に記録したのだ。10日間のミッションが終わる頃には、南緯54度から北緯60度のあいだの地表面を網羅する、これまでにない広範囲にわたる高解像度の地形図を作成するのに十分な量のレーダーデータが収集されていた。

現在、スペースシャトル・エンデバーはロサンゼルスのカリフォルニア科学センターに展示され、伸縮式マストはバージニア州のスミソニアン航空宇宙博物館のスティーブン・F・ウドバー・ハジー・センターでぶらさがっている。だが、SRTMによるレーダーデータは、長年にわたって微調整と再リリースが繰り返され、使用と加工が続けられている現役だ。このミッションの三次元画像は、地図ソフト「グーグルアース」の標準背景であり、科学研究から携帯電話基地局の設置、テレビゲームのグラフィックまで、あらゆる用途で活用されている。

シャトル・レーダー・トポグラフィー・ミッション(SRTM)を支えるのはレーダー干渉法という技術だが、これはアンテナが1本でも実現可能であって、少なくとも1回は戻ってきて地上の同じ場所を撮影すればよい。その場合、2回目の観測までに時間が経過しているので、地形そのものだけでなく、その間の微妙な変化まで捉えることが可能となる。私の大学院時代のルームメイトで、現在はオハイオ州立大学教授のダグラス・アルスドルフは、SIR-C/X-SARというスペースシャトルミッションのレーダーデータを使って、このテクニックを河川に適用した先駆者だ。

アルスドルフは、スペースシャトルから24時間の間隔で送られた、氾濫したアマゾン川からのレーダーの反射波に三角測量を適用することで、2つの軌道間、つまり24時間後の洪水の水位変化をセンチメートル単位で計測した。その結果、アマゾン川の水位は12センチメートル下がり、周辺の洪水の水位は川の近くでは7~11センチメートル下がっていたものの、遠くでは2~5センチメートルしか下がっていなかったことがわかった。

つまり、河川の氾濫原は、浴槽のように一様に水が溜まったり引いたりするわけではないのだ。洪水の水位は（そして結局のところ流れの向きは）、戻り水や植生、副流路などによる、複雑な空間パターンに従う。日本のふよう1号（ＪＥＲＳ‐１）などのレーダー搭載衛星を用いた追跡調査から、河川の氾濫原は驚くほど複雑で、水が多く溜まる場所もあれば少ない場所もあるというのが普通だとわかった。このような三次元的なパターンを宇宙から計測することで、湿地の保全や大規模な河川氾濫原の洪水リスクを正確に評価するための貴重な情報が得られる。

今ではこの種のレーダー技術が主流になりつつある。２０１７年、ＮＡＳＡは、北極圏・寒帯脆弱性実験（ＡＢｏＶＥ）の一環として、北米北部の複数の最遠隔地域に向けて航空機を9機派遣した。ＡＢｏＶＥは、変化する北極圏と亜北極圏に関する数多くの科学的疑問に答えるための10年間のプログラムで、空、地上、宇宙から新しいセンサー技術をテストしている。

私はこれらの新技術のひとつをテストする飛行プロジェクトのリーダーを務め、ＮＡＳＡジェット推進研究所が開発したＡｉｒＳＷＯＴ（航空機に搭載する試験用のレーダー干渉計）を北極圏と亜北極圏の約2万８０００キロメートルにわたり展開した。このＡｉｒＳＷＯＴの装置のなかに、レーダー干渉法を用いて河川や湖沼の水位を測定するという目的に特化した、複数のレーダーアンテナもあった。

その夏、ＡｉｒＳＷＯＴは、４万以上の湖と川を撮影した。私は同時に地上での現地調査チームも組織した。４つの国と15の機関から集まった30人近くが、ボート、フロート水上機、ヘリコプターで散開し、上空をAirSWOTが飛ぶ下で、サスカチュワン州、ノースウエスト準州、アラスカ北部の遠隔地で調査にあたった。その主な目的とは、レーダー干渉法による水位測定が期待されるほど高感度であるのかを、精密機器を用いた現地調査で検証することだった。

現地調査の結果と、頭上でAirSWOTが収集した画像とを比較したところ、この新しい技術がかなり広い範囲にわたって水位を正確に測定できる有用な方法であることが確認された。たとえば、私の指導学生のひとりである博士課程の学生リンカーン・ピッチャーは、AirSWOTの画像を用いて、ユーコンフラッツ（アラスカ北部のユーコン川沿いにある生態学的に重要な意味をもつ広大な湿地系）の水位に、地下の永久凍土が与える影響を明らかにした。他にもジェシカ・フェインとイーサン・キジバットの2人が、カナダ西部とアラスカの全域で収集されたAirSWOT画像を使用して、関連する研究をおこなっている。

NASAの北極圏・寒帯脆弱性実験は、始まりにすぎない。現在、世界に何百万とある淡水湖のうち、水位をモニターされているのは1パーセントにも満たない。世界のほとんどの場所で、河川や貯水池の水位は、測定されていないか、国家機密にされている。AirSWOTの開発はNASAの最終目的ではない。これから宇宙に打ち上げられる新型人工衛星の試験的な実証装置として開発されたのだ。この試作品の先にある大きな技術的進歩が、もう間近に迫っている。

ビッグデータと世界の水系の出会い

この新型の表層水観測衛星（Surface Water and Ocean Topography）、略してＳＷＯＴは、レーダー干渉法を用いて、世界中の海、川、貯水池、湖の水位や勾配の変化を観測する衛星だ（カラー口絵参照）。

その技術は、衛星高度計と呼ばれる海洋レーダー衛星の長年にわたる成果に立脚したものではあるが、干渉法を使用するＳＷＯＴは従来のレーダー高度計よりもはるかに優れた空間分解能をもつので、海だけでなく小さな内陸水域の計測も可能となる。このミッションは、ＮＡＳＡと各国の宇宙機関（フランスのＣＮＥＳ、カナダのＣＳＡ、イギリスのＵＫＳＡ）との連携によって、そして水文学と海洋学の２つのコミュニティと多くの国の科学者が協力することで実現に向かっている。ＳＷＯＴの着想から実現までの20年に及ぶその過程でおこなわれたのは、数十回の国際会議、数千人の雇用、10億ドル以上の公的資金投入だ。

ＳＷＯＴは２０２２年の打ち上げ後すぐに、少なくとも21日に一度は地球表層水の三次元マッピングを開始する予定だ。陸地では、幅が１００メートル以上の河川や２５０メートル四方ほどの小さい湖まで、水面の高さや勾配が測定されるだろう。衛星による試験的な測定結果はすぐにオンラインで公開される。その後、少なくとも年に1度は、加工されて精度が保証された、地球全体のデータセットが公開される予定だ。これらのデータはすべて、オンラインで無料提供されて、科学的および商業的な目的で使用できるようになる。

また、ＳＷＯＴの遠隔探査による河川流量の推定値も提供される予定だ。アメリカならば、アメリカ地質調査所が８０００以上の河川流量観測所を管理して、そのデータをオンラインで公開しているが、このような透明性は比較的珍しい。アメリカとカナダ、ブラジル、ヨーロッパ以外では、河川の流量データというのは一般にほとんどないか機密にされている。

貯水池の水位の測定データとなるとさらに少ない。このため、河川流量を監視して、越境河川の水配分協定（第2章参照）を順守することは、世界のほとんどの場所において困難か不可能である。しかし、ＳＷＯＴがリアルタイムの計測値をオンラインで提供すれば、水計画立案者、政府、ＮＧＯ、民間セクターなどで、できることが大きく変わるだろう。きわめて重要な意味をもつ、世界中のあらゆる場所における淡水資源の備蓄状況を監視できるようになるのだ。

ＳＷＯＴは実験的な技術であるため、これらのデータがどのように使われるかを完全に予測するのは困難だ。現在のところ、湖や湿地の水位は世界中でほとんど測定されていない。このミッションを計画した人々が期待しているのは、河川の商業活動にとって役立つことだ。観測所のデータの少なさを補い、氾濫原のコミュニティや企業が洪水から自分たちの身を守る助けになるだろうと考えている。

水計画立案者が期待を寄せているのは、貯水池の貯水量を随時確認できるようになることと、作物の収穫量や洪水、旱魃を予測するための優れたコンピュータモデルの構築だ。これらの目的の一部でも実現すれば、ＳＷＯＴにより人類は多大な恩恵を受け、ミッションは大成功と言えるだろう。

2022年の打ち上げ時には、私は人生の20年間をSWOTとともに歩んだことになる。ミッションの立ち上げ当初から構想や計画に携わってきたが、その核となる野心のいくつかは、1990年代半ばの私の博士論文に端を発している。まだ博士課程に入ったばかりの頃にはじめてアメリカ地球物理学連合の学会で発表したが、そのときのタイトルは「河川の流量を宇宙から測定できるか」だったのだ。

今でも憶えている。サンフランシスコのモスコーニ・センターで、ごったがえしている大洞窟のような空間へとエスカレーターで降りていくときの、あの押し潰されそうな気持ちを。そして、疑わしげな聴衆を前に、緊張しながら自分の考えを発表したことを。なんといっても、1994年当時には、河川の流量を測定するために人工衛星を使うという発想そのものが馬鹿げていたのだから。

だが、この刺激的な新技術が狙いどおりに働くとすれば、SWOTは世界の淡水資源を管理するのに威力を発揮する衛星の第1号となり、今後多くの衛星がそれに続くだろう。そして、SWOTは、世界の水循環の他の要素をモニターしている多くの成功した衛星ミッションの仲間入りを果たすのだ。

そういった衛星としては、たとえば、降雨量を測定する全球降水観測（GPM）衛星やクラウドサット衛星、土壌水分観測衛星（SMAP〈Soil Moisture Active Passive〉）、さまざまな役割のひとつとして地下水が枯渇している地域を検知する機能をもつ重力観測衛星（GRACE〈Gravity Recovery and Climate Experiment〉）や、NASA-ISRO合成開口レーダー（NISAR）衛星などがある。水を感知できるこのような技術は、重要な観測結果が得られるだけでなく、水文モデルの発展にも役立つ。こうして予測能力が向上したモデルが、水資源計画から洪水リスク評価まで、あらゆる面で活用されている。

地上の安価なセンサーのネットワークによる観測データとともに、人工衛星から送られる全世界のデータは、やがては人工知能アルゴリズムで処理されて、地球の水循環の乱れを監視できるようになるだろう。センサーと衛星、そしてモデルによって、人類は、世界の水の量とその空間的・時間的変化をリアルタイムで継続的に把握するという不可能を実現しようとしている。

世界の水循環を正しく理解することは、聖書の時代から私たちを悩ませてきた問題だ。第1章で述べたように、ミレトスのタレスと、それに続く自然哲学者たちは、砂漠を流れるナイル川の氾濫の源について知恵を絞った。「伝道の書」1章7節の作者（古来よりソロモン王とされる）は、「川はみな、海に流れ入る、しかし海は満ちることがない。川はその出てきた所にまた帰って行く」と書いている。しかし、どうやってそれが実現されているのかは謎だった。

アリストテレスは、空気が水に変わることによって、地下の洞窟のなかから川が生まれると考えていた。中世には、河川が海に注ぐと、隠れたトンネルによって海水が陸に戻されてバランスが保たれていると広く信じられていた。この考えはルネサンス期にも引き継がれ、なんとあのレオナルド・ダ・ヴィンチまでもが信じていた。人間ならば動脈が心臓から血液を送り出して静脈がそれを戻すように、地球の場合は、海水を内陸の泉や小川、河川へと運ぶ地下の水脈があって、それにより新たな循環が始まるのに違いないと論じている。

だが、この推論には多くの欠陥がある（海水はどのようにして陸地の標高の高い場所まで汲み上げられたのか。どうやって塩水から淡水に変わったのか）。ところが、ダ・ヴィンチをはじめ、この考えを支持する多くの人々は、こういった疑問には悩まされなかったようだ。驚くべきことに、正しい答えが認められたのは1674年のことだった。フランス人のピエール・ペローが、川の流れの主な源は降雨であるとはっきり証明したのだ。

教育水準の高い家庭に生まれたピエールだが、クロードとシャルルという2人の弟に押されて知名度は低い。クロード・ペローは解剖学者、建築家として成功。フランス科学アカデミーの創設者の1人であり、ウィトルウィウスの有名な『建築十書（*De architectura*）』（第1章参照）を翻訳し、ルーブル美術館の一部を設計した。もう1人のシャルル・ペローは、『過ぎし日の物語ならびに教訓』（通称『ペロー童話集』）を出版し、名声を博した。英語圏では『マザー・グース物語』と呼ばれる童話集だ。

ピエール・ペローは、徴税人として働いた結果、破産することとなり、その後に関心をもったのがセーヌ川だった。陸地の降水量を計測し、それを河川で計測した流量と比較することで、セーヌ川のすべてではないにしてもほとんどの流量を雨と雪だけでまかなえることを証明したのだ。おとぎ話や芸術品よりも計測や数学に重きを置いたペローによる、問題に対する定量的アプローチは、当時の科学に見られたさまざまな進化のひとつだった。彼の著書『泉の起源について』によって、自然哲学者が2000年以上にわたって議論してきた問題が解決され、定量的水文学という分野の基礎が築かれた。
ルーブル美術館や「赤ずきんちゃん」、「サンドリヨン（シンデレラ）」と比べると、ピエール・ペローの偉業は今日ではほぼ忘れられている。しかし彼の取り組みは、河川だけでなく、全体としての水循環に対する理解と制御とを大きく前進させる基盤となった。ペローが築いた、計測にもとづく実証的な新しいタイプの科学は、今でもセンサーや衛星、モデルによって進歩を続けている。

もちろん、定量的水文学はペローの時代から大きく発展した。科学者たちは、水循環の主要な構成要素をすべて特定している。具体的には、降水、地下流、川の流れ、蒸発、植物からの蒸散、凝縮、（雪上や氷上での）昇華などだ。降水のほとんどは海まで到達することがわかっているが、氷河の氷や地下の帯水層など、水が海洋に達するのを大幅に妨げたり遅らせたりする大規模な貯水倉庫も存在する。海からも陸からも水は空気中へと蒸発し、数日間空中を移動してから、再び雨や雪となって降ることで、水循環の環が閉じるのだ。

この地球規模のシステムを循環するあいだ、水は生成されることも破壊されることもない。むしろ相変化で状態を変えながら、ある場所から次の場所へと移動する。ひとつの部屋のなかで大きさも速度も異なるたくさんの弾み車が回っているようなもので、一部の水はとても速く循環し（たとえば大気中を移動したり川を流れたりする水）、一部の水はゆっくりと循環し（地下水や湖や雪のなかの水）、一部の水は極端にゆっくりと循環している（化石帯水層や深海、氷河や氷床のなかの水）。大陸表面には、小さいながらも高速の弾み車があって（水蒸気や降雨、地表水など）、大地と、そこに住むほとんどの生命を支配している。いかなるときでも、そこには少量の水が存在し、その水が素早く循環しているので、生物は常にその水を繰り返し利用できるのだ。

水の相変化は、巨大なエネルギーの放出あるいは吸収を伴う。液体の水が蒸発して気体の水蒸気になる際には、周囲の環境から熱を吸収する（汗が乾くと肌が冷えるのはこのためだ）。この水蒸気が上昇して温度の低い場所で凝縮して雨粒になると、その潜熱（蓄えられていた熱）が再び大気中に放出されて、嵐や気圧系や天候にエネルギーが与えられる。台風は上陸すると、主なエネルギー源（蒸発した海水が上昇して凝縮する際に放出される熱）から切り離される。そのため、台風は弱体化し、消滅へと向かうのだ。

この循環のなかで、ものすごい勢いで燃料を送る燃料パイプのような役割を果たしているのが川である。純然たる貯水量としては微々たるものであって、どの瞬間においても全部で２０００立方キロメートル程度だろう。ちなみに、地球上の淡水の総量は――主に氷河や氷床、地下帯水層などに蓄えられているのだが――約３５００万立方キロメートルである。

だが、このような比較は、燃料パイプの体積と燃料タンクの体積を比べるようなもので、ほとんど意味はない。水とエネルギーが集まった高速の流れだからこそ、河川はこれほどまでに特別な存在なのであり、人類が湖よりも河川のそばに定住しようとする最大の理由でもあるのだ。

さらに言えば、飲料水とならず、農作物の灌漑にも適さない塩水が水全体の98パーセントを占めるこの惑星にあって、川が運んでいるのは淡水なのだ。雨水も淡水だが、拡散するので簡単には利用できない。つまり川とは、淡水の質量とエネルギーとを物理的に集める途方もない装置であって、川が淡水を、人類の文明と生命活動を支える重要な存在へと変えているのだ。

モデルの力

センサーや衛星のおかげで、地球の水循環のさまざまな構成要素の世界的な観測結果が得られ、水循環を研究・予測するためのコンピュータモデルの構築が可能となる。

水文モデルは日常的に社会のために役立つ強力なツールだ。水利事業、ダム放水計画、洪水予測に利用されている。また、水文モデルによって、農業従事者や救援機関は旱魃についての情報を得られるし、水計画立案者は短期的な天候や長期的な気候変動を計画に取り入れることができる。

水文モデルは、大気中の水とエネルギーの動きをシミュレーションする気象予報モデルと似ているが、空から雨や雪として降った後の陸上での水（とエネルギー）の動きまでシミュレーションするという点が違っている。この2つのモデルはよくペアで扱われ、気象モデルの出力が水文モデルの入力として使用される。

水文モデルは、きわめて単純なものから非常に複雑なものまで多種多様だ。それぞれに異なるアプローチが用いられ、さまざまな地理的スケールで動作する。「物理学にもとづいた」モデルとは、プロセス（蒸発や土壌への水の浸透など）のシミュレーションを物理学の基本原理にもとづいて明示的におこなおうとするものだ。より単純な、実験にもとづいたモデルでは、物理学や詳細は省略して、実際の測定値を使ってそういったプロセスを説明する。どちらのアプローチにも長所と限界があり、実際にはほとんどの水文モデルは両方のハイブリッドになっている。

どんなソフトウェアもそうなのだが、水文モデルもまた進化し続けるツールであって、真の意味で完成することは決してない。科学者たちは(たとえば現地調査によって)実際の現象を発見するたびに、それをモデルに取り込んでいく。新しい発見が促されるのは、多くの場合、モデルと現実の観測値との間に食い違いがあるときだ。

たとえば、計測によって河川の流量の減少が確認されたにもかかわらず、水文モデルがその減少を再現できない場合、モデルには何か重要なことが欠けている可能性がある。納得のいかないモデル開発者たちは、さまざまなアイデアを試し始める。もしかすると森林再生のせいで(樹木は水分を空気中に蒸散させるのだから)流量が減っているのだろうか。あるいは、地下水の汲み上げのせいで水源の泉が涸れつつあるのではないか。こういったアイデアをモデルに組み込んでみるのだ。

やがて、欠けていた実際のプロセスが発見されると、それがモデルに組み込まれて、新しいバージョンのソフトウェアがリリースされる。そして、モデルが本当に改良されたことを確認するための実地調査がおこなわれる。このような過程を経て得られるものは、たんに改良されたモデルだけではない。自然界が実際にどう働いているのかについての科学的理解が深まることになる。

このように、モデルの開発者と現場の科学者は、何十年にもわたってお互いをなだめすかしながら前進してきた。その結果、地球についての私たちの科学的理解は飛躍的に向上した。そして、あらゆるモデルが必要とするものがある。モデルの開発とテストのために、較正のために、シミュレーションを進めるために、欠けているプロセスを発見するために、更新された部分をテストするために——必要となるのは、実世界の観測である。

だからこそ、自律型センサーやドローン、飛行機、人工衛星から送られてくる大量のデータの奔流がとてもエキサイティングなのだ。

水文モデルは、そのお仲間の天気予報モデルと同じで、実世界の観測データを必要とする。観測によって、モデルは実力をつけ、より有用で強力なものとなる。そして観測によって、機械学習アルゴリズムのトレーニングが可能となる。このような時代の流れは、コンピュータサイエンスの分野ではずっと以前からあったが、今では地球科学の分野にも浸透しつつある。今日のセンサー、衛星、モデルの普及、そして水文学の黄金時代の到来を、タレスやダ・ヴィンチ、ペローが目の当たりにしたならば、さぞや驚嘆したことだろう。

私がアルベルト・ベーハーと最後に会ったのは、彼が亡くなる2日前のことだった。予定されていたグリーンランドでの現地調査のための新たなアイデアを抱えて、私の自宅まで車できてくれたのだ。そのアイデアとは、実質的に操作しなくても、氷床の広い範囲を何時間にもわたって計測できる、長距離対応の固定翼型ドローンだった。

ベーハーは説明した。ドローンに上空を自律的に巡回させながら、氷上の彼と私とが複数の浮輪型センサーを青い急流に浮かべる。浮輪は測定値をイリジウム通信衛星に送信し、一方ドローンはGPSナビゲーションとカメラを使って浮輪の移動を追跡しつつ、周辺の氷床上を勢いよく流れる何千もの細い雪解け水の流れをマッピングするのだ。ドローンには同じ場所を2回飛行させる。2つの視点からの情報を使って、デジタルのステレオ写真測量法で超高解像度の三次元地形図を作成すれば、氷床表面の氷を溶かして下降する流れを定量化できるだろう。

私は興奮した。それができれば、浮輪型センサーが送信するデータの科学的解釈が大いに助けられるし、その知見を拡張して氷床のさらに広い範囲に適用するのにも役立つだろう。しかもアルベルトが提案したドローンは、部品代がわずか5000ドルと、当時としては破格の値段だった。私の現地調査チームを氷床まで行き来させるためのヘリコプター代だけでも、その10倍はかかるのだ。

私たちはその方針で進めることに決めて、握手を交わした。明らかに興奮した様子のアルベルトは、運転してきた黒いポルシェに飛び乗ると、わが家の前の静かな通りを走り去り、空港へ、そして家へと向かった。

火星用の観測機器を組み立てたこのNASAのエリートエンジニアの先駆的なアイデアは、3年という短期間のうちに当たり前のものになった。現在、私のところの大学院生はみんな、せっせと部品を注文しては自律型センサーを組み合わせたりドローンを自作したりしている。

参入のコストは下がり続ける一方で、ハードウェアとセンサーの性能は上がり続けている。宇宙機関や民間企業は、誰も見たこともないような新しい技術で空を埋め、得られたデータを無料で提供している。長期にわたる衛星計画によって、半世紀にわたる長い動画が上空から静かに撮影されている。20年前には想像もできなかったような方法で、センサー、衛星、モデルを使って、さまざまな年代のベーハーの後継者たちが自然科学を発展させているのだ。

人類はテクノロジーと情報の驚異的な革命を推し進めている。それにより、河川をはじめとする地球上のあらゆる淡水資源についての理解が、今後も大きく向上するだろう。

第9章 再発見される川

「下で何が起きてるのやら、誰にもわかりはしないのさ！
僕やあんたが思うより、水溜まりは大きいのかもしれないよ……」
『マケリゴットの水溜まり（McELLIGOT'S POOL）』ドクター・スース

地球上で最高の釣りの穴場

私には秘密にしている釣りの穴場があるのだが、今から考えられないようなことをしようと思う。なんと、その場所を、読者の皆さんに教えるのだ。

「穴場」とはよく言ったもので、実は文字どおりの穴である。深さは誰にもわからない。少なくとも私は知らない。緑豊かな広葉樹に取り囲まれた窪地に、タンニンで色づいた透明な、まるで紅茶のような水が、地面から湧き出している。水面には音もなく渦が湧き起こっている。地下深くから上昇する垂直流の証拠だ。古代の岩壁が水のなかに滑り落ち、やがて見分けがつかなくなる。湧水の脇には、水平な岩棚が、まるで舞台のように完璧な配置でせり出している。

差し渡しわずか12メートルのこの暗い水の溜まりには神聖さがあり、時間を超越しているかのようだ。かつてモホーク族が癒やしの力を求めて訪れたのではないか、それとも魔女が魔法のためにこの溜まりの水を盗みにきたのではないかと想像が膨らむ。

この溜まりは、ある洞窟の煙突に相当する。その洞窟は、インディアン川（ニューヨーク州北部のアディロンダック山地の山麓を流れる小さめの川）の流れの3分の1の通り道だ。数百メートル離れたところに、洞窟のもっと大きな口が開いていて、川の流れはそこから地中へと潜り込んでいる。

ここはかつて、道路沿いのナチュラルブリッジキャバーンズという観光名所の入り口だった。国道3号線をレークプラシッドに向かうドライバーたちが車を停めては一休みしたものだ。彼らは小さなボートに乗って洞窟のなかに入り、この場所の自然史について、あるいはナポレオンの兄でナポリとスペインの国王だったこともあるジョゼフ・ボナパルトの秘密の脱出用トンネルとして洞窟が使われたという噂について聞かされた。この地の自然の美しさに魅せられたボナパルトは、近くのナチュラルブリッジという村に夏の別荘を建てていた。このナチュラルブリッジという名称は、洞窟を流れるインディアン川を大理石の岩盤が覆っている様子が、まるで自然の橋のように見えたことからつけられたものだ。

私がこの穴の何に興味をもったかというと、魚釣りだった。私はシカゴのダウンタウン育ちの都会っ子だったが、1970年代後半から1980年代はじめにかけて、夏休みにはこの地の祖母の家に預けられた。そして、それまで見たことのないようなこの景色に出会ったのだ。その神秘的な見た目はさておいて、地元の人から「シンクホール」と呼ばれていたこの穴は、まさしく魚工場であった。

毎朝、借りた自転車に乗ってこの魚工場に行っては、コクチバスを必ず2匹釣って帰った。それを祖母と一緒に食べていたから、夏休みごとにシンクホールで少なくとも50匹は釣っていたと思う。私以外にもたくさんの子どもたちがそこで釣りをしていた。溜まりまで続く土の歩道には、押し固められた深い轍ができていた。岩棚には、餌を入れていた空き缶や、絡み合った釣り糸など、無頓着に物を捨てる世代の人たちが残したさまざまなゴミが散乱していた。

私たちは毎日釣りをしたが、シンクホールの魚が尽きることはなかった。ある少年が、見たこともないような巨大なカワマスをその深みから引っ張りあげたときには、羨ましくてたまらなかった。青い顎に、燃えるような赤色の腹、体を月色の斑点で覆われた体長40センチメートル超の美しいオスのカワマスだった。私のライバルのその少年は、釣り糸の先に重い鋼鉄のボルトをつけて、餌を洞窟の奥深くにまで沈めていた。

今では、溜まりに向かう歩道には草が生い茂り、かつて盛んにおこなわれていた釣りの痕跡は消えている。木々に囲まれた窪地の周辺に人が近づいた形跡はなく、シンクホールの存在を知る人はほとんどいないようだ。最近、ナチュラルブリッジを訪れて、街でたくさんの子どもを見かけたが、どの子もポーチに座ってタブレット端末や携帯電話に見入っていた。私はあれほどシンクホールにもう一度行きたかったのに、なぜだか釣り竿をもってくるのを忘れていた。私のなかでさえ何かが変わってしまったようだ。

そこで、地球上で最高の釣りの穴場を、ここに謹んでお教えしたい。その場所とは、北緯44度4分16秒29、西経75度29分38秒77。

加速する人類の「自然離れ」

あれほどの人気スポットがさびれてしまったのには驚いたが、実際のところは驚くほどのことではなかった。それは、もっと大きなパターンのひとつの表れにすぎないのだから。

私の手もとには、全米で販売されている釣りや狩猟の許可証の数を1958年以降ずっと追跡調査しているアメリカ魚類野生生物局から入手した、ニューヨーク州の釣り許可証の販売の履歴がある。また、毛皮獣の罠猟許可証の販売記録も、ニューヨーク州から手に入れた。これらのデータを見ると、少年時代にアディロンダックで思い出深い夏を過ごした1980年代初頭は、実は釣りや狩猟、罠猟といった野外レクリエーション活動への関心がアメリカでピークに達した時期だったことがわかる。

当時、ニューヨーク州には許可証をもつ釣り人が約90万人いた。今も総数は同程度だが、人口増加を考慮に入れると、釣り人の割合は住民18人に1人から、現在は22人に1人へと減少している。狩猟者は絶対数も住民における割合も減少しており、許可証をもつ狩猟者の数は、1980年代初頭の80万人近くから、現在は約55万人にまで減少している。人口増加を考慮すると、私が子どもの頃は22人に1人いた狩猟者が、今では35人に1人にまで落ちている。罠猟師は常に少数派の孤独な存在ではあるが、絶対数が1980年の約3万人から、今では1万5000人と、ほぼ半減している。近年では、ニューヨーク州で罠猟許可証を購入した者は1000人に1人もいない。

こういった州レベルの数字は、アメリカ全体の、そして世界全体の傾向を反映している。2018年、アメリカでは約2980万人が釣り許可証を購入した。これは絶対数としては1980年代初頭とほぼ同じだが、人口増加を考慮すると、釣り人の割合は、アメリカ人の8人に1人から11人に1人へと減少している。狩猟者の絶対数は1980年の1630万人から2018年には1560万人と微減であるが、割合は14人に1人から21人に1人へと大きく減少した。

同様の傾向は、アメリカではキャンプや、バックパックでの徒歩旅行、ハイキング、公有地の訪問に費やした日数に、日本やスペインでは国立公園を訪れた日数に反映されている。これらの歴史的な記録の統計的調査で明らかになったのは、さまざまな野外レクリエーション活動への1人あたりの参加レベルは、1981年から1992年の間にピークに達し、それ以降は着実に減少していることだ。

ほとんどの国で人口はまだ増え続けているので、割合における減少は見落とされやすい。たと

ニューヨーク州北部の、ビーバーの罠猟師。かつて北米をヨーロッパとの貿易へと開いた罠猟だが、従事する人の数はますます減っている。狩猟、釣り、罠猟の許可証の売り上げや国立公園への入場者数などの数値データから、人間の野外活動は1980年代にピークに達した後に、激減していることがわかる。（ローレンス・C・スミス提供）

えば、アメリカの国立公園を訪れた人の絶対数は過去最高を更新し続けている。そのため、国立公園の施設やスタッフの負担は増すばかりだ。しかし、人口増加を考慮すると、アメリカの国立公園の人気は１９８７年をピークとして以降は落ち続けていることがわかる。

この動きの背景にある理由については議論がなされているが、それらの理由は今後も影響力を強める可能性が非常に高い。多くの研究によって指摘されているのは、私たちが屋内のエンターテインメントへの執着を強めつつあるということだ。テレビやビデオに始まって、インターネットの利用やソーシャルメディアでの活動、オンラインゲームなどへと発展している。理由はともかくとして、複数の独立したエビデンスによって、ホモ・サピエンスの大規模な自然離れが世界的に進行中であることが裏付けられている。

映画や言語、芸術における自然の描かれ方についても、興味深い変化が見られる。たとえば、70年にわたるディズニーとピクサーの長編アニメーション映画を分析したある研究により、世界でもっとも愛されているこれらの子ども向け映画において、場面設定での自然離れが急激に進んでいることがわかった。

１９３７年にウォルト・ディズニーが発表した『白雪姫』では、ほぼすべての屋外の場面に自然豊かな背景が使われており、この慣習はその後40年以上にわたりディズニー映画で踏襲された。だが、１９８０年代初頭以降のディズニーおよびピクサーのアニメ映画の半数では、屋外の場面であってもほとんど自然が描かれていない。背景が自然であっても、描かれる野生動物の数は減り、野性味を感じさせなくなり、人間の手が入っている景観が描かれるようになった。

また、データマイニングのアルゴリズムを用いて、過去100年間でつくられた世界中の英語による小説、映画のあらすじ、トップ100の歌の歌詞のなかで、たとえば、sun（太陽）、flower（花）、rain（雨）など、自然に言及した言葉の頻度を追跡調査した興味深い研究がある。

そこで明らかになったのは、大衆文化において、これらの言葉の使用が劇的に減少していることだ。論文の著者たちはこう記している。「3ジャンルにわたる文化的作品群において私たちが発見したのは、集合的な創作物と文化的な会話のなかで、自然の占めるスペースが1950年代以降減少していることを指し示すエビデンスだ」。これは必ずしも人々が自然を気に掛けなくなったことを意味するわけではないものの、確かにいくつかの考えさせられる疑問を投げかける。「人々は自然をかつてよりも実利的な用語で捉え、美的あるいは精神的な用語では捉えなくなったのだろうか」「自然を体験するものではなく、消費するもの、コントロールするものと考えることが多くなったのか」「そして、このような自然に対する考え方の違いは、自然保護活動や全体としての人間の健康な暮らしにとってどんな意味をもつのだろうか」

いずれも、会話が盛り上がりそうなすばらしい疑問だが、今のところ答えは出ていない。だが、このトレンドの根本にある理由についての著者たちの見解は明確だ。人類が屋内のレクリエーション活動へと世界的に移行していることと、パターンが合致しているというのだ。このトレンドは、娯楽や教育、社会的交流に多くの恩恵をもたらすものではあるが、犠牲も伴う。この点について、次に見ていこう。

自然と脳の関係

ジャーナリストであり、児童擁護家でもあるリチャード・ルーブは、2005年に『あなたの子どもには自然が足りない』というベストセラー本（訳注 邦訳は春日井晶子訳、早川書房、2006年）を出版した。この本には野外での活動が子どもの発達にとって重要であることを示す精神医学的・生理学的研究が集められており、こういった研究は増え続けている。

ルーブが数多くの科学的研究を引き合いに出して示したのは、幼少期に自然との関わりが不足することによって、注意障害、肥満、うつ病など、目まぐるしいほど多種多様な疾患を生じうることだった。ルーブはそれらの総称として「自然欠損障害（nature-deficit disorder）」という用語をつくっている。この本をきっかけに、「子どもを屋内に残さない（No Child Left Inside）」という国際的な運動が起こり、ルーブが共同創始者となって「子どもと自然のネットワーク（Children & Nature Network）」という組織が立ち上げられた。いずれの目的も、子どもたちを野外活動へと連れ戻すことだ。この考え方にはかなりの説得力があり、私たち夫婦は最近、これらの考えも取り入れて、ロサンゼルスからそれほど都会ではないニューイングランド地方へと引っ越した。ロサンゼルスでは、幼い子ども3人に小枝や花を拾ってはいけないと話していて、そのことに疑問を感じるようになったのだ。

ルーブは、次に出版した『自然の原理』で、増え続けている自然欠損障害が大人にも及んでいることを示すさまざまなエビデンスを取り上げている。

この分野の研究文献をひもとくのはとても面白い。『あなたの子どもには自然が足りない』の出版から3年後に、ミシガン大学のある研究チームが次のような内容の論文を発表した。成人の被験者たちが、アナーバーの公園を1人で50分間散歩すると認知能力が明らかに回復し、逆に都会の賑やかな繁華街を散歩すると認知能力が低下したというのだ。この成人の脳機能の改善は、被験者の気分や、天候などの外的要因に関係なく観察された。

研究者の結論とは、「自然は興味をそそる刺激に満ちており、ボトムアップ型で適度に注意を引きつけるため、トップダウン型の選択性注意の能力を補充する機会が得られる」というものだ。より鋭い刺激、たとえば車のクラクションや店舗、交通などは、私たちの注意を完全に捉え、なんらかの対処をするかしないかを決めるための選択性注意が必要となる。この効果のために、自然環境と比べると都市環境は成人の脳の認知能力を回復させにくくなっているものと思われる。

重要なのは、静かな部屋に座っているなど安静にするだけでは、ここで観察された認知能力の改善は再現できないという点だ。自然環境で見出されるような種類の刺激にある何かが必要なのだ。神経学的観点からは、この現象には視覚野が関係していると見られている。というのも、被験者が野外の自然環境の写真を見るだけで、同様の効果を部分的に得られたからだ。理由はともかく、自然のなかの適度に興味をそそる刺激には、たとえそれが都会の公園で見出されるものであっても、私たちの脳の認知能力を回復させる特別な何かが明らかに存在している。

これらの効果は、個人の気分や自尊心にも及ぶ。エセックス大学のジョー・バートン教授が主導した2つのメタ分析（他の複数の研究のデータセットに統計的手法を適用した研究）によると、

「グリーン・エクササイズ」（自然のなかでの活動）は精神衛生にとって非常に有益であることがわかった。イギリスでの10の研究（被験者は１２００人以上）を分析したこの研究により、いずれの場合も緑の環境が自尊心と気分とを改善させたこと、そして水の存在がこれらの効果をさらに高めることが発見された。

海洋科学者のウォレス・ニコルズは、『ブルーマインド』という著作でこの考えをさらに発展させ、人間の神経機能は自然そのものだけでなく、特に水に対してポジティブな反応を示すと論じている。この著作は、水がもたらす数多くの生理的・社会的恩恵を取り上げ、特に認知・感情・心理面での利益に焦点をあてている。たとえば、水の流れる音だけでストレスは大幅に軽減される。小川のせせらぎや砕ける波の音を模倣するノイズマシンを使うと、人は眠りにつきやすくなる。音を立てて流れる小川や滝の映像を癌患者に見せると、ストレスホルモンであるアドレナリンやコルチゾールが大幅に減少するなど、他にも実例は多い。

ウォレスは２０１１年から神経科学者、心理学者、芸術家、水文学者を集めたカンファレンスを定期的に開催して、「人間の精神は根源的に大量の水がある場所に惹かれる」という考えを探求している。

私は神経学者ではないので、ループやバートン、ウォレスがまとめたものをそのまま受け入れようと思う。川で過ごしてきた40年以上に及ぶ私の個人的な経験からも、彼らの主張は共感できるものなのだ。子ども時代も、大人になってからも、川の近くで30分も過ごせば心が穏やかになり、落ち着いてクリアに考えられるようになるという感覚が実感としてある。

私がシンクホールやインディアン川沿いのいくつかのお気に入りの釣りスポットに毎日通っていたのは、結局、魚が目当てではなかった。期待どおりの静けさと適度な刺激がある場所で、長い時間を過ごすことができるから通っていたのだ。釣り竿をほったらかしたまま、川の岩をひっくり返してザリガニやヘビトンボの幼虫を探すのにいくらでも時間を使ったものだ。水面の渦やイトトンボが狩りをする様子を眺め、川をリズミカルに流れる砂の動きを観察した。

こういった時間は、私にとって、ただ都会を離れて楽しい夏の日を過ごしたというだけではなかった。集中することを、1人でいるときの充足感を、単純なもののなかに美を見出す方法を、教えてもらったのだ。あなたが子どもであっても大人であっても、どんな川や池や公園からでも、こういった経験が得られると信じている。

それが、都会のなかだとしても。

都市部の河川に関するトレンド

先日、妻がマンハッタンでの結婚式に招待されたので、子どもたちを祖父母に預けて、夫婦で長い週末を過ごすことにした。そのすてきな3日間で3つの経験をしたことで、私が以前から考えていた都市部の河川に関するいくつかのトレンドを確認できた。

1つ目は、結婚式場に向かう途中での経験だ。私たちが降りたのは34丁目ハドソンヤード駅という、ハドソン川沿いのチェルシー地区に新設されたピカピカの地下鉄の駅だった。ニューヨークの地下鉄のほとんどの駅は狭苦しくて薄汚れているのだが、この駅は風通しがよく、近代的で明るい。地上に出ると、そこは広大な建設現場の真っただ中だった。ガラス張りの高層ビルに取り囲まれるようにして、吹き抜けの階段と踊り場で構成される巨大な蜂の巣状のアート構造物が建っていた（後で知ったが、これは「ベッセル」という名称で、イギリスに拠点を置くトーマス・ヘザウィックというデザイナーが考案したのだという）。重機の音が響くなか、仮設のベニヤ板の壁のあいだを案内に従って進みながら、私は感銘を受けていた。建設現場の西側境界を流れるハドソン川の眺めを最大限に生かせるよう、これらの新しい建物がすばらしく戦略的に設計されていたからだ。

この広大な敷地は、西側はハドソン川、東は10番街、北は34丁目、南は30丁目に囲まれている。ガラス張りの新しいビル群が建てられているのは、マンハッタン島の約11万平方メートルに及ぶ鉄道車両用地の上部で、川のすぐそばだ。車両基地は取り壊されるのではなく、上部を完全に覆われて地下の扱いとなる。線路の間に配置された杭の上に、ハドソンヤードの新たな骨格がそびえ立つ（カラー口絵参照）。1930年代に8万9000平方メートルのロックフェラーセンターが建設されて以来、マンハッタンで最大の開発プロジェクトだ。

開発事業者によれば、ハドソンヤードは、アメリカ史上もっとも費用のかかる再開発プロジェクトであって、総事業費250億ドルが見込まれている。21世紀の大規模な都市開発プロジェクトの多くと同様、このプロジェクトで重視されるのは複合用途ゾーニング、つまり高密度住宅、商業施設、屋外スペースを混在させる手法だ。タワーマンション、店舗、レストラン、オフィス、屋外共有スペースからなる新しい複合施設に加え、舞台芸術センター、ホテル、公立学校の建設が予定されている。ハドソンヤード自体に5万7000平方メートルの屋外緑地が含まれるが、ハイライン（廃線となった高架が最近改修されて緑豊かな公共の遊歩道となり人気を集めている）やハドソンリバーパーク（ロウアー・マンハッタンのハドソン川沿岸6キロメートルにわたる新たな緑地）とも接続されることになっている。このプロジェクトでは、1・7平方キロメートルの床面積、約4000戸の住宅、100以上の店舗が建設される予定だ。ハドソンヤード完成時には、新しく生まれ変わった河川沿岸地区での約5万5000人の雇用創出と年間190億ドルの収益が期待されている。私が知るなかでもっとも圧倒的な都市再開発プロジェクトであることは間違いない。

2つ目の経験は、結婚式それ自体だった。式と披露宴は、「ピア61」でおこなわれた。歴史あるチェルシーピアーズにある、かつて船舶が発着していた埠頭を再利用した建物だ。ピア61は、ハドソン川の河口に突き出している。水に囲まれた細長い空間は、特別なイベントにぴったりだ。どの面からも水の景色が見えて、豊かな自然光が降り注ぐ。イベントスペースの「ザ・ライトハウス」は埠頭先端に位置している。両側のガラス窓は床から天井まで続いており、それがひとつになる先端のコーナーには花で覆われたフッパー（その下でユダヤ教徒が結婚式を執りおこなう天蓋）が設置され、結婚する2人と来客が水面を見渡せるようになっていた。ハドソン川、自由の女神、ニュージャージーとロウアー・マンハッタンの両岸からなる壮大なパノラマビューのなかに佇むカップルは、まるでおとぎ話の挿絵のようだった。

挙式は夕暮れにおこなわれた。空はオレンジ色と深紅に輝き、消えゆく光のなかで２人の姿がシルエットとなって浮かびあがる。合図を受けたかのように、ニュージャージーとニューヨークの沿岸に光が灯されて輝き始めた。ハドソン川は暗さを増し、きらきらと輝く両岸を隔てる深淵となる。ラビがモーゼの律法を詠唱し、アラム語を数節つぶやいた。日没、古代からの儀式、そして悠久の川の流れを目の当たりにすると、若いカップルと彼らのまわりに集まったあらゆる世代の人々が体現している生命のサイクルに思いを馳せずにはいられなかった。たとえ地下室でおこなわれたとしてもすばらしい式になっただろう。しかし、街の灯に囲まれて黒い水の上に突き出すというその物理的な環境によって、その瞬間は荘厳なものとなったのだ（カラー口絵参照）。

３つ目の経験は、その翌日のことだった。長年の友人が、ブルックリンにあるキングスカウンティ蒸留所の見学とカクテルパーティーに招待してくれたのだ。２０１０年に設立されたばかりなのになぜだかニューヨークで最古の蒸留所であり、かつ、１９３３年に禁酒法が廃止されてから最初にオープンした蒸留所でもある。自慢の品は、トウモロコシを原料としたムーンシャイン（熟成していない無色透明のコーンウイスキー、「密造酒」の意もあり）とバーボンだ。地元産の原料を使用してこの場所で蒸留している。

蒸留酒は炭化させたオーク材の樽に入れられる。修復された2階建て赤れんが造りの建物の板張りの床にその樽が置かれ、そこで熟成が進められる。炭化した樽と熟成という過程によって、トウモロコシを原料とする無色透明な酒の色が濃くなり、香りもついて、すばらしい琥珀色のウイスキーになるのだ。ツアーはとても面白く、私たちはその後、蒸留所のテイスティングルーム兼バーの「ゲートハウス」でお酒を楽しんだ。

蒸留所の製造エリアと同様、バーはまさにレトロな空間だった。昔のままのれんが造りの建物に絶妙にフィットしている。この建物は、かつてアメリカでもっとも長く稼働していた海軍造船施設のひとつ、ブルックリン・ネイビーヤード（ブルックリン海軍工廠）の入り口を守る衛兵所だった。敷地全体が、ニューヨークのイーストリバー河口域の大きな湾を包みこんでいる。

ブルックリン・ネイビーヤードの造船所としての操業は１８０１年から１９６６年までと、ニューヨーク州で継続的にもっとも長く操業を続けた製造施設である。この造船所で、たくさんの名だたる艦船がつくられた。たとえば、ＵＳＳモニター（ハンプトン・ローズ海戦でＣＳＳバージニアと引き分けた装甲船、第3章参照）、ＵＳＳアリゾナ（真珠湾攻撃により最初に沈没した船）、ＵＳＳミズーリ（その甲板で日本が降伏文書に正式に調印して第二次世界大戦が終結、第4章参照）などだ。

１６５年の操業の後、海軍工廠は１９６６年にその任を解かれた。何万人もの労働者が解雇され、錆びて老朽化が進む工廠は、アメリカにおける工業生産の雇用喪失を象徴する存在となった。約1平方キロメートルの敷地はニューヨーク市に売却され、市はその場所を商業用地として再開させた。何年もの間、この地所の主なテナントは造船所のままだったが、１９８０年代後半にはこれらの造船所も廃業し、老朽化した施設は閉鎖された。

その後、市は開発公社を設立してこの土地の用途を再検討した。それからの10年間で、多種多様な中小企業を誘致するために、多くの大型倉庫や建物が分割・改築された。２０００年代のはじめには、ブルックリン・ネイビーヤードのスペースを借りているテナント数は275まで増え、環境意識の高い企業の数も急増している。

映画やテレビの制作会社スタイナー・スタジオは、2004年にここで操業を開始し、2010年と2017年に規模を拡張した。キングスカウンティ蒸留所は、少し前に登場した、かつて海軍工廠の銀行だった歴史あるれんが造りのペイマスター・ビルディングにウイスキー事業を移転させた。2018年までに、2万3000平方メートルのグリーン・マニュファクチャリング・センター、3300平方メートルの温室、6000平方メートルの屋上農園が誕生していた。ブルックリン・ネイビーヤードは、仕事を失った製造業の墓場から、多様で先進的な都市型ビジネスの活気ある拠点へと生まれ変わったのだ。


この一見無関係に見える3つの物語が示すのは、先進諸国の都市の川岸を変貌させつつある大きな経済的・環境的な動きだ。はじめのいくつかの章で書いたが、都市と河川の古くからの関係は、黎明期の農耕文明にまでさかのぼる。その関係の性質は、数千年の間に何度も何度も変化してきた。今、都市と河川の関係は再び変化の時を迎えている。私たちの都市は、実利的で産業的だった川との関係から緩やかに離れて、河川を人々の健康な暮らしの源とみなすような関係へと移行しつつある。

重工業や造船業、製造業の拠点は、数十年かけて発展途上国へと移ったため、先進国では沿岸部の多くの工業用地が閉鎖され、衰退していった。こうした産業活動の消滅に、公害規制法案

（第6章参照）が重なって、都市の河川沿岸は、生活や仕事の場として許容できるほど清潔で、美的観点からも魅力的な場所へと変わりつつある。ほとんどすべての主要都市はそもそも河川沿いに築かれているのであって（第2章参照）、多くの都市の中心部が再開発されている今、豊かな都市のなかで放置されている川沿いの土地は再開発の格好のターゲットになっているのだ。

かつての工業用地を再利用するために、不動産所有者や都市計画者は何十年も奮闘してきたが、その結果はまちまちだった。しかし今、新世代の都市設計者や計画立案者たちが、これらの土地を新しい観点から見直している。

ニューヨーク市で活動し、都会のわずかな土地に極小の緑のオアシスをつくる名手で、受賞歴もあるランドスケープ・アーキテクトのリズ・パルバーが私に向かって羨ましげに指摘したとおりで、他の利用可能な区画と比べると、沿岸の工業用地というのは一般に巨大である。その巨大さが引き寄せるのは、住宅と商業的スペースの複合施設や、手頃な価格の住宅プログラム、環境的に持続可能な資材、そして誰もが利用できる多数の公共の屋外緑地を組み込んだ、野心的な再開発プロジェクトだ。

現代の都市計画というのは公共の利用と緑地がすべてなのだが、河川沿いの広大な土地というのは、それらを創出するのにうってつけの機会を与えてくれる。なぜならば、河川への一般の立ち入りを保護する長年の法的規範（第1章で述べたように古代ローマ時代にまでさかのぼる）があり、また、河川そのものが物理的脅威にもなるからだ。

その名が示すとおり、氾濫原は当然ながら洪水や浸食の影響を受けやすいので、恒久的な建物を建てるには危険な場所である。このような土地が適しているのは、屋外のレクリエーション空間という使い方だ。さらに、ほとんどの自治体では、河川近くの建物に対して厳格なセットバックの要件を課している。結果として、河川沿いに公共の歩道を設置して地役権を守るための、明白かつ合法的な機会が生まれるのだ。

海岸沿いの地域には、海面上昇という、沿岸の建築物が長期的に存続できなくなる別のリスク要因もある。そのため自治体の計画立案者はさらに慎重になって、新規開発に対して以前より大きなセットバックを求めるようになっている。こうした背景から、沿岸に建物を建てる場合のコストや負担は増える一方なのだが、緩衝地帯が広くとられるおかげで、以前は工業用地だった広い土地に、わくわくするような水辺の緑地をつくるチャンスも生まれている。

開発者はこれらの挑戦に奮起している。ニューヨークの大都市圏だけでも、現時点で数十の大規模な河岸の再開発プロジェクトが計画中あるいはすでに建設が進んでいるところだ。ほぼすべてのプロジェクトには、誰でも利用可能な公園が用意されている。人がぎゅう詰めの都市部で切実に求められているものだ。

たいていの人は何十年も金網で囲い込まれたかつての工業用地を開発してもらいたいと思っているので、土地を再利用するという提案は、特に沿岸に公園を設置するという計画が含まれていると、地元住民や政治家からの支持を現実的に得やすくなる。適切に実施されれば、このようなプロジェクトは、都市のコミュニティと川とをつなぐ新たな機会となる。

そのひとつが、ブルックリンの近隣地区ウィリアムズバーグのイーストリバー沿いにあるドミ

ニューヨークのブルックリンでは、イーストリバー沿いの軽工業用地だったグリーンポイント・ランディング（写真）での大規模プロジェクトをはじめ、数多くの河岸再開発プロジェクトが進行中だ。（ローレンス・C・スミス提供）

ノ製糖工場の跡地である。工場は、アメリカの砂糖産業において、132年という長く名高い歴史を経て、2004年に閉鎖された。その場所は現在ではドミノ製糖工場プロジェクトと呼ばれ、4万5000平方メートルの敷地に宅地と緑地が混在している。建設が予定されている複数の集合住宅の総戸数は2800戸。そのうち700戸は手頃な価格の住宅用として確保されることになっている。

沿岸には2万平方メートルを超える公園が設けられる予定だ。倉庫の柱や、巨大クレーン、高架通路として再利用したクレーン用レール、シロップのタンクなど、古い製糖工場の歴史的な構造物も保存される。つまり、ドミノ・パークによって、ウィリアムズバーグのすべての住民が、これまで利用できなかったイーストリバー沿いの芝生や運動場、岸辺などにアクセスできる公共空間が生まれるのだ。
イーストリバーの同じ岸辺を北に3キロ足らず進んだ場所では、さらに大規模な再開発プロジェクトが進められている。ブルックリンのグリーンポイント地区での、グリーンポイント・ランディングと命名されたこのプロジェクトは、イーストリバーとニュータウン・クリークの合流点近くにある8万9000平方メートルのかつての軽工業用地に、10棟のタワーマンションとビルを建設する計画だ。総戸数は5500戸、そのうち1400戸が手頃な価格の住宅用とされる。川沿いには新しい公立学校と約1万5000平方メートルの公園が設置される予定だ。

私がはじめてグリーンポイント・ランディングの建設現場を訪れたのは2018年のことで、案内してくれたのはプロジェクトを指揮するランドスケープ・アーキテクトのカレン・タミルと広報担当のジョヴァーナ・リゾだった。タミルは、ジェームズ・コーナー・フィールド・オペレーションズの上級アーキテクト兼設計家である。フィールド・オペレーションズとも呼ばれるこの会社は、古い工業用地を再利用した都市公園の造成を専門とする景観設計と都市デザインの会社だ。マンハッタンの高架遊歩道「ハイライン」はこの会社が設計しており、2009年に開通されてから大変な人気を博している。

同社の近年の沿岸部プロジェクトには、シカゴのネイビーピア、サンフランシスコのプレシディオ公園、シアトルのセントラルウォーターフロント、マイアミのナイトプラザ（Knight Plaza）、フィラデルフィアのレースストリートピア、ロンドンのクイーンエリザベスオリンピックパークのサウスパークプラザ、深圳の前海水城などがある。他にも、イーストリバー沿岸だけでも、グリーンポイント・ランディング、ドミノ・パーク、コーネル大学の新しい工学系キャンパス（イーストリバーの中央にあるルーズベルト島に建設）など、数多くのプロジェクトを手がけている。

タミルはほとんどのニューヨーカーと同じように自分の仕事に夢中なタイプで、地盤のかさ上げについて矢継ぎ早に説明しては、建築図面をどんどんめくる。私はそのスピードにまったくついていけず、メモをとりたいのでゆっくり話してもらえないかと頼んだくらいだ。

「サンディによって、沿岸部の使い方が大きく変わったんですよ」と、タミルはきっぱりと言った。「私たちが扱うプロジェクトはすべて、以前よりも、災害に対して回復力のある形で進められるようになりました」。その後、ヘルメットをかぶった状態で、一部が建設された高層ビルの中に案内されるのを待っていると、彼女は周囲の掘削された場所や山積みの岩をにらみつけながら、台地の造成がスケジュールから遅れているわね、と呟いた。私がここを離れた直後に、誰かが彼女からこのことについて何か言われるんだろうなという気がした。

２０１２年にハリケーン「サンディ」が東海岸を襲ったとき、この地所の大部分が浸水した。そこで、開発業者であるパークタワーグループのジョージ・クラインとマリアン・クラインは、将来の高潮や海面上昇に耐えられる緑地の基本計画の設計をフィールド・オペレーションズに依頼した。当時、地所の大半は海抜１・５～１・７メートルしかなかった。しかし、盛り土をして段状に台地を造成することで、地盤をさらに１～１・５メートル高くすることができた。この新たな台地は、内陸の近隣地域を洪水から守るのにも役立つ。ドミノ製糖工場プロジェクトと同じく、新しい建物群は水辺から距離をとった場所に建てられ、１階の海抜が少なくとも４・９メートルを超えるようつくられる。

地所が広いため、この人工的なかさ上げはまったく目立たない。私が見た、川岸に沿ってつくられていた台地は、800メートルに及ぶ長い階段状の公園となる。ドミノ・パークと同じで、半分砂に埋まった巨大な鉄製ブイなど、この土地の過去の産業にまつわる歴史的な遺物が保存される予定だ。また、もともとあった桟橋の、ぼろぼろの杭をそのままの場所に残して、その横に新たな公共の桟橋をイーストリバーに張り出すようにつくることになっている。

グリーンポイント・ランディングに反対する者は多い。地元住民の多くは、低いれんが造りの建物が並ぶ閑静な地域に10棟もの巨大ビルが建ち並ぶのを嫌がっている。沿岸に新しく公園ができるのはいいことだが、5000戸の住居がつくられることで騒音や交通量が増えることを恐れているのだ。また、このプロジェクトが海面上昇のリスクにさらされていることや、有害なスーパーファンド・サイトの排水が流れるニュータウン・クリークに近いことも指摘されている(イーストリバーの支流で、第6章で取り上げた環境活動家クリストファー・スウェインが泳いだ流れだ)。

激変するニューヨークの河川沿岸

巨大開発プロジェクトに反対するために組織された数多くの地域グループと同様に、グリーンポイント・ランディングの反対派も、プロジェクトを阻止できないでいる。実のところ、改正されたニューヨーク市のゾーニング法は、沿岸地域の徹底した開発を奨励する内容なのだ。

この新たなゾーニング政策の起源は1980年にさかのぼる。マンハッタンの南部の36万平方メートルにわたる老朽化した埠頭や倉庫が、現在のバッテリー・パーク・シティへと姿を変え始めた頃だ。このプロジェクトの圧倒的な成功を受けて、市は1992年に包括的な沿岸開発計画を発表する。ニューヨークの沿岸部の工業地帯を再ゾーニングして、公共のアクセス、レクリエーション、住宅再開発のために利用することを提案した。翌年、ゾーニング変更の第一弾が可決された。2005年にはブルックリンのグリーンポイントやウィリアムズバーグの沿岸も同様に再ゾーニングが決定された。

2011年、ニューヨーク市が発表した沿岸開発計画「ビジョン2020」で、さらなるゾーニングの変更と、市全体にわたる沿岸部再開発の具体的なプロジェクトが数多く示された。マイケル・ブルームバーグ市長は、計画の序文で、何十年にもわたって閉鎖されていた何キロにもわたる沿岸地域が市民に開放されることを称賛した。そして、「住民の生活の質を高めるために不可欠なレクリエーション空間を、それぞれの近隣地域が利用できるようにする」と約束した。この計画と「ウォーターフロント・アクション・アジェンダ」という実行計画書によって、ニューヨーク市の5つの区すべてにおいて、130以上にのぼる新たな沿岸部再開発プロジェクトを優先的に進めることが決められた。

そのひとつがブルックリンブリッジパークだ。ブルックリン橋の下にある開放された広場によって、北側に以前からあった河岸の公園と、新たに再利用された複数の埠頭、そして南側のより大きな沿岸の公園までがつながった。9万平方メートルの倉庫は、アパートメントや店舗に改装され、1960年代から大部分が放棄されていた7つの倉庫（1800年代後半にコーヒー倉庫として建設）も同様に改装された。レストランやホテル、イベントスペースもある。この壮大で活気あるウォーターフロントには屋外スペースも豊富にあり、ブルックリン橋、イーストリバー河口、マンハッタンを一望できる。

北に目を向けると、ブロンクスのハーレム川とイーストリバーの合流点で、「モット・ヘイヴン＝ポート・モリス沿岸開発計画」という、ハーレムリバー・ヤードを再利用する計画が進んでいる。長年一般の立ち入りが許されていなかった39万平方メートルのかつての鉄道車両基地だ。公有地なのだが、不動産保有会社にリースされており、そこからさらに廃棄物中継施設、発電所、運送会社集荷所、新聞印刷・配達センターなどに転貸されている。ゾーニング変更後の新しい沿岸開発計画によると、誰でも利用できる河岸の公園と、それに組み合わせる形で、主に古い工場や倉庫の建物を改造して約1300戸の住居を建設するという。新しい公共の屋外スペースとして、3つのウォーターフロントの公園と、それらをつなぐ沿岸の通路、ボート乗り場、釣り桟橋が予定されている。

ニューヨークのもっとも壮大な沿岸開発計画とは、ブルックリンの、ガバナーズ島近くにあるレッドフック地区を再構築する計画だ。州知事のアンドリュー・クオモが2018年の施政方針演説で特別に取り上げて称賛した。現在のところ、輸送用コンテナターミナルやクルーズ船ターミナル、ニューヨーク市警の撤去車両の留め置き場などがあるが、この53万平方メートル以上の沿岸地区が再開発される。

計画によると、4万5000戸の集合住宅、さまざまな商業スペース、屋外公園が建設されるという。新しいウォーターフロント近隣地域からは、イーストリバーの下を通る新設の地下鉄の駅を経由して、ロウアー・マンハッタンに直接出られるようになる。このレッドフック地区のプロジェクトが前進すれば、その規模は巨大なものとなるだろう。私がマンハッタンでの結婚式に向かう途中で見て大きな感銘を受けたハドソンヤードは総事業費250億ドルだったが、なんとその約6倍なのだ。

川を起点とする世界的な都市再生

ニューヨークで進行中のこの沿岸再開発革命は、もっと広い範囲で生じている世界的な現象の一部である。都市の河川沿岸を、荒れ果てた工業地帯から、魅力的な公共空間や居住空間へと生まれ変わらせる取り組みが、世界中の主要都市で進行中なのだ。少しだけ実例を見てみよう。ロンドン、上海、ハンブルク、カイロ、ロサンゼルスの5都市だ。

［ロンドン］

19世紀から20世紀初頭にかけてロンドンは貿易の中心地であり、イーストエンドのテムズ川沿いにあるロンドン・ドックランズにはそのために必要となる桟橋や造船所、倉庫が数多く建設された。また、グラスゴーのクライド川、リバプールのマージー川、ニューカッスルのタイン川沿いにも水運のインフラが整備された。これらの労働集約的な造船所は、繰り返し訪れる不況の波を長年にわたり乗り越えてきたものの、１９７０年代から80年代にかけて標準化されたコンテナ輸送が発展すると、造船所は大きな打撃を受け、多くは放置されて廃墟化した。

ロンドンは、このような用地の再利用のためのシナリオをつくった。市は、ロンドン・ドックランズのために再開発会社を設立したが、それ以降、このアイデアは何度も真似されることとなった（ブルックリン・ネイビーヤードもそのひとつだ）。ドックランズの長い復興のマイルストーンのひとつが、イーストエンドの象徴的存在となるカナリーワーフ・タワー（正式にはワン・カナダ・スクエア）の１９９１年の完成だ。工業地帯であったこの地域で新たな再開発プロジェクトが展開されるなか、１９９９年に建設された近くのミレニアム・ドームとともに、イーストエンドのスカイラインを支えた。また、カナリーワーフの東側では新たなプロジェクトが進行中で、そのひとつが、ロンドン・シティ空港に隣接するロイヤルワーフの沿岸地区だ。テムズ川沿いにあるこの16万平方メートルの土地の再開発によって、かつての工業団地が、レストランや店舗、学校、屋外公園、３０００戸以上の住宅やアパートメントへと姿を変えつつある。

上流のロンドン中央部や西部でも、テムズ川沿いに大規模な開発プロジェクトがいくつも進められている。ナイン・エルムズ地区では、１７０億ドルもの大規模開発が予定されており、その核となるのがバタシー発電所だ。１９８３年に操業を完全に停止した、かつての石炭火力発電所で、ロンドン最大のれんが造りの建築物である。この約17万平方メートルの沿岸の敷地には、すでに数千戸の新しい住居と店舗スペース、公園が建設されており、さらに数千戸分の建設計画がある。また、ホテル、オフィスビル、2つの地下鉄駅、そしてもちろん、誰でも利用できるウォーターフロントのエリアがつくられる予定だ。

旧発電所それ自体は（ちなみにモンティ・パイソンの『人生狂騒曲』やクリストファー・ノーラン監督の『ダークナイト』のシーンに、またピンク・フロイドの『アニマルズ』のアルバムジャケットにも登場している）、有名なれんが造りの構造と外壁の多くを維持しつつ、完全に再利用されることになっている。アップル社も、発電所の旧ボイラー室に英国本社を移転するという。ナイン・エルムズの複合施設全体の完成は2025年の予定だ。

特筆すべきは、ロンドンの新たなリバーフロントの住人が、近々もっと清浄になったテムズ川を楽しめるようになることだ。ロンドンには150年の歴史をもつ合流式の下水道システムがある。つまり、雨水が生ゴミと同じ排水トンネルに流されているのだ。大雨で下水道システムの容量を超えると、超過分の雨水と下水の混合物がテムズ川へと流れ込む。薄まりはするものの、汚染された川によって水生生物と人間の健康が蝕まれる。この長年の問題を解決するのが、テムズ・タイドウェイ・トンネルだ。これはテムズ川の下に掘られる全長25・5キロメートルの管路で、回収シャフトを使って汚染された液体を捉えるよう特別に設計されている。

興味深い副次的メリットもある。これらの回収シャフトの上にプラットフォームが設置されるので、テムズ川にミニチュアの半島のように突き出した小さな公園が、ロンドンで特に目立つ複数のエリアにつくられるのだ。設計担当者によると、人々にテムズ川まで足を運んでもらうのが目的の公園だという。きれいになったテムズ川に、ロンドン市民が都会暮らしで疲れた足を浸せるよう設計された公園もある。建設費の見積もりは50億ドル以上、2024年完成予定のこのプロジェクトは、イギリス最大の水インフラプロジェクトのひとつだ。

［上海］

私がはじめて上海を訪れたのは2017年のことだった。友人であり南京大学の教授でもあるカン・ヤンが上海を案内してくれるという。観光客にとって絶対に見逃せない場所はどこだろうかと彼の意見を尋ねると、外灘《ワイタン》という答えが即座に返ってきた。

外灘とは、上海の繁華街を流れる黄浦《こうほ》江《こう》の西岸沿いのエリアだ（カラー口絵参照）。対岸には、輝きを放つ東方明珠電視塔（オリエンタルパールタワー）、ジンマオタワー、そして最近完成した中国随一の高さを誇る上海タワーがそびえている。長江を砲艦が行き来していた時代、上海はアジアにおける重要な条約港であった（第3章参照）。そのときの国際金融の中心地が外灘だ。外資により豪華なボザール様式の税関や銀行が川に沿って建てられ、その多くは現在も保存されている。

だが、1990年代になると外灘はすっかり放置され、10車線の幹線道路によって市街地から隔てられていた。そんな流れが変わったのは2000年代のこと。2010年の万博に向けて外灘の見直しがおこなわれたのだ。6車線分の道路を地下へと移し、黄浦江沿いに広い高架遊歩道が設置された。新たな遊歩道を使えば、街の他の場所まで安全に移動できる。屋外に広場やパビリオンも建てられ、庭園や、樹木が植えられた緑地も新たにつくられた。

人々が集まる場所として、このプロジェクトは大成功を収めた。私が訪れた時も、散歩をする人、おしゃべりを楽しむ人、ただ川を眺める人などで、遊歩道は大混雑していた。

上海における外灘の再生は、市内の黄浦江の両岸を再ゾーニング・再開発する計画の一環としておこなわれた。そして、少なくとも45キロメートルに及ぶ歩行可能なウォーターフロントに、市民がアクセスできるようになった。虹口《こうこう》ウォーターフロント（北外灘とも呼ばれる）には川沿いの公園が、徐匯《じょかい》ウォーターフロント（西外灘）にはアートギャラリーや博物館、劇場、コンサートホール、そしてさらに多くの公園がつくられる予定だ。また、浦東新区（川の東側）にも沿岸にたくさんの公園が整備されることになっている。

かつて中心的な貿易港として栄えた上海の、古い埠頭や造船所、倉庫などが、今ではタワーマンションや店舗、レストラン、屋外緑地にとって代わられようとしている。ニューヨークと同じく、上海の都市計画者は、かつての工業用地を再利用して、川沿いの新たな都市生活を創造している。

［ハンブルク］

ドイツの都市ハンブルクは、国内第2の大都市であり、ヨーロッパでもっとも賑やかな港のひとつだ。このハンブルクの繁華街のすぐそばを流れるエルベ川沿いに、まったく新しい地区ができつつある。1・57平方キロメートルに及ぶかつての港と倉庫の複合施設から始まった都市再開発プロジェクト「ハーフェンシティ」は、現在進められているなかで欧州最大規模を誇る。

このプロジェクトを実現するために、ハンブルク港は、ハーフェンシティの土地と水路を提供した。ハーフェンシティは、洪水や海面上昇に耐えられるよう、押し固めてつくった人工的な盛り土（ドイツ語でWarftenという）の上に建設されている。効果的にもち上げられたその地面の高さは海抜8メートルを超える。

ハーフェンシティに最初に建設されたビルは2009年に完成し、最初の地下鉄は2012年に、新設の大学は2014年に完成している。エルベ川にちなんで命名された壮大なコンサートホール「エルプフィルハーモニー」は2017年にオープンした。設計はスイスの建築事務所で、約9億ドルをかけて建設され、ハンブルクの文化的・建築的景観を一変させた。

2030年頃にハーフェンシティ全体が完成したあかつきには、市の既存の繁華街は約40パーセント拡大され、床面積は2・3平方キロメートル以上増え、店舗やレストラン、そして7000戸以上の住居が新たにつくられる予定だ。エルベ川の堤防とかつての埠頭に沿って、水辺の遊歩道や公園が14キロメートルにわたり整備されるので、ハーフェンシティのほとんどどこからでも水辺の眺めを楽しむことができ、水辺へのアクセスも可能となる。

［カイロ］

カイロといえば世界でもっとも古い都市のひとつでありながら、今もっとも急速に成長しているエジプトの都市だが、このカイロのダウンタウンの川沿いには空いた地所などほとんどない。都市成長の大部分は周縁部で起きており、郊外には豊かな住宅地が広がって、低・中所得者層が居住者の中心を占めている。ところが、カイロのダウンタウンとナイル川に挟まれた市の中心部を再開発する大規模な計画が始まっている。この計画は当時のエジプト大統領であったホスニー・ムバーラクの支持を受けて始まり、その後、現大統領であるアブドル・ファッターフ・アル＝シシが再開させた。

再開発の中心にあるのが、ナイル川のほとりにある三角形の狭い土地だ。70階建てのうねるようなデザインをしたガラス張りの超高層ビル「ナイルタワー」の建設地として選ばれている。受賞歴のある建築家、故ザハ・ハディド設計のこのビルが支配することになるのが、35万平方メートルの新たな再開発地域、マスペロ・トライアングルだ。ナイル川に隣接する低所得者居住地区だったが、最近取り壊しがおこなわれた。住民たちは何年もこのプロジェクトと激しく闘ったが、最終的に２０１８年に立ち退かされて、家屋は壊された。

本章で紹介した他の再開発プロジェクトと同様、この場所は住居と商業の複合用途の空間となって、ヤシの木が立ち並ぶ魅力的なウォーターフロントの遊歩道がつくられる予定だ。高層ビルや店舗が建設され、ナイル川に浮かぶ静かなゲジーラ島への歩道橋も設置されることになっている。

これまで説明してきた他のプロジェクトでは、手頃な価格の住宅や公共交通機関へのアクセス、歴史的遺物の保存が重視されていたが、それとは異なり、このプロジェクトの明確な目的は現代性と豊かさの大胆なシンボルをつくることにある。ナイルタワーだけでも建設費は6億ドルを超えるとされる。その内部の高級マンションは、周辺地域の他の物件よりもはるかに高額になるだろう。低層階にはスパやナイトクラブ、高級ショップ、カジノなど、高所得層向けの施設が入る予定だ。プロジェクトの住宅部分は民間資金でまかなわれることになっており、本書執筆時点では、エジプトは海外投資家を積極的に誘致している。

このプロジェクトは、よくあるただの不動産取引にはとどまらないようだ。外国からの投資を呼び込むだけでなく、豊かさとパワーを得たエジプトの新時代の象徴となることを目指している。中東の中心地であるカイロにおいて、ナイルタワーとマスペロ・トライアングル開発計画が表しているのは、第1章で述べたような、世界でもっとも古く輝かしい文明の中心地におけるリバーフロントの新しい形での利用なのだ。プロジェクトが実現すれば、アフリカで有数の高さを誇る壮大な建造物が、ナイル川のほとりに再びそびえ立つことになる。

［ロサンゼルス］

川沿いの再生計画のなかでも、ロサンゼルス川周辺の再生計画ほど、再発見の感覚を強く感じさせるものはないだろう。

20年以上ロサンゼルスで暮らした者として断言できるのだが、ロサンゼルスの住人の多くは、ロサンゼルス川がどこにあるのかさえ知らない。ほとんどの都市と違って、ロサンゼルスは川沿いに発展したわけではない。ロサンゼルス川は、1年のほとんどの期間、水量が少なくて船が航行できる状態にはないので、水運の要とはなりえないし、頼れる水源ですらなかった。その一方で、荒々しい洪水を起こすことも多く、突発的に流路を変え、ときには土手を飛び越えて新たな流れを生んだものだ。

1914年、1934年、1938年と次々に発生した大洪水による100人以上の死亡と10億ドル以上の被害を受けて、アメリカ陸軍工兵隊はロサンゼルス川を整備した。土手は削られ、川幅を広げられた水路の土手の内側斜面は見事にコンクリートで固められた。全長82キロメートルのほとんどの部分で、川床までもが舗装された。

生態学的には、植物が生い茂る島が連なり、一時的な水の溜まりがあったこの川が、台形のコンクリート水路へと姿を変えさせられた。社会的には、川は、覆いのない巨大な雨水排水路となって、大部分の人から忘れられた。川の存在を忘れなかったのは、匿名で壁に絵を描くストリートアーティストや、違法レーサー、そして『グリース』や『ダークナイトライジング』など多くの映画のロケ地を決めた人たちくらいだろうか。嵐のときには川が凄まじい流れとなるので、救助が必要となることもよくある。流量が毎秒約3000立方メートルを超えることもあるのだ。

今、この目障りなコンクリート製の建造物に、ある程度の生態系を取り戻させて、ロサンゼルス川を緑地と経済活性化のための回廊として生まれ変わらせようという壮大な計画が進められている。この構想は、遅くとも、ロサンゼルス市が河川修復のために初期の基本計画を作成した2002年にまでさかのぼる。

この最初の計画は何年もかけて繰り返し手を入れられ、その過程で、ロサンゼルス市とロサンゼルス郡、アメリカ陸軍工兵隊の間に強固な協力体制が築かれた。そして最近になって、世界的に名高い建築家のフランク・ゲーリーが、川の修復と発展のための最終計画の設計に協力することとなった。ゲーリーと緊密に協力するのが、非営利団体のリバーLA（River LA）だ。使命として、河川沿岸に「人と水と自然とを結びつけるためにデザインとインフラを統合する」ことを掲げる団体だ。

全長82キロメートルの川全体の最終的な基本計画はまだ発表されていないが、数年のうちに発表される予定だ（訳注　2022年に『LA River Master Plan』が発表された）。2016年、アメリカ議会は、第1段階となる大規模なロサンゼルス川生態系回復プロジェクトを承認した。ロサンゼルスのダウンタウンを通る18キロメートルの区間に、自然の水辺の生態系を回復させることが目的だ。2017年には、テイラーヤードG2区画と呼ばれる廃棄された貨物列車入れ替え用の車両基地を市が購入して、第2段階へと進んだ。

かつてユニオン・パシフィック鉄道が所有していた17万平方メートルの川沿いのこの土地は、川全体の再生計画にとって非常に重要なポイントだ。ロサンゼルス市長のエリック・ガーセッティは、土地購入にあたり次のように述べている。「この広大な敷地は、ロサンゼルス市民と自然界との結びつきのあり方を変えることができます。動植物の生息環境を回復できるだけでなく、長きにわたって川から遮断され続けてきた地域社会に、川に直接アクセスできる場所が1マイル（1・6キロメートル）以上も開けるのですから」

大掛かりな経済活性化のチャンスを嗅ぎつけた不動産開発業者が、この無視されていた流路に沿って、続々とプロジェクトを立ち上げている。本書執筆時点で、ロサンゼルス川沿岸で進行中の20以上の新しい開発案が、さまざまな段階に達している。たとえば、通称ボウタイ区画（廃棄

現時点では、ロサンゼルス川はコンクリート製の雨水排水路にすぎない。しかし今、大規模な川の修復と再生の計画によって、この放置された川が、レクリエーションとエコロジー、開発のための活気ある回廊へと姿を変えようとしている。(ローレンス・C・スミス提供)

された車両基地の別の区画)は、屋外の公共アートスペース、未来的な橋、沿岸公園の設置が計画されているが、その周辺で進行中のプロジェクトがいくつもある。

ロサンゼルスのダウンタウンでは、ロサンゼルス川グリーンウェイ・トレイル(歩行者と自転車の専用道路)と、対岸のグレンデール・ナロウズ・リバーウォークや自転車道システムとをつなぐ新しい橋が建設される予定だ。さらに下流では、ロサンゼルス川下流再生計画によって、バーノンからロングビーチの間で驚くことに146もの河岸プロジェクトが提案されており、いくつもの公園、緑豊かな遊歩道、自然観察路などが計画に含まれている。

ロサンゼルス川下流域にあるのは、リンウッド、コンプトン、ノースロングビーチといった南ロサンゼルスの労働者階級が暮らす地域であり、ロサンゼルス大都市圏内でもとりわけ厳しい現実を感じさせる場所だ。ひび割れたコンクリート造の川底は不毛で生き物の気配もない。周辺の住宅地は日に焼けて埃っぽく、緑地のない場所が何キロも続いている。もし、これらのプロジェクトのほんの一部でも実現すれば、リチャード・ルーブ、ジョー・バートン、ウォレス・ニコルズ、そして「No Child Left Inside（子どもを屋内に残さない）」運動を支持するすべての人々が、間違いなく喝采を送ることだろう。

多数派となった都市居住者

これまで述べてきたように、都市部では河川改修の動きが起きているが、実は今こそが、それにふさわしい時期である。

2008年のある日、私たち人類は、歴史的なある境界を超えた。それが正確にいつであったかはわからないが、地球のどこかで1人の赤ちゃんが生まれ、人類はかつて経験したことのない世界へと足を踏み入れた。そう、人類の過半数が都市で暮らすようになったのだ。

人類の文明史上、農村部より都市部に住む人の数が多かったことはなかった。食料とするための農耕や狩猟、家畜の飼育についての知識を、人々がこれほどまでにもたなくなったこともない。また、野外で遊ぶ子どもの数がこれほど減ったこともない。2008年、人類は正式に、都市に住む種となり、自分たちがつくりあげたグローバルな食糧生産経済を支配する側に立ったのだ。

その赤ちゃんが生まれてから本書執筆時点までに、人口はさらに10億人増えて、67億人だったたのが77億人となった。都市部の人口は50パーセントから55パーセントに増加。２０５０年にはそれが70パーセント近くになり、都市居住者は現在の42億人からさらに25億人増えると予想されている。この都市成長のペースは、今後の32年間、地球に上海が毎年３つずつ増えるのに等しい。

都市成長のほとんどはアジアとアフリカで起きている。特に、成長の３分の１以上は、インドと中国、ナイジェリアの３国のみによるものだ。まったく前例のないことだが、人口１００万人以上の都市が何百も、そして人口１０００万人以上の「メガシティ」が何十も出現している。人口動態モデルの予測によると、メガシティの数は２０１５年の28都市から２０３５年には50都市近くへと、ほぼ倍増するという。予測どおりなら、世界最大の都市はインドのデリーとなり、その人口は４３００万人だ。それ以外で上位5都市に名を連ねるのは、東京、上海、ダッカ、カイロだとされる。

これらの変化のすごさを大局的に見てみよう。１９７０年には、ニューヨーク大都市圏は世界第2位の都市圏で、全世界に１００万都市は１４４しかなかった。それが２０３５年にはニューヨークが世界第13位となり、１００万都市の数は７５９前後まで増加すると予測されているのだ。

その頃には、各都市はどのようになっているのだろうか。もちろん未来は不確定だが、ここ数十年にわたる流れを覆すような何か劇的なことが起こらない限り、現在ある大都市のほとんどはさらに拡大すると考えられる。高層ビルがさらに増えて、公共交通機関や個人的な移動手段を使用できる通路周辺の、都市部の貴重な土地の住宅密度がさらに高まることになりそうだ。地域社会では高齢者の比率が増すだろう。また、空には自律飛行機が飛び交い、街は奇抜な自律走行車でごったがえすだろう。都市の地価は高騰し、緑地や自然へのアクセスは究極の贅沢になるのではないだろうか。

私がこれまで述べてきた都市部の河川で見られる動向、すなわち、さびれた沿岸の工業用地を公共の緑地への新しい回廊に変えるという都市の取り組みは、最後に挙げた問題を解決するのに役立つだろう。都市部では森までキャンプに行く子どもはほとんどいないし、高齢化が進んだ世界では、山登りをしたのは昔のことという人ばかりになっているはずだ。

脳の認知機能の研究によって、そして常識的にも、人間にとって自然がよいものだとわかっている。科学と常識によって、川から産業廃棄物を取り除くことは、自然にとってよいこともわかっている。さらに、気候変動により生じる洪水確率の変化や海面上昇の問題からすべての氾濫原や沿岸デルタを守ることは不可能だけれども、サイズがコンパクトで財政的に豊かな都市は、そういった問題への防御策を講じるのに適しているのだ。

2005年にハリケーン「カトリーナ」がメキシコ湾岸を破壊した後、ニューオーリンズ市は大規模な洪水防御設備を新たに建設し、市の人口は回復した。しかし、メキシコ湾岸の他の地域では、海岸沿いのコミュニティが何キロメートルにもわたって消滅し、そのまま回復することはなかった。人口が多く、資産価値が高く、面積が比較的狭い都市は、少なくとも今後1～2世紀は、沿岸を守ることのできる可能性がより高い。

都市で川に接する機会がどの程度あるのか、その感覚をつかむために、第2章で紹介したサ

	総計	大河川の近く（%）	海岸の近く（%）	大河川と海岸の近く（%）	海岸近くだが大河川の近くではない（%）
人口1000万人以上の都市	30	28（93）	21（70）	19（63）	2（7）
人口100万人以上の都市	429	359（84）	181（42）	138（32）	43（10）
すべての都市	75,445	42,946（57）	9,073（12）	3,773（5）	5,300（7）
2015年の世界人口	7,349,286,991	4,623,518,316（63）	1,397,438,116（19）	1,038,787,479（14）	358,650,637（5）

ラ・ポペルカとの世界的な地理情報システム（ＧＩＳ）研究に目を向けて、今日の都市において、河川という地形がどれほど一般的であるかを定量化してみよう。

憶えている人もいるかもしれないが、この新たなデータセットは、大河川（衛星による遠隔測定の結果が川幅30メートル以上）の世界地図を使って、政治的な境界線としての河川の利用を定量化したものだ。次に、この世界的な河川データベースが、世界の人口の空間分布とどのように一致しているかを確認した（上の表を参照）。

その結果わかったのは、私たち人類は都市に住む種であるだけでなく、川に住む種でもあるということだ。実際、世界人口のほぼ3分の2（63パーセント）が、大河川から20キロメートル以内に住んでいる。また、世界の大都市（人口１００万人以上１０００万人未満）の約84パーセントが大河川沿いにある。世界のメガシティ（人口１０００万人以上）だと、その割合は93パーセントにのぼる。

この分析には、はるかに多く存在する細い流れは含まれていないため（本書巻頭に掲載した世界地図は地表の地理的な排水パタ

一般に、都市の河川沿岸はさまざまな目的で使用される公共の空間であって、無許可のストリートアートもそのひとつだ。この興味深い事例が登場したのは2017年のことで、場所はオーストリアのウィーン、ドナウ川に架かる橋の下だ。（ミア・ベネット提供）

ーンを示しているので、それを見ればイメージがつかめるだろう）、これらの数字は控えめな推定値だと言って差し支えないはずだ。

また、この調査から、「海岸近く」の都市の圧倒的多数は、実は河川の都市であって、河川デルタ地帯に位置することもわかった。多くの人が海岸近くに住んでいるというのはよく言われる事実であって、実際、5人に1人（19パーセント）近くが相当する。

しかし、実際にはその多くが暮らしているのは河川デルタ地帯なのだ。海岸近くに住んでいるが川の近くに住んで

ロードアイランド州プロビデンスのダウンタウンでは、定期的に川岸でフェスティバルが開催され、たくさんの人が詰めかけて屋外でのイベントを楽しんでいる。かつてはアメリカの産業革命の中心地であり、アメリカでもっとも汚染された水路のひとつであったブラックストーン・リバー・バレーの川に、人々は劇的に戻ってきた。（アビー・ティングスタッド提供）

いない人は、世界人口のわずか5パーセントで、都市でいうと10パーセント未満である。簡単に言うと、河川こそ人類にとって好ましい地形であって、その周辺に都市文明が築かれてきたのだ。今日、世界の主要都市のほぼすべてが、何らかの形で河川に接している。

もちろん、ウォーターフロントの再開発には問題点も多い。名前からして、氾濫原とは川の氾濫が起きる場所なので、そんな場所での建築には常にリスクがある。気候変動のために洪水の発生確率の予測はますます難しくなり、多くの地域でリスクが上昇していると考えられている。海岸地域では、高潮と、長期的な海面上昇により、沿岸の地所そのものの存続が危うくなっている。一方、重工業施設は裕福な都市部から移されて、発展途上国や、世界に残された最後の原野にまで入り込みつつある。そういったどこか別の場所で、河川汚染や流路変更、生態系の破壊といった問題を新たに引き起こしている。

他にも、純粋に社会経済的な問題がある。ロンドンや上海、ロサンゼルスなど、土地価格が高騰している都市では、荒廃した工業地帯をきらびやかなウォーターフロント開発地域に変身させたために周辺地域の不動産価格が上昇し、低・中所得者層の住民が立ち退かされている。手頃な価格の地域が少なくなるたびに、都市全体の社会的・経済的多様性も失われ、大都市の文化や活気そのものが損なわれていく。

都市の河川沿岸の再開発は、公共利用の一種として沿岸を利用する他のグループにも害を及ぼす。たとえば、ブラジルのマナウスを流れるネグロ川やカリフォルニア州オレンジ郡のサンタアナ川沿いにつくられたかなり大規模なホームレスのテント村がそのひとつだ。また、橋台やセメントで固められた水路を白いキャンバスに見立てて作品を制作するストリートアーティストにも、実害があるだろう。

だが、こういった問題点があるからといって都市の河川沿岸の再開発ブームは止まらない。そのことは、ブルックリンのグリーンポイント地区からカイロのマスペロ・トライアングル地区に至るまで、数多くの地元の人々が肩を落として証言してくれるだろう。ほとんどの都市は成長し、その中心部の人口密度は高まっている。多くの若者と専門職をもつ人々が、郊外ではなく都心での暮らしを選んでいる。

立地の良い広大な土地は、以前の工業用地や廃れた造船所、石油化学工場などで塞がっていたが、新しい公園、タワーマンション、サービス業がそれらにとって代わりつつある。住居と緑地が不足する都市部にあって、川沿いの土地を再発見した都市計画者たちが、住居と緑地とを増やそうとしている。

どちらかというと、これは良いことなのだ。正しくおこなわれれば、都市沿岸部の再開発によって、穏やかな屋外環境と整備された自然へのアクセスを備えた、人口密度の高い魅力的な地域をつくるという、めったにないチャンスが得られる。

すでにたくさんの都市住民が新しく完成したリバーフロントの公園を楽しみ、散歩や運動をしたり、戸外での穏やかな刺激のある数分間をただ過ごしたりしている。大都市でも小さな街でも、このような公園は人々が文化的イベントのために集まることのできる公共の場となる。たとえばロードアイランド州プロビデンスのダウンタウンで毎年夏に開催されるウォーターファイアというイベントのために、100万人近くの人々が、かつてアメリカでもっとも汚染された河川の沿岸へと押し寄せているのだ。

わざわざアパラチア山脈の山道を歩かなくても、屋外環境によって認知機能や健康上のメリットは得られる。急速に都市化する世界にあって、河川沿岸の空間によって、何百万どころか何十億もの人々がこういったメリットを日常的に得られるようになる。

川が人類にもたらしたもの

河川がまったくなければ、世界は私たちにとって認識しがたい姿となっていただろう。大陸は起伏が激しく、高さがあり、寒く、小さかったことだろう。私たちの定住パターンはまったく違う形で進化し、農地や村がオアシスや海岸線にしがみつくような形になっていただろう。戦争も違った形で進行し、国の境界線も今とは違うものとなっただろう。今あるもっとも有名な都市はいずれも存在しなかっただろう。今日の人類のあり方を決定づけている、世界的な人の移動や貿易も、生まれることはなかったかもしれない。

人類史をとおして、河川は自然資本、アクセス、テリトリー、健康な暮らし、そして力を提供し、私たちを魅了してきた。河川がつくる平坦で肥沃な流域は、食料と水を与えて人類を支えてきた。現在のエジプト、イラク、インド、パキスタン、中国では、泥土の流域に生じた最初の水利社会から、都市、商業、支配階級、政治国家の起源が発明された。初期の都市計画者たちの、水を引き、下水を流したいという実用的な欲求から、世界で最初のエンジニアたちが誕生した。そして河川の水源と所有権をめぐる哲学的な論争によって、科学と法の重要な基礎が築かれた。

アメリカ大陸では、先史時代に先住民族が川の流域に沿って居住域を広げ、ニューメキシコのアナサジ、中央アメリカのマヤ、ミシシッピ川流域のカホキアのような水利社会を築いた。植民地時代のヨーロッパ人は、世界の地図の作成に乗り出すにあたって、探検の主要経路として河川を利用し、また領土の範囲を確定するために河川の流路や地形的な分水界を活用した。その多くが、今日でも国家や国内の政治的管轄区域の境界線として残っている。人類は世界中の川岸に点々と居住地をつくり、それが発展して町や都市、そして大都市が生まれた。

後の世代の人々は、その恩恵を受けながらも、川をほとんど意識しなくなった。川はただそこにある気持ちのいい景観となり、その価値は必要不可欠ながらも限定されていた。魚を与えてくれるもの。水利王国の灌漑用水。大陸探検のための道。工業化を成功させる要因。汚染物質を押し流してくれるもの。電力を生み出すもの。乾燥地帯を開拓する源。発電所の冷却剤。環境保護運動と技術発展を触発するもの。不動産開発の機会。ストレスの多い都会人の心を癒やすもの。どの世代にとっても、河川の価値は明らかで、実用的で、当たり前でさえある。長い目で見なければ、人類の文明にとっての、川の根源的な重要性はわからないのだ。

川と人とのこの長い歴史をぎゅっと縮めて、私の3人の子どものための簡単な物語にするとしたら、こんな感じになるだろうか。

昔々、雨が降り注いで、この大地を形づくった。何百万年にもわたり、流れる水は山々を削り、土砂を運んだ。川によって大地は海へと延び、堆積した豊かな土砂によって流域に広い平野ができた。

遊牧生活を送っていた人々は、こういった流域を見つけ、農作物を育て、協力し、ひとつところで生活することを学んだ。川は人々の暮らし方にとって不可欠なものとなった。食糧は余るようになり、その量は増え、社会はより複雑になり、階層ができた。そういった社会が、自然界について考えをめぐらす思想家を支えるようになった。哲学、法学、工学、そして科学の、最初の兆しが現れた。人類は、学び、商売をし、より創造的になり、人口がさらに増えた。

河川の利用は拡大した。河川は旅の通路となり、やがて大陸を再探検する手段にもなった。人々は新たな集落を築き、文化と言語が多様化した。人の数が増えると、死者の数も増える。洪水は断続的に人々の命を奪い、予測不可能な形で人類の政治システムを揺るがした。ますます競争が激しくなる世界において、河川は戦争をするときの戦略に用いられるようになり、領土の境としても便利に使われるようになった。

私たちの技術は進歩し、川を産業に組み込むことができるようになった。川べりに、水車や皮なめし工場、織物工場を建設した。川は人に力を与え、汚染物質を洗い流し、経済の工業化に貢献した。川には艀や貿易船が浮かび、人間が掘った人工の川、つまり運河によって、川と川とが巧みにつながれた。

その後、私たちの技術力は飛躍的に向上した。私たちは、大きな規模で川を支配できるようになったが、自分たちを物理的に川から遠ざけるという代償を払うことにもなった。巨大な貯水池に川を呑み込ませることで、それまで人が住めないと思われていた乾燥した土地への定住が可能となった。ギリシャ神話に登場する、食べ物や飲み物を無限に与えてくれる豊穣の角《コルヌコピア》のように、巨大ダムは私たちに水を、電気を、町を与えてくれた。川の水の価値は高まって、それを失うリスクを冒すわけにはいかなくなり、国境を越えて流れる河川を協力して共同で管理するための協定が結ばれるようになった。

豊かになるにつれて、私たちは汚いものを受け入れられなくなった。かつては経済成長の代償として許容されていた河川の汚染が、言語道断だと思われるようになったのだ。法律が改正され、汚染物質が規制されるようになった。川は再生し、私たちはそのすばらしい回復力を知ることとなった。ダムは取り壊され、川はそれに応えて、陸から海への土砂の運搬をすぐさま再開し、魚が破壊された橋台を越えてもとの生息地へと還った。

さて、物語は現在へと達した。私たちには、神のような、大地をも動かす力と、河川の流路を驚異的な規模で変えられるだけの工学的知識がある。世界でもっとも人口の多い2つの国は、水供給の手ごわい難問に直面して、これまでに考えられなかったほどの規模で、流域を越えて水を移動させる計画を進めている。

河川の生態学的健全性は、今なお優先課題であるのだが、プレッシャーにさらされている。私たちは、河川をよりよく理解し、その状態をモニターするために、新しいセンサーと衛星をつくり、モデルを構築している。新たな技術によって、より環境負荷の少ない方法で、河川の力を利用できるようになるかもしれない。

一方、私たちは大都市へと移り住み、デジタル世界に没頭し、日常生活から自然界が消えつつある。しかし、人間の脳と生理はその変化に追いついていない。私たち自身の健康な暮らしのために、自然との接点を維持することの利点は今もある。そこで再び登場するのが、そのまわりを都市にガッチリと固められた、川なのだ。

川は、本質的な形でも進化した形でも、すべての過程において、いつもそこに存在してきた。シェル・シルヴァスタインの絵本、『おおきな木』の成長する子どものように、私たちの要求は時間とともに変化し、川からの贈り物も私たちとともに変化してきた。私たちが求めるものは進化したが、依存関係は変わらずある。何百世代にもわたって、私たちは川に支えられてきた。そして、シルヴァスタインの絵本の枯れたリンゴの木の切り株とは違って、私たちが川に任せておけば、川は回復する。川は不死身の存在となりうるのだ。

かつてファラオがその年の税を決め、治世に役立てていたという、古代の知識の源であったナイロメーターが、カイロのナイルタワーの建設予定地のすぐ下流にある。ナイル川は常にエジプト人に贈り物を届けてきた。最初は肥沃な泥土を多く含む土壌と、灌漑用水となる洪水を、その次はアスワン・ハイ・ダムからのエネルギーを、そして今度はカイロ中心部の川沿いの高級不動産を。

都市国家の発明から地球の探検まで。領土の争いから都市の誕生まで。エネルギーの獲得から経済の工業化まで。人の連携、環境保護活動、技術を発展させるための触媒から、都市で暮らす何十億という人々のための整備された自然の空間まで。川はいつもそこにある。

私たちのまわりのあらゆるところに、脈打つ大動脈のような巨大な力が潜んでいる。その力は、どんな道路よりも、どんなテクノロジーよりも、どんな政治的指導者よりも、私たちの文明を形づくってきた。その力によって、新天地が拓かれ、都市の基礎が築かれ、国境が定められ、数多の人が養われてきた。生命を育み、和平をもたらし、権力を与え、その道すがらにあるすべてを気まぐれに破壊する、強大な力。ますます飼いならされ、枷《かせ》をはめられてさえいても、その古代の力は、今なお私たちを支配している。

謝辞

両親に感謝する。2人のおかげで本書を執筆できた。父、ノーマン・D・スミスは、人生のさまざまな段階で私を川へと導いてくれた。最初は、都会っ子であった私の父親として。後には、著名な堆積学者であり、カナダのサスカチュワン川の権威ある専門家として、その専門の科学をとおして。本当にありがとう。

ブロックマン社の著作権代理人、Russell Weinberger からの励ましと高水準の要求がなければ、本書は完成しなかっただろう。最初からずっと私に寄り添って、自分が知っていることだけを書くようにと勧めてくれた。

リトル・ブラウン社の編集者、Ian Straus に感謝する。多大な時間を割いて、原稿すべてを繰り返しチェックしてくれた。本書の出版を快諾してくれた出版社副社長であり編集長でもある Tracy Behar に感謝する。Betsy Uhrig、Kathryn Rogers、Jessica Chun、Juliana Horbachevsky は、それぞれ、制作編集、コピー編集、マーケティング、広報を担当してくれた。ハードカバー版の印象的な表紙は、Lauren Harms によるものだ。

ブラウン大学の Natalie Pearl とカリフォルニア大学ロサンゼルス校の Sarah Popelka という元学部

生たちによる研究への貢献は貴重なものだった。すべての地図とイラストは、UCLA地理学部の優れた地図製作者、Matthew Zebrowskiの協力により作成された。

本書の一部は、ブラウン大学（ブラウン環境・社会学研究所）、John AtwaterとDiana Nelson、アメリカ航空宇宙局（NASA）地球科学課からの助成金による財政的支援を受けて実現された。

インタビューや読み物、研究支援、助言などによって、以下の人々から有益な助けをいただいた。

Fred Adjarian、John Agnew、Tesfay Alemseged、Doug Alsdorf、Kostas Andreadis、Lorena Apodaco、Gedion Asfaw、Paul Bates、Alberto Behar、Jason Box、Rachel Calico、Caitlin Campbell、Judy Carney、William A. V. Clark、Adrian Clayton、Kyli Cosper、John Crilley、Angela DeSoto、Jared Diamond、Mike Durand、Corey Eide、Jared Entin、Jay Famiglietti、Wubalem Fekade、James Garvin、Mekonnen Gebremichael、Pam Giesel、Tom Gillespie、Peter Griffith、Colene Haffke、Tyler Harlan、Line Haug、Jessy Jenkins、Chris Johnson、Yara Khoshnaw、Jeffrey Kightlinger、William Krabill、Yumiko Kura、Scott LeFavour、Carl Legleiter、Dennis Lettenmaier、Adam LeWinter、Eric Lindstrom、Richard Lorman、Lula Lu、Amanda Lynch、Glen MacDonald、Frank Magilligan、Hank Margolis、Thorsten Markus、Kasi McMurray、Frode Mellemvik、Leal Mertes、Charles Miller、Cory Milone、Toby Minear、Nicole Morales、Paul Morin、Irene Mortensen、Becky Mudd、Fekahmed Negash、Petter Norre、Larry Nulty、Greg Okin、Brandon Overstreet、Fred Pearce、Al Pietroniro、Erica Pietroniro、Try Pisey、Bob Pries、Liz Pulver、Wesley Reisser、Jovana Rizzo、Ernesto Rodriguez、Sok Sovanary、Joanne Stokes、Karen Tamir、Marco Tedesco、Arja Tingstad、Jerry Tingstad、Dirk van As、Sophirun Ven、Thomas Wagner、Jida Wang、Michael

Wehner、Cindy Ye、Kathy Young に感謝する。

本人たちは意識していなかったかもしれないが、指導した大学院生やポスドク研究者の多くが、本書に影響を与えている。Mia Bennett、Vena Chu、Sarah Cooley、Matthew Cooper、Jessica Fayne、Karen Frey、Colin Gleason、Cynthia Hall、Ethan Kyzivat、Ekaterina Lezine、Matthew Mersel、Tamlin Pavelsky、Lincoln Pitcher、Åsa Rennermalm、John Ryan、Yongwei Sheng、Scott Stephenson、Kang Yang に感謝する。

著者以外による写真は、以下の人々や機関により提供された。Gedion Asfaw、Mia Bennett、John Gussman、Tyler Harlan、Michal Huniewicz、Richard Lorman、マン・パワー・ハイドロ社（David Mann）、アメリカ航空宇宙局、アメリカ議会図書館、リチャード・ニクソン大統領図書館および博物館、John Ryan、Abbie Tingstad、Kelvin Trautman、UNHCR（国連難民高等弁務官事務所）。

本書の草稿は、カリフォルニア大学ロサンゼルス校の支援による1年間のサバティカル期間中にブラウン大学で執筆したものだ。その後、主要な章については、Tamlin Pavelsky、Jerry Tingstad、Kang Yang に厳しくチェックしてもらったおかげで、原稿が格段によくなった。Doug Alsdorf、Norman Smith、Ian Straus、Abbie Tingstad は、本書をすべて読んで批評してくれた。専門的な事実関係の確認はSarah Lippincott に依頼した。もちろん、本書に残っている誤りや、不正確な記述、見落としについてのすべての責任は、私自身にある。

２０１９年12月2日、アメリカ合衆国ロードアイランド州プロビデンスにて

ローレンス・C・スミス

訳者あとがき

本書は川と人類との物語である。本書について、あるいは川と人の歴史について、平易な言葉による超ダイジェスト版で知りたいと思った方は、著者が自分の子どもに説明するとしたらと、本書最後近くで2ページほどにまとめているので、そちらをどうぞ。興味をもたれた方は、その部分を含む最終節「川が人類にもたらしたもの」（約5ページ）に目を通し、そして冒頭のプロローグにとりかかり、気づけば本編のエピソードの奔流に引き込まれていることだろう。

各章の内容を簡単に紹介しよう。第1章では、古代の川を中心に興る都市文明と、水の制御が政治権力の基盤となることについて。第2章は、政治的境界線としての河川利用、征服者による領有権主張、流域国での水資源の共有協定。第3章は戦争と川の関わりについて。河川の戦略的利用、砲艦が戦争の趨勢を決めた時代のことなどが語られる。第4章は洪水について。洪水後の復興対策が政権を左右し、法制度を変え、洪水が戦争にも利用されたことなど。第5章では川に関する古くからの技術であるダム・流路変更・橋を軸に、現代の河川工学の巨大プロジェクトを見る。第6章は水質汚染と、主にアメリカと中国の取り組み、温暖化による融氷水の増加とその世界的影響について詳説。第7章は、ダムの弊害、電力需要、生態系を破壊する侵入種、洪水、水不足といった問題に対処するための新旧の技術と知見。第8章は、河川の遠隔探査技術について、センサー・衛星・数理モデルを軸に解説する。水循環という観点から、河川を「淡水の質量とエネルギーとを物理的に集める途方もない装置」と説明する部分はぜひじっくりと読んでほしい。第9章は、川が人間の精神に及ぼす影響、都市部の沿岸地域再開発、河川の今後と全体のまとめである。

大まかには時間軸に沿って語られているが、法制度、技術発展、歴史など、サブテーマで全体が緩やかに結びついている。特に、各時代の川をめぐるエピソードによって、アメリカ建国から近代史まで大枠でつかめるようになっているし、詳しい人でも新たな知見が得られるだろう。

この本を面白く読むのはどんな読者だろうか。地理好きな人はもちろん、歴史好きの人、環境問題に関心のある人、そしてなぜかわからないけれど川沿いを散歩してしまう人。『ブラタモリ』好きの人なら確実だろう。もしもグリーンランドなど極北の地を『ブラタモリ』で取り上げることがあれば、解説役に著者を迎えてほしいものだ。

著者のローレンス・C・スミスはカリフォルニア大学ロサンゼルス校（UCLA）の地理学教授を経て、現在はブラウン大学の地球・環境・惑星科学教授。氷河や氷床の融解、遠隔探査・観測システムの研究などに携わる。特に北半球における気候変動の影響や北極圏の現状について米国議会への報告をおこなうなど、その知見と研究への評価は高い。

本作でも環境汚染や気候変動の問題をしっかりと取り上げているが、不安をいたずらに煽る描写などはない。前作『2050年の世界地図』と同じく、その語り口は慎重かつ客観的だ。むしろ本作の描写で際立つのは、ダムの解体後に川に固有種が戻り、ダム湖に堆積していた土砂が海まで流される様子や（第7章）、ヨークルフロイプ（氷河湖決壊洪水）という破壊的な力をもつ洪水による地形への影響が数年で消えていく姿など（第8章）、意思をもって自然の姿を取り戻そうとするかのような川の力である。また、それと対比させるかのように、洪水後の都市の復興の遅さも描かれる。人類が環境を破壊し、結果として自滅するとしても、川は浸食・運搬・堆積という仕事をただ粛々と続け、そこにあり続けるのだろう。人類の営みよりももっと大きいものが、川の姿が、本書では描き出されている。

人間の生活を形づくってきた川について理解を深めることは、ものの見方を変化させ、深めることでもある。翻訳にあたって調べ物をしたり何度も読み返したりするうちに、川や水に関する視点が変わるのを感じた。「ゆく河の流れは絶えずして、しかももとの水にあらず」。人間も、読書をとおして自分のなかに文字を流すことで、見た目は変わらなくても、もとの自分ではなくなるのかもしれない。

本書翻訳中の2022年2月、ロシアがウクライナに侵攻した。本書ではウクライナに関連する直接の記述はわずかなのだが、連日連夜のニュース番組や記事やウクライナの地図によって、本書の内容の裏付けとなることを次々と目の当たりにした。地図には必ずといっていいほど、ウクライナ中心を貫くドニプロ川が描かれていた。この川はウクライナ国内で地域の境界として使われるだけでなく、わずかな距離だがベラルーシとウクライナの国境でもある（第2章）。ウクライナ最大の都市にして首都であるキーウはドニプロ川を挟んで広がる水運の要衝であり（第1章、第5章、第9章）、複数のダムや水力発電所がこの河川沿いに発達した重工業を支えている（第5章）。チョルノービリ（チェルノブイリ）原発も欧州最大規模のザポリージャ原発もこの川沿いだ。こういった原発やダムはロシア軍の攻撃対象となり、また逆に、ウクライナ軍がダムから放水して洪水を起こし、ロシア軍の進軍をとどめるというニュースもあった（第3章、第4章）。特にロシアによる侵攻開始時にはロシアがドニプロ川を戦略ラインとしようとしたのは明らかだった。プーチン肝煎りのクリミア大橋（第5章）は10月に爆破されたが、一部修復され、12月初旬には再びプーチン自身が車を走らせて復旧をアピール。著者がいうように、この橋のもつ象徴的な力の大きさがはっきりとわかる出来事だった。

訳者と川との関わりも、浅からぬものがある。子どもの頃の実家は、庭先の石垣から顔をのぞかせると、真下に幅10メートルほどの川が流れていた。川べりまで簡単に下りることができて、子ども時代は釣りや水遊びをよくしていたし、年末になると母が川で障子を洗っていたのを思い出す。祖母や曾祖母の世代は洗濯や食器洗いも川でしていたという。かつてはこの川が移動手段であって、祖母は川を往来する巡航船を使って通学していたらしい。実家の家業は石灰工場だったが、その昔は採掘した石灰を輸送するために船（「石船」と呼ばれていた）が使われていたそうだ。まさに著者のいう「アクセス」である。そして、この文章を書くにあたりはじめて知ったのだが、高祖父が汽船会社を経営していたと聞いて驚いた。孫の孫が川の本を訳すのも何かのご縁なのだろう。

この川も、今では護岸工事が行われ、実家とのあいだに小高い堤防がつくられた。川との距離は広がって、以前のように子どもの遊び場となることはなくなった。安全にはなったものの、川から距離を置かれたようで寂しくもある。だが、たとえば蛇口をひねって出てくる水の一部はもとを辿れば河川水なのだから、分流と処理を繰り返された小型の川が蛇口から流れ出すとも言えるだろう。私たちは、決して水の流れから離れることはない。

最後になりますが、本書の出版に携わったすべての皆様に深く感謝いたします。そして、長年の友人である野町美和さんに、心からの感謝を。

'Crown Jewel' in Vision to Revitalize L.A. River," Mayor Eric Garcetti, City of Los Angeles, 3 Mar. 2017. www.lamayor.org/mayor-garcetti-celebrates-final-acquisition-land-considered-crown-jewel-vision-revitalize-la-river
Garfield, Leanna. "6 Billion-Dollar Projects That Will Transform London by 2025," *Business Insider,* 22 Aug. 2017. www.businessinsider.com/london-megaprojects-that-will-transform-the-city-2017-8
"Mott Haven-Port Morris Waterfront Plan." South Bronx Unite.
"New York City Comprehensive Waterfront Plan," *Vision 2020,* NYC Department of City Planning. www1.nyc.gov/site/planning/plans/vision-2020-cwp/vision-2020-cwp.page
United Nations Department of Economic and Social Affairs. "2018 Revision of World Urbanization Prospects," Publications, www.un.org/development/desa/publications/2018-revision-of-world-urbanization-prospects.html
White, Anna, "Exclusive First Look: London's 4.2bn Pound Thames Tideway Super Sewer Is an Unprecedented Planning Victory to Build into the River," *Homes & Property,* 4 Sept. 2018. www.homesandproperty.co.uk/property-news/buying/new-homes/londons-new-super-sewer-to-open-up-the-thames-with-acres-of-public-space-for-watersports-arts-and-a123641.html

Beauregard, Natalie. "High Line Architects Turn Historic Brooklyn Sugar Factory into Sweet Riverside Park," *AFAR*, 6 June 2018. www.afar.com/magazine/a-riverfront-park-grows-in-brooklyn

"History of the Yard." *A Place to Build Your History*, Brooklyn Navy Yard. Brooklynnavyyard.org/about/history

Kimball, A. H., and D. Romano. "Reinventing the Brooklyn Navy Yard: a national model for sustainable urban industrial job creation," *WIT Transaction on the Built Environment* 123 (2012): 199–206. doi.org/10.2495/DSHF120161

リズ・パルバー（ランドスケープ・アーキテクトPLLC、リズ・パルバー・デザイン）に対面インタビュー。2018年3月25日、ニューヨーク州ブルックリン。

カレン・タミル（ジェームズ・コーナー・フィールド・オペレーションズ）とジョヴァーナ・リゾ（ベルリンローゼン）に対面インタビュー。2018年5月11日。ニューヨーク州ブルックリン、グリーンポイント・ランディング。

Barragan, Bianca. "Mapped: 21 Projects Rising along the LA River," *Curbed Los Angeles,* 3 May 2018. la.curbed.com/maps/los-angeles-river-development-map-sixth-street-bridge

"Battersea Power Station." Battersea Power Station Iconic Living. batterseapowerstation.co.uk

"Brooklyn Bridge Plaza." Brooklyn Bridge Park. www.brooklynbridgepark.org/pages/futurepark

Chiland, Elijah. "New Plans Could Reshape 19 Miles of the LA River, from Vernon to Long Beach," *Curbed Los Angeles,* 14 Dec. 2017. la.curbed.com/2017/12/14/16776934/la-river-plans-revitalization-vernon-long-beach

Cusack, Brennan. "Egypt Is Building Africa's Tallest Building," *Forbes,* 28 Aug. 2018. www.forbes.com/sites/brennancusack/2018/08/28/egypt-is-building-africas-tallest-building/#3ead57512912

da Fonseca-Wollheim, Corinna, "Finally, a Debut for the Elbphilharmonie Hall in Hamburg," *New York Times*, 10 Jan. 2017. www.nytimes.com/2017/01/10/arts/music/elbphilharmonie-an-architectural-gift-to-gritty-hamburg-germany.html

Garcetti, Eric. "Mayor Garcetti Celebrates Final Acquisition of Land Considered

Science 24.6 (2015): 672–680. doi.org/10.1177/0963662513519042
Price Tack, Jennifer L., et al. "Managing the vanishing North American hunter: a novel framework to address declines in hunters and hunter-generated conservation funds," *Human Dimensions of Wildlife* 23.6 (2018): 515–532. doi.org/10.1080/10871209.2018.1499155
U.S. Fish and Wildlife Service, "Historical License Data." wsfrprograms.fws.gov/Subpages/LicenseInfo/LicenseIndex.htm
Zaradic, Patricia, and Oliver R. W. Pergams, "Trends in Nature Recreation: Causes and Consequences," *Encyclopedia of Biodiversity* 7 (2013): 241–257. doi.org/10.1016/B978-0-12-384719-5.00321-X
Barton, Jo, and Jules Pretty. "What is the best dose of nature and green exercise for improving mental health? A multi-study analysis," *Environmental Science and Technology* 44.10 (2010): 3947–3955. doi.org/10.1021/es903183r
Barton, Jo, Murray Griffin, and Jules Pretty. "Exercise-, nature- and socially interactive-based initiatives improve mood and self-esteem in the clinical population," *Perspectives in Public Health* 132.2 (2012): 89–96. doi.org/10.1177/1757913910393862
Berman, M. G., et al. "The Cognitive Benefits of Interacting with Nature," *Psychological Science* 19.12 (2008): 1207–1212. doi.org/10.1111/j.1467-9280.2008.02225.x
Brown, Adam, Natalie Djohari, and Paul Stolk. *Fishing for Answers: The Final Report of the Social and Community Benefits of Angling Project* (Manchester, UK: Substance, 2012). resources.anglingresearch.org.uk/project_reports/final_report_2012
Freeman, Claire, and Yolanda Van Heezik. *Children, Nature and Cities* (London: Routledge, 2018).
Kuo, M. "How might contact with nature promote human health? Promising mechanisms and a possible central pathway," *Frontiers in Psychology* 25 (2015): 1–8. doi.org/10.3389/fpsyg.2015.01093
『あなたの子どもには自然が足りない』リチャード・ループ著、春日井晶子訳、早川書房、2006年
Louv, Richard. *The Nature Principle: Reconnecting with Life in a Virtual Age* (Chapel Hill, NC: Algonquin Books of Chapel Hill, Reprint Edition, 2012).
Nichols, Wallace J. *Blue Mind* (New York: Little, Brown and Company, 2015).

space," *Geophysical Research Letters* 34 (2007): L080402. doi.org/10.1029/2007GL029447
Altenau, Elizabeth H., et al. "AirSWOT measurements of river water surface elevation and slope: Tanana River, AK," *Geophysical Research Letters* 44 (2017): 181–189. doi.org/10.1002/2016GL071577
Biancamaria, S., et al. "The SWOT Mission and Its Capabilities for Land Hydrology," *Surveys in Geophysics* 37.2 (2016): 307–337. doi.org/10.1007/s10712-015-9346-y
Deming, D. "Pierre Perrault, the Hydrologic Cycle and the Scientific Revolution," *Groundwater* 152.1 (2014): 156–162. doi.org/10.1111/gwat.12138
Pavelsky, Tamlin M., et al. "Assessing the potential global extent of SWOT river discharge observations," *Journal of Hydrology* 519, Part B (2014): 1516–1525. doi.org/10.1016/j.jhydrol.2014.08.044
Pitcher, Lincoln H., et al. "AirSWOT InSAR Mapping of Surface Water Elevations and Hydraulic Gradients Across the Yukon Flats Basin, Alaska," *Water Resources Research* 55.2 (2019): 937–953. doi.org/10.1029/2018WR023274
Rodríguez, Ernesto, et al. "A Global Assessment of the SRTM Performance," *Photogrammetric Engineering & Remote Sensing* 3 (2006): 249–260. doi.org/10.14358/PERS.72.3.249
Shiklomanov, I. A. "World Fresh Water Resources," in P. H. Gleick, ed., *Water in Crisis* (New York: Oxford University Press, 1993), 13–24.

第9章

Kesebir, S., and Pelin Kesebir. "A Growing Disconnection from Nature Is Evident in Cultural Products," *Perspectives on Psychological Science* 12.2 (2017): 258–269. doi.org/10.1177/1745691616662473
New York State Department of Environmental Conservation, Fish and Wildlife, 625 Broadway, Albany, NY 12233–4754.
Pergams, Oliver R. W., and Patricia Zaradic. "Evidence for a fundamental and pervasive shift away from nature-based recreation," *Proceedings of the National Academy of Sciences (PNAS)* 105.7 (2008): 2295–2300. doi.org/10.1073/pnas.0709893105
Prévot-Julliard, A. -C., et al. "Historical evidence for nature disconnection in a 70-year time series of Disney animated films," *Public Understanding of*

1583–1594. doi.org/10.1029/1999WR900335
———. "Geomorphic impact and rapid subsequent recovery from the 1996 Skeiðarársandur jökulhlaup, Iceland, assessed with multi-year airborne lidar," *Geomorphology* 75 (2006): 65–75. doi.org/10.1016/j.geomorph.2004.01.012
Allen, G. H., et al. "Similarity of stream width distributions across headwater systems," *Nature Communications* 9.610 (2018). doi.org/10.1038/s41467-018-02991-w
Allen, G. H., and T. M. Pavelsky. "Global extent of rivers and streams," *Science* 361.6402 (2018): 585–588. doi.org/10.1126/science.aat0636
Cooley, S. W., et al. "Tracking Dynamic Northern Surface Water Changes with High-Frequency Planet CubeSat Imagery," *Remote Sensing* 9.12 (2017): 1306. doi.org/10.3390/rs9121306
Fishman, Charles. *One Giant Leap* (New York: Simon & Schuster, 2019).
Gleason, Colin J., and Laurence C. Smith. "Toward global mapping of river discharge using satellite images and at-many-stations hydraulic geometry," *Proceedings of the National Academy of Sciences (PNAS)* 111.13 (2014): 4788–4791. doi.org/10.1073/pnas.1317606111
Gleason, C. J., et al. "Retrieval of river discharge solely from satellite imagery and at-many-stations hydraulic geometry: Sensitivity to river form and optimization parameters," *Water Resources Research* 50 (2014): 9604–9619. doi.org/10.1002/2014WR016109
Pekel, J. -F., et al. "High-resolution mapping of global surface water and its long-term changes," *Nature* 540 (2016): 418–422. doi.org/10.1038/nature20584
Smith, L. C., and T. M. Pavelsky. "Estimation of river discharge, propagation speed, and hydraulic geometry from space: Lena River, Siberia," *Water Resources Research* 44.3 (2008): W03427. doi.org/10.1029/2007WR006133
Alsdorf, D. E., et al. "Amazon water level changes measured with interferometric SIR-C radar," *IEEE Transactions on Geoscience and Remote Sensing* 39.2 (2001): 423–431. doi.org/10.1109/36.905250
———. "Interferometric radar measurements of water level change on the Amazon flood plain," *Nature* 404 (2000): 174–177. doi.org/10.1038/35004560
———. "Spatial and temporal complexity of the Amazon flood measured from

Maloney, Peter. "Los Angeles Considers $3B Pumped Storage Project at Hoover Dam," *Utility Dive,* 26 July 2018. www.utilitydive.com/news/los-angeles-considers-3b-pumped-storage-project-at-hoover-dam/528699/

Metropolitan Water District of Southern California. "Metropolitan study demonstrates feasibility of large-scale regional recycling water program," 9 January 2017.

ジェフリー・カイトリンガーに対面インタビュー。2017年9月16日、カリフォルニア州ロサンゼルスの都市圏水道公社本社にて。カイトリンガーからは、地域再生水高度浄化センターの起工式で再び話を聞いた。2017年9月18日、カリフォルニア州カーソンの合同下水処理施設（JWPCP）にて。

"Southeast Louisiana Urban Flood Control Project—SELA," U.S. Army Corps of Engineers, Feb. 2018. www.mvn.usace.army.mil/Portals/56/docs/SELA/SELA Fact Sheet Feb 2018.pdf. rsc.usace.army.mil/sites/default/files/MR&T_17Jun15_Final.pdf

マイケル・ウェーナーに対面インタビュー。2019年9月20日、カリフォルニア州ファウンテンバレーのオレンジ郡水道局地下水補充システム（GWRS）。

第8章

Blom, A., et al. "The graded alluvial river: Profile concavity and downstream fining," *Geophysical Research Letters* 43.12 (2016): 6285–6293. doi.org/10.1002/2016GL068898

Cassis, N. "Alberto Behar (1967–2015)," *Eos* 96 (2015). doi.org/10.1029/2015EO032047

Mackin, J. H. "Concept of the Graded River," *Bulletin of the Geological Society of America* 59 (1948): 463–512. doi.org/10.1177/030913330002400405

Magilligan, F. J., et al. "Geomorphic effectiveness, sandur development and the pattern of landscape response during jokulhlaups: Skeidararsandur, southeastern Iceland," *Geomorphology* 44.1–2 (2002): 95–113. doi.org/10.1016/S0169-555X(01)00147-7

Smith, L. C., et al. "Estimation of erosion, deposition, and net volumetric change caused by the 1996 Skeiðarársandur jökulhlaup, Iceland, from Synthetic Aperture Radar Interferometry," *Water Resources Research* 36.6 (2000):

20314
Low Impact Hydropower Institute, 2018.
Low Impact Hydropower Institute, "Pending Applications." lowimpacthydro.org/pending-applications/
Brooks, A., et al. *A characterization of community fish refuge typologies in rice field fisheries ecosystems* (Penang, Malaysia: WorldFish, 2015).
Brown, David A. "Stop Asian Carp, Earn $1 Million," 2 Feb. 2017. www.outdoorlife.com/stop-asian-carp-earn-1-million/
Food and Agriculture Organization of the United Nations. *2018 The State of World Fisheries and Aquaculture* (2018). www.fao.org/state-of-fisheries-aquaculture/en/
Ge, Celine. "China's Craving for Crayfish Creates US$2 Billion Business," *South China Morning Post,* 26 June 2017. www.scmp.com/business/companies/article/2100001/chinas-craving-crayfish-creates-us2-billion-business
Love, Joseph W., and Joshua J. Newhard. "Expansion of Northern Snakehead in the Chesapeake Bay Watershed," *Transactions of the American Fisheries Society* 147.2 (2018): 342–349. doi.org/10.1002/tafs.10033
ルア・ルーとジョン・クリリー（フィン・グルメ・フーズの創業者・共同経営者）に個人インタビュー。テレビ会議にて。2018年8月29日、ケンタッキー州パデューカ。
Penn, Ivan. "The $3 Billion Plan to Turn Hoover Dam into a Giant Battery," *New York Times,* 24 July 2018. www.nytimes.com/interactive/2018/07/24/business/energy-environment/hoover-dam-renewable-energy.html
Rehman, Shafiqur, et al. "Pumped hydro energy storage system: A technological review," *Renewable and Sustainable Energy Reviews* 44 (2015): 586–598. doi.org/10.1016/j.rser.2014.12.040
Souty-Grosset, Catherine, et al. "The red swamp crayfish *Procambarus clarkii* in Europe: Impacts on aquatic ecosystems and human well-being," *Limnologica* 58 (2016): 78–93. doi.org/10.1016/j.limno.2016.03.003
レイチェル・キャリコ（米陸軍工兵隊）、ケイトリン・キャンベル（米陸軍工兵隊）、アンジェラ・デソト（ジェファーソン郡）、ラリー・ナルティ（ポンプ場責任者）に対面インタビュー。2017年12月14日。ルイジアナ州ジェファーソン郡ディッコリー1088番地にあるSELA「ポンプ・トゥ・ザ・リバー」ポンプ場。

the 2005 flood of the Saskatchewan River," *Geomorphology* 101.4 (2008): 583–594. doi.org/10.1016/j.geomorph.2008.02.009
Smith, Norman D. et al. "Channel enlargement by avulsion-induced sediment starvation in the Saskatchewan River," *Geology* 42 (2014): 355–358. https://doi.org/10.1130/G35258.1.
Chen, W., and J. D. Olden. "Designing flows to resolve human and environmental water needs in a dam-regulated river," *Nature Communications* 8.2158 (2017). doi.org/10.1038/s41467-017-02226-4
Holtgrieve, G. W., et al. "Response to Comments on "Designing river flows . . . ," *Science* 13.6398 (2018). doi.org/10.1126/science.aat1477
Kondolf, G. Mathias, et al. "Dams on the Mekong: Cumulative sediment starvation," *Water Resource Research* 50.6 (2014): 5158–5169. doi.org/10.1002/2013WR014651
————. "Sustainable sediment management in reservoirs and regulated rivers: Experiences from five continents," *Earth's Future* 2 (2014): 256–280. doi.org/10.1002/2013EF000184
Sabo, J. L., et al. "Designing river flows to improve food security futures in the Lower Mekong Basin," *Science* 358.6368 (2017). doi.org/10.1126/science.aao1053
Schmitt, R. J. P., et al. "Improved trade-offs of hydropower and sand connectivity by strategic dam planning in the Mekong," *Nature Sustainability* 1 (2018): 96–104. www.nature.com/articles/s41893-018-0022-3
Zarfl, C., et al. "A global boom in hydropower dam construction," *Aquatic Sciences* 77.1 (2015): 161–170. doi.org/10.1007/s00027-014-0377-0
Harlan, Tyler. "Rural utility to low-carbon industry: Small hydropower and the industrialization of renewable energy in China," *Geoforum* 95 (2018): 59–69. doi.org/10.1016/j.geoforum.2018.06.025
Hennig, Thomas, and Tyler Harlan. "Shades of green energy: Geographies of small hydropower in Yunnan, China and the challenges of over-development," *Global Environmental Change* 49 (2018): 116–128. doi.org/10.1016/j.gloenvcha.2017.10.010
Khennas, Smail, and Andrew Barnett. *Best practices for sustainable development of micro hydro power in developing countries* (Department for International Development, UK: 2000). openknowledge.worldbank.org/handle/10986/

02723646.2000.10642698
Udall, Bradley, and Jonathan Overpeck. "The twenty-first century Colorado River hot drought and implications for the future," *Water Resources Research* 53.3: 2404–2418. agupubs.onlinelibrary.wiley.com/doi/pdf/10.1002/2016WR019638
Woodhouse, Connie A., et al. "Increasing influence of air temperature on upper Colorado River streamflow," *Geophysical Research Letters* 43.5 (2016): 2174–2181. agupubs.onlinelibrary.wiley.com/doi/full/10.1002/2015GL067613
Xiao, Mu, et al. "On the causes of declining Colorado River streamflows," *Water Resources Research* 54.9 (2018): 6739–6756. agupubs.onlinelibrary.wiley.com/doi/abs/10.1029/2018WR023153

第7章

American Rivers (2019): American River Dam Removal Database. Dataset www.americanrivers.org/2018/02/dam-removal-in-2017/
Foley, M. M., et al. "Dam removal: Listening in," *Water Resources Research* 53.7 (2017): 5229–5246. doi.org/10.1002/2017WR020457
Monterey Peninsula Water Management District, *San Clemente Dam Fish Counts.* www.mpwmd.net/environmental-stewardship/carmel-river-steelhead-resources/san-clemente-dam-fish-counts/
Schiermeier, Quirin. "Europe is demolishing its dams to restore ecosystems," *Nature* 557 (2018): 290–291. doi.org/10.1038/d41586-018-05182-1
『キャナリー・ロウ――缶詰横丁』ジョン・スタインベック著、井上謙治訳、福武書店、1989年
Williams, Thomas H., et al. "Removal of San Clemente Dam did more than restore fish passage," *The Osprey* 89 (2018): 1, 4–9. USGS Steelhead Committee Fly Fishers International. pubs.er.usgs.gov/publication/70195992
Smith, Norman D., et al. "Anatomy of an avulsion," *Sedimentology* 36.1 (1989): 1–23. doi.org/10.1111/j.1365-3091.1989.tb00817.x
————. "Dam-induced and natural channel changes in the Saskatchewan River below the E. B. Campbell Dam, Canada," *Geomorphology* 260 (2016): 186–202. doi.org/10.1016/j.geomorph.2016.06.041
Smith, Norman D., and Marta Perez-Arlucea. "Natural levee deposition during

melting-away.html

Fountain, H., and D. Watkins. "As Greenland Melts, Where Is the Water Going?" *New York Times,* 5 December 2017. www.nytimes.com/interactive/2017/12/05/climate/greenland-ice-melting.html

Kolbert, Elizabeth. "Greenland Is Melting," *New Yorker,* 24 October 2016. www.newyorker.com/magazine/2016/10/24/greenland-is-melting

Smith, L. C., et al. "Direct measurements of meltwater runoff on the Greenland Ice Sheet surface," *Proceedings of the National Academy of Sciences (PNAS)* 114.50 (2017): E10622-E10631. doi.org/10.1073/pnas.1707743114

Bolch, T., et al. "The State and Fate of Himalayan Glaciers," *Science* 336.6079 (2012): 310–314. science.sciencemag.org/content/336/6079/310

Dottori, Francesco, et al. "Increased human and economic losses from river flooding with anthropogenic warming," *Nature Climate Change* 8 (2018): 781–786. www.nature.com/articles/s41558-018-0257-z

Green, Fergus, and Richard Denniss. "Cutting with both arms of the scissors: the economic and political case for restrictive supply-side climate policies," *Climatic Change* 150.1–2 (2018): 73–87. doi.org/10.1007/s10584-018-2162-x

Hirabayashi, Yukiko, et al. "Global flood risk under climate change," *Nature Climate Change* 3 (2013): 816–821. www.nature.com/articles/nclimate1911

Huss, Matthias, and Regine Hock. "Global-scale hydrological response to future glacier mass loss," *Nature Climate Change* 8 (2018): 135–140. www.nature.com/articles/s41558-017-0049-x

Immerzeel, Walter W., et al. "Climate change will affect the Asian water towers," *Science* 328.5984 (2010): 1382–1385. science.sciencemag.org/content/328/5984/1382

Mallakpour, Iman, and Gabriele Villarini. "The changing nature of flooding across the central United States," *Nature Climate Change* 5 (2015): 250–254. www.nature.com/articles/nclimate2516

Milliman, J. D., et al. "Climatic and anthropogenic factors affecting river discharge to the global ocean, 1951–2000," *Global and Planetary Change* 62.3–4 (2008): 187–194. doi.org/10.1016/j.gloplacha.2008.03.001

Smith, Laurence C. "Trends in Russian Arctic river-ice formation and breakup: 1917 to 1994," *Physical Geography* 21.1 (2000): 46–56. doi.org/10.1080/

York: Oxford University Press, 2017).

Marsh, Rene. "Leaked memo: Pruitt taking control of Clean Water Act determinations," *CNN: Politics,* 4 April 2018. www.cnn.com/2018/04/04/politics/clean-water-act-epa-memo/index.html

O'Grady, John. "The $79 million plan to gut EPA staff," *The Hill,* 16 Feb. 2018. thehill.com/opinion/energy-environment/374167-the-79-million-plan-to-gut-epa-staff

Smith, L. C., and G. A. Olyphant. "Within-storm variations in runoff and sediment export from a rapidly eroding coal-refuse deposit," *Earth Surface Processes and Landforms* 19 (1994): 369–375. doi.org/10.1002/esp.3290190407

Swain, Christopher. "Swim with Swain." www.swimwithswain.org

"China appoints 200,000 'river chiefs,'" *Xinhuanet,* 23 Aug. 2017. www.xinhuanet.com/english/2017-08/23/c_136549637.htm

Diaz, Robert J., and Rutger Rosenberg. "Spreading dead zones and consequences for marine ecosystems," *Science* 321.5891 (2008): 926–929. doi.org/10.1126/science.1156401

Eerkes-Medrano, Dafne, et al. "Microplastics in drinking water: A review and assessment," *Current Opinion in Environmental Science & Health* 7 (2019): 69–75. doi.org/10.1016/j.coesh.2018.12.001

Jensen-Cormier, Stephanie. "China Commits to Protecting the Yangtze River," *International Rivers,* 26 Feb. 2018.

Jones, Christopher S., et al. "Iowa stream nitrate and the Gulf of Mexico," *PLoS ONE* 13.4 (2018). doi.org/10.1371/journal.pone.0195930

Leung, Anna, et al. "Environmental contamination from electronic waste recycling at Guiyu, southeast China," *Journal of Material Cycles and Waste Management* 8.1 (2006): 21–33. doi.org/10.1007/s10163-005-0141-6

U.S. Fish and Wildlife Service, "Intersex fish: Endocrine disruption in smallmouth bass."

Williams, R. J., et al. "A national risk assessment for intersex in fish arising from steroid estrogens," *Environmental Toxicology and Chemistry* 28.1 (2009): 220–230. doi.org/10.1897/08-047.1

Davenport, Coral, et al. "Greenland is melting away," *New York Times,* 27 Oct. 2015. www.nytimes.com/interactive/2015/10/27/world/greenland-is-

india-news/madhya-pradesh-ken-betwa-river-linking-project-runs-into-troubled-waters/story-Sngb6U8mq2OeTMlB57KGsL.html
"Saving Lake Chad." *African Business Magazine,* 18 Apr. 2018. africanbusinessmagazine.com/sectors/development/saving-lake-chad
Whitehead, P. G., et al. "Dynamic modeling of the Ganga river system: impacts of future climate and socio-economic change on flows and nitrogen fluxes in India and Bangladesh," *Environmental Science: Processes & Impacts* 17 (2015): 1082–109. doi.org/10.1039/C4EM00616J
Zhao, Zhen-yu, et al. "Transformation of water resource management: a case study of the South-to-North Water Diversion project," *Journal of Cleaner Production* 163.1 (2017): 136–145. doi.org/10.1016/j.jclepro.2015.08.066

第6章

Beck, Eckardt C. "The Love Canal Tragedy," *EPA Journal,* Jan. 1979. archive.epa.gov/epa/aboutepa/love-canal-tragedy.html
Bedard, Paul. "Success: EPA set to reduce staff 50% in Trump's first term," *Washington Examiner,* 9 Jan. 2018. www.washingtonexaminer.com/success-epa-set-to-reduce-staff-50-in-trumps-first-term
Darland, Gary, et al. "A Thermophilic, Acidophilic Mycoplasma Isolated from a Coal Refuse Pile," *Science* 170.3965 (1970): 1416–1418. www.jstor.org/stable/1730880?seq=1/subjects
Davenport, Coral. "Scott Pruitt, Trump's Rule-Cutting E.P.A. Chief, Plots His Political Future," *New York Times,* 17 Mar. 2018. www.nytimes.com/2018/03/17/climate/scott-pruitt-political-ambitions.html
『イギリスを泳ぎまくる』ロジャー・ディーキン著、野田知佑監修、青木玲訳、亜紀書房、2008年
Guli, Mina. "The 6 River Run," www.minaguli.com/projectsoverview
———. "What I Learned from Running 40 Marathons in 40 Days for Water," *Huff post,* 3 May 2017. www.huffpost.com/entry/what-i-learned-from-running-40-marathons-in-40-days_b_591acc92e4b03e1c81b008a1
Johnson, D. Barrie, and Kevin B. Hallberg. "Acid mine drainage remediation options: a review," *Science of the Total Environment* 338.1–2 (2005): 3–14. doi.org/10.1016/j.scitotenv.2004.09.002
Mallet, Victor. *River of Life, River of Death: The Ganges and India's Future* (New

Karas, Slawomir, and Maciej Roman Kowal. "The Mycenaean Bridges — Technical Evaluation Trial," *Roads and Bridges* 14.4 (2015): 285–302. doi.org/10.7409/rabdim.015.019

Redmount, Carol A. "The Wadi Tumilat and the 'Canal of the Pharaohs,'" *Journal of Near Eastern Studies* 54.2 (1995): 127–135. www.jstor.org/stable/545471

Wang, Serenitie, and Andrea Lo. "How the Nanjing Yangtze River Bridge Changed China Forever," *CNN Style: Architecture*, 2 Aug. 2017. www.cnn.com/style/article/nanjing-yangtze-river-bridge-revival

Wiseman, Ed. "Beipanjiang Bridge, the World's Highest, Opens to Traffic in Rural China," *The Telegraph*, 30 Dec. 2016. www.telegraph.co.uk/cars/news/beipanjiang-bridge-worlds-tallest-opens-traffic-rural-china/

Bagla, Pallava. "India plans the grandest of canal networks," *Science* 345.6193 (2014): 128. doi.org/10.1126/science.345.6193.128

Bhardwaj, Mayank. "Modi's $87 billion river-linking gamble set to take off as floods hit India," *Environment*, Reuters, 31 Aug. 2017. www.reuters.com/article/us-india-rivers/modis-87-billion-river-linking-gamble-set-to-take-off-as-floods-hit-india-idUSKCN1BC3HD

Bo, Xiang. "Water Diversion Project Success in First Year," *News*, English.news.cn. 12 Dec. 2015.

"From Congo Basin to Lake Chad: Transaqua, A Dream Is Becoming Reality," *Top News*. Sudanese Media Center. 29 Dec. 2016.

Mekonnen, Mesfin M., and Arjen Y. Hoekstra. "Four billion people facing severe water scarcity," *Science Advances* 2.2 (2016). doi.org/10.1126/sciadv.1500323

Mengjie, ed. "South-to-north water diversion benefits 50 mln Chinese," *Xinhuanet,* 14 Sept. 2017. www.xinhuanet.com/english/2017-09/14/c_136609886.htm

"Metropolitan Board approves additional funding for full-scale, two-tunnel California WaterFix," The Metropolitan Water District of Southern California. 2 April 2018.

Mirza, Monirul M. Q., et al., eds. *Interlinking of Rivers in India: Issues and Concerns* (Leiden, Netherlands: CRC Press/Balkema, 2008).

Pateriya, Anupam. "Madhya Pradesh: Ken-Betwa river linking project runs into troubled waters," *Hindustan Times*, 8 July 2017. www.hindustantimes.com/

stable/4282387

Bochove, Danielle, et al. “Barrick to Buy Randgold to Expand World’s Largest Gold Miner,” *Bloomberg,* 24 Sept. 2018. www.bloomberg.com/news/articles/2018-09-24/barrick-gold-agrees-to-buy-rival-randgold-in-all-share-deal

“Grand Inga Dam, DR Congo,” *International Rivers.* www.internationalrivers.org/campaigns/grand-inga-dam-dr-congo

Hammond, M. “The Grand Ethiopian Renaissance Dam and the Blue Nile: Implications for transboundary water governance,” *GWF Discussion Paper 1306,* Global Water Forum (2013). https://globalwaterforum.org/2013/02/18/the-grand-ethiopian-renaissance-dam-and-the-blue-nile-implications-for-transboundary-water-governance

フェカハメド・ネガシ（東ナイル技術地域事務局の事務局長）に対面インタビュー。2018年4月28日、マサチューセッツ州ケンブリッジ。

Pearce, Fred. “On the River Nile, a Move to Avert a Conflict Over Water,” *Yale Environment 360.* Yale School of Forestry & Environmental Studies. 12 Mar. 2015. e360.yale.edu/features/on_the_river_nile_a_move_to_avert_a_conflict_over_water

Stokstad, Erik. “Power play on the Nile,” *Science* 351.6276 (2016): 904–907. doi.org/10.1126/science.351.6276.904

Taye, Meron Teferi, et al. “The Grand Ethiopian Renaissance Dam: Source of Cooperation or Contention?” *Journal of Water Resources Planning and Management* 142.11 (2016). doi.org/10.1061/(ASCE)WR.1943-5452.0000708

Bagwell, Philip, and Peter Lyth. *Transport in Britain, 1750–2000: From Canal Lock to Gridlock* (London: Hambledon and London, 2002).

Davis, Mike. *City of Quartz: Excavating the Future in Los Angeles* (New York: Vintage Books, 2006).

Doyle, Martin. *The Source: How Rivers Made America and America Remade Its Rivers* (New York/London: W. W. Norton, 2018).

History of Canals in Britain — Routes of the Industrial Revolution. London Canal Museum. www.canalmuseum.org.uk/history/ukcanals.htm

Johnson, Ben. “The Bridgewater Canal,” *Historic UK.* www.historic-uk.com/HistoryMagazine/DestinationsUK/The-Bridgewater-Canal/

Muscolino, Micah S. "Refugees, Land Reclamation, and Militarized Landscapes in Wartime China: Huanglongshan, Shaanxi, 1937–45," *Journal of Asian Studies* 69.2 (2010): 453–478. www.jstor.org/stable/20721849

———. "Violence Against People and the Land: The Environment and Refugee Migration from China's Henan Province, 1938–1945," *Environment and History* 17.2 (2011): 291–311. www.jstor.org/stable/41303510

Muscolino, Micah. "War, Water, Power: An Environmental History of Henan's Yellow River Flood Area, 1938–1952," *CEAS Colloquium Series*. 9 Apr. 2012. Yale Macmillan Center.

Phillips, Steven E. *Between Assimilation and Independence: the Taiwanese Encounter Nationalist China, 1945–1950* (Redwood City, CA: Stanford University Press, 2003).

Rubinstein, Murray A., ed. *Taiwan: A New History* (Armonk, NY: M.E. Sharpe, 1999).

Selden, Mark, and Alvin Y. So. *War & State Terrorism: The United States, Japan, and the Asia-Pacific in the Long Twentieth Century* (Lanham, MD: Rowman & Littlefield, 2004).

Shu, Li, and Brian Finlayson. "Flood management on the lower Yellow River: hydrological and geomorphological perspectives," *Sedimentary Geology* 85.1–4 (1993): 285–296. doi.org/10.1016/0037-0738(93)90089-N

Connelly, Frank, and George C. Jenks. *Official History of the Johnstown Flood (1889),* (Pittsburgh: Journalist Publishing Company, 1889).

Eaton, Lucien, et al. *The American Law Review, Volume 23* (St. Louis, MO: Review Publishing Co., 1889), 647.

Shugerman, Jed H. "The Floodgates of Strict Liability: Bursting Reservoirs and the Adoption of *Fletcher v. Rylands* in the Gilded Age," *Yale Law Journal,* 110.2 (2000). digitalcommons.law.yale.edu/ylj/vol110/iss2/6

Simpson, A. W. B. "Legal Liability for Bursting Reservoirs: The Historical Context of 'Rylands v. Fletcher,'" *Journal of Legal Studies*, 13.2 (1984): 209–264. www.jstor.org/stable/724235

第5章

Abdalla, I. H. "The 1959 Nile Waters Agreement in Sudanese-Egyptian Relations," *Middle Eastern Studies* 7.3 (1971): 329–341. www.jstor.org/

www.coast.noaa.gov/states/fast-facts/hurricane-costs.html
Jonkman, Sebastian N., et al. "Brief communication: Loss of life due to Hurricane Harvey," *Natural Hazards and Earth System Sciences* 18.4 (2018): 1073–1078. doi.org/10.5194/nhess-18-1073-2018
Leeson, Peter T., and Russell S. Sobel. "Weathering Corruption," *Journal of Law and Economics* 51.4 (2008): 667–681. doi.org/10.1086/590129
Schultz, Jessica, and James R. Elliott. "Natural disasters and local demographic change in the United States," *Population and Environment* 34.3 (2013): 293–312 www.jstor.org/stable/42636673
SHELDUS (Spatial Hazard Events and Losses Database for the United States), University of South Carolina. cemhs.asu.edu/sheldus/
チーム・ルビコン（さまざまなボランティアの人々）に対面インタビュー。2017年9月29～30日、テキサス州ヒューストンおよびコンロー。
Zaninetti, Jean-Marc, and Craig E. Colten. "Shrinking New Orleans: Post-Katrina Population Adjustments," *Urban Geography* 33.5 (2012): 675–699. doi.org/10.2747/0272-3638.33.5.675
Barry, John S. *Rising Tide: The Great Mississippi Flood of 1927 and How It Changed America* (New York: Simon & Schuster, 1998).
Rivera, Jason David, and DeMond Shondell Miller. "Continually Neglected: Situating Natural Disasters in the African American Experience," *Journal of Black Studies* 37.4 (2007): 502–522. www.jstor.org/stable/40034320
Walton Jr., Hanes, and C. Vernon Gray. "Black Politics at the National Republican and Democratic Conventions, 1868–1972," *Phylon* 36.3 (1975): 269–278. www.jstor.org/stable/274392
Alexander, Bevin. *The Triumph of China*. www.bevinalexander.com/china/
Edgerton-Tarpley, Kathryn. "A River Runs through It: The Yellow River and The Chinese Civil War, 1946–1947," *Social Science History* 41.2 (2017): 141–173. doi.org/10.1017/ssh.2017.2
———. "'Nourish the People' to 'Sacrifice for the Nation': Changing Responses to Disaster in Late Imperial and Modern China," *Journal of Asian Studies* 73.2 (2014): 447–469. www.jstor.com/stable/43553296
Lary, Diana. "Drowned Earth: The Strategic Breaching of the Yellow River Dyke, 1938," *War in History* 8.2 (2001): 191–207. doi.org/10.1177/096834450100800204

and the Fall of France in 1940," *International History Review* 14.2 (1992): 252–276. www.jstor.org/stable/40792747

Carrico, John M. *Vietnam Ironclads: A Pictorial History of U.S. Navy River Assault Craft, 1966–1970* (John M. Carrico, 2008).

Dunigan, Molly, et al. *Characterizing and exploring the implications of maritime irregular warfare*. RAND Document Number MG-1127-NAVY (Santa Monica, CA: RAND, 2012) www.rand.org/pubs/monographs/MG1127.html

Helm, Glenn E. "Surprised at TET: U.S. Naval Forces—1968," Mobile Riverine Force Association. www.mrfa.org/us-navy/surprised-at-tet-u-s-naval-forces-1968/

Lorman, Richard E. "The Milk Run," *River Currents* 23.4 (2014): 2–3. Mobile Riverine Force Association.

リチャード・E・ローマンに対面インタビュー。2018年4月22日、マサチューセッツ州ハル。

Qiang, Zhai. "China and the Geneva Conference of 1954," *China Quarterly* 129 (1992): 103–122. www.jstor.org/stable/654599

第4章

"Billion-Dollar Weather and Climate Disasters: Overview." NOAA National Centers for Environmental Information. www.ncdc.noaa.gov/billions/

Blake, Eric S., and David A. Zelinsky. *National Hurricane Center Tropical Cyclone Report: Hurricane Harvey* (NOAA, 2018). www.nhc.noaa.gov/data/tcr/AL092017_Harvey.pdf

Elliott, James R. "Natural Hazards and Residential Mobility: General Patterns and Racially Unequal Outcomes in the United States," *Social Forces* 93.4 (2015): 1723–1747. doi.org/10.1093/sf/sou120

Fussell, Elizabeth, et al. "Race, Socioeconomic Status, and Return Migration to New Orleans after Hurricane Katrina," *Population and Environment* 31.1–3 (2010): 20–42. doi.org/10.1007/s11111-009-0092-2

Haider-Markel, Donald P., et al. "Media Framing and Racial Attitudes in the Aftermath of Katrina," *Policy Studies Journal* 35.4 (2007): 587–605. doi.org/10.1111/j.1541-0072.2007.00238.x

"Hurricane Costs." NOAA Office for Coastal Management.

of State. history.state.gov/milestones/1830-1860/china-1
"The Opening to China Part 2: the Second Opium War, the United States, and the Treaty of Tianjin, 1857–1859." Office of the Historian, U.S. Department of State. history.state.gov/milestones/1830-1860/china-2
"USS *Saginaw,*" military.wikia.com/wiki/USS_Saginaw
Builder, Carl H., et al. "The Technician: Guderian's Breakthrough at Sedan," *Command Concepts,* 43–54 (Santa Monica, CA: RAND Corporation, 1999). https://apps.dtic.mil/sti/pdfs/ADA369560.pdf
Cole, Hugh M. "The Battle Before the Meuse," *The Ardennes: Battle of the Bulge.* U.S. Army Center of Military History. history.army.mil/books/wwii/7-8/7-8_22.HTM
"The Dam Raids," The Dambusters. http://www.dambusters.org.uk/
Evenden, Matthew. "Aluminum, Commodity Chains, and the Environmental History of the Second World War," *Environmental History* 16.1 (2011): 69–93. doi.org/10.1093/envhis/emq145
Hall, Allan. "Revealed: The priest who changed the course of history . . . by rescuing a drowning four-year-old Hitler from death in an icy river," *Mailonline,* 5 Jan. 2012. www.dailymail.co.uk/news/article-2082640/How-year-old-Adolf-Hitler-saved-certain-death—drowning-icy-river-rescued.html
King, W. L. Mackenzie. "The Hyde Park Declaration," *Canada and the War.* 28 Apr. 1941. wartimecanada.ca/sites/default/files/documents/WLMK.HydePark.1941.pdf
Massell, David. "'As Though There Was No Boundary': the Shipshaw Project and Continental Integration," *American Review of Canadian Studies* 34.2 (2004): 187–222. doi.org/10.1080/02722010409481198
Royal Air Force Benevolent Fund. "The story of the Dambusters." www.rafbf.org/dambusters/the-story-of-the-dambusters
Webster, T. M. "The Dam Busters Raid: Success or Sideshow?" *Air Power History* 52.2 (2005): 12–25. https://go.gale.com/ps/anonymous?id=GALE%7CA133367811
Willis, Amy. "Adolf Hitler 'Nearly Drowned as a Child,'" *The Telegraph,* 6 Jan. 2012.
Zahniser, Marvin R. "Rethinking the Significance of Disaster: The United States

stable/1594000
"Islamic State and the crisis in Iraq and Syria in maps," *BBC News*, 28 Mar. 2018. www.bbc.com/news/world-middle-east-27838034
Jones, Seth G., et al. *Rolling Back the Islamic State* (Santa Monica, CA: RAND Corporation, 2017). www.rand.org/pubs/research_reports/RR1912.html
Bearss, Edwin C., with J. Parker Hills. *Receding Tide: Vicksburg and Gettysburg: The Campaigns That Changed the Civil War* (Washington, DC: National Geographic Books, 2010).
Joiner, Gary D. *Mr. Lincoln's Brown Water Navy: The Mississippi Squadron* (Lanham, MD: Rowman & Littlefield Publishers, 2007).
Tomblin, Barbara Brooks. *The Civil War on the Mississippi: Union Sailors, Gunboat Captains, and the Campaign to Control the River* (Lexington: University Press of Kentucky, 2016).
Van Tilburg, Hans Konrad. *A Civil War Gunboat in Pacific Waters: Life on Board USS Saginaw* (Gainesville: University Press of Florida, 2010).
『ザ・レイプ・オブ・南京――第二次世界大戦の忘れられたホロコースト』アイリス・チャン著、巫召鴻訳、同時代社、2007年
Cole, Bernard D. "The Real Sand Pebbles," *Naval History Magazine* 14.1 (2000): U.S. Naval Institute. www.usni.org/magazines/naval-history-magazine/2000/february
Feige, Chris, and Jeffrey A. Miron. "The opium wars, opium legalization and opium consumption in China," *Applied Economics Letters* 15.12 (2008): 911–913. doi.org/10.1080/13504850600972295
"A Japanese Attack Before Pearl Harbor," *NPR Morning Edition*, 13 Dec. 2007. Audio here: www.npr.org/templates/story/story.php?storyId=17110447
Kaufman, Alison A. *The "Century of Humiliation" and China's National Narratives* (2011). www.uscc.gov/sites/default/files/3.10.11Kaufman.pdf
Konstam, Angus. *Yangtze River Gunboats 1900–49* (Oxford, U.K.: Osprey Publishing, 2011).
Melancon, Glenn. "Honour in Opium? The British Declaration of War on China, 1839–1840," *The International History Review* 21.4 (1999): 855–874. doi.org/10.1080/07075332.1999.9640880
"The Opening to China Part 1: the First Opium War, the United States, and the Treaty of Wangxia, 1839–1844." Office of the Historian, U.S. Department

Bangkok Post, 10 January 2018. www.bangkokpost.com/opinion/opinion/1393266/can-regional-cooperation-secure-the-mekongs-future

McCaffery, Stephen C. "The Harmon Doctrine One Hundred Years Later: Buried, Not Praised," *Natural Resources Journal* 36.3 (1996): 549–590. digitalrepository.unm.edu/nrj/vol36/iss3/5

Middleton, Carl, and Jeremy Allouche. "Watershed or Powershed? Critical Hydropolitics, China and the Lancang-Mekong Cooperation Framework," *The International Spectator* 51.3 (2016): 100–117. doi.org/10.1080/03932729.2016.1209385

Salman, Salman M. A. "Entry into force of the UN Watercourses Convention: Why should it matter?" *International Journal of Water Resources Development* 31.1 (2015): 4–16. doi.org/10.1080/07900627.2014.952072

Schiff, Jennifer S. "The evolution of Rhine river governance: historical lessons for modern transboundary water management," *Water History* 9.3 (2017): 279–294. doi.org/10.1007/s12685-017-0192-3

Sosland, Jeffrey K. *Cooperating Rivals: The Riparian Politics of the Jordan River Basin* (Albany: State University of New York Press, 2007).

Teclaff, Ludwik A. "Fiat or Custom: The Checkered Development of International Water Law," *Natural Resources Journal* 31.1 (1991): 45–73. digitalrepository.unm.edu/nrj/vol31/iss1/4

Wolf, Aaron T. "Conflict and cooperation along international waterways," *Water Policy* 1.2 (1998): 251–265. doi.org/10.1016/S1366-7017(98)00019-1

Ziv, Guy, et al. "Trading-off fish biodiversity, food security, and hydropower in the Mekong River Basin," *PNAS* 109.15 (2012): 5609–5614. doi.org/10.1073/pnas.1201423109

第3章

Brockell, Gillian. "How a painting of George Washington crossing the Delaware on Christmas went 19th-century viral," *The Washington Post,* 25 Dec. 2017. www.washingtonpost.com/news/retropolis/wp/2017/12/24/how-a-painting-of-george-washington-crossing-the-delaware-on-christmas-went-19th-century-viral/?utm_term=.05b8375ce759

Groseclose, Barbara S. "'Washington Crossing the Delaware': The Political Context," *The American Art Journal* 7.2 (1975): 70–78. www.jstor.org/

調整係の国境警備隊隊員）およびイリネ・モーテンセン（アメリカ合衆国税関・国境警備局のコミュニティ渉外員）に対面インタビュー。2017年8月14日、テキサス州エルパソ。
Carter, Claire, et al. *David Taylor: Monuments* (Radius Books/Nevada Museum of Art, 2015).
Popelka, Sarah J., and Laurence C. Smith. "Rivers as Political Borders: A New Subnational Geospatial Dataset," *Water Policy*, in review.
Reisser, Wesley J. *The Black Book: Woodrow Wilson's Secret Plan for Peace* (Lanham, MD: Lexington Books, 2012).
Sahlins, Peter. "Natural Frontiers Revisited: France's Boundaries since the Seventeenth Century," *The American Historical Review* 95.5 (1990): 1423–1451. www.jstor.org/stable/2162692?origin=crossref
Ullah, Akm Ahsan. "Rohingya Refugees to Bangladesh: Historical Exclusions and Contemporary Marginalization," *Journal of Immigrant & Refugee Studies* 9.2 (2011): 139–161. doi.org/10.1080/15562948.2011.567149
Alesina, Alberto, and Enrico Spolaore. *The Size of Nations* (Cambridge: MIT Press, 2005).
Likoti, Fako Johnson. "The 1998 Military Intervention in Lesotho: SADC Peace Mission or Resource War?" *International Peacekeeping* 14.2 (2007): 251–263. doi.org/10.1080/13533310601150875
Makoa, Francis K. "Foreign military intervention in Lesotho's election dispute: Whose Project?" *Strategic Review for Southern Africa* 21.1 (1999).
Viviroli, Daniel, et al. "Mountains of the world, water towers for humanity: Typology, mapping, and global significance," *Water Resources Research* 43.7 (2007): 1–13. doi.org/10.1029/2006WR005653
Convention between the United States of America and Mexico: Equitable Distribution of the Waters of the Rio Grande. Proclaimed January 16, 1907, by the U.S. and Mexico. www.ibwc.gov/Files/1906Conv.pdf
Convention on the Law of the Non-Navigational Use of International Watercourses, United Nations. Adopted 1997. legal.un.org/avl/ha/clnuiw/clnuiw.html
Cosslett, Tuyet L., and Patrick D. Cosslett. *Sustainable Development of Rice and Water Resources in Mainland Southeast Asia and Mekong River Basin* (Singapore: Springer Nature, 2018).
Harris, Maureen. "Can regional cooperation secure the Mekong's future?"

Teclaff, Ludwik A. "Evolution of the River Basin Concept in National and International Water Law," *Natural Resources Journal* 36.2 (1996): 359–391. digitalrepository.unm.edu/nrj/vol36/iss2/7

Yildiz, F. "A Tablet of Codex Ur-Nammu from Sippar," *Orientalia* 50.1 (1981): 87–97. www.jstor.org/stable/43075013

Arnold, Jeanne E. "Credit Where Credit Is Due: The History of the Chumash Oceangoing Plank Canoe," *American Antiquity* 72.2 (2007): 196–209. doi.org/10.2307/40035811

Canuto, Marcello A., et al. "Ancient lowland Maya complexity as revealed by airborne laser scanning of northern Guatemala," *Science* 361.6409 (2018): doi.org/10.1126/science.aau0137

Cleland, Hugh. *George Washington in the Ohio Valley* (Pittsburgh: University of Pittsburgh Press, 1955).

"The Founders and the Pursuit of Land," The Lehrman Institute, lehrmaninstitute.org/history/founders-land.html#washington

Davis, Loren G., et al. "Late Upper Paleolithic occupation at Cooper's Ferry, Idaho, USA, ~16,000 years ago," *Science* 365.6456 (2019): 891–897. doi.org:10.1126/science.aax9830

Liu, Li, and Leping Jiang. "The discovery of an 8000-year-old dugout canoe at Kuahuqiao in the Lower Yangzi River, China," *Antiquity* 79.305 (2005): www.antiquity.ac.uk/projgall/liu305/

Pauketat, T. R. *Ancient Cahokia and the Mississippians* (New York: Cambridge University Press, 2004).

Pepperell, Caitlin S., et al. "Dispersal of *Mycobacterium tuberculosis* via the Canadian fur trade," *Proceedings of the National Academy of Sciences (PNAS)* 108.16 (2011): 6526–6531. doi.org/10.1073/pnas.1016708108

Van de Noort, R., et al. "The 'Kilnsea-boat,' and some implications from the discovery of England's oldest plank boat remains," *Antiquity* 73.279 (1999): 131–135. doi.org/10.1017/S0003598X00087913

Wade, L. "Ancient site in Idaho implies first Americans came by sea," *Science* 365. 6456 (2019): 848–849. doi.org/10.1126/science.365.6456.848

第2章

ロレーナ・アポダカ（アメリカ合衆国税関・国境警備局、国境コミュニティ

Loewe, Michael, and Edward L. Shaughnessy, eds. *The Cambridge History of Ancient China: From the Origins of Civilization to 221 BC* (Cambridge: Cambridge University Press, 1999).

Makibayashi, K., "The Transformation of Farming Cultural Landscapes in the Neolithic Yangtze Area, China," *Journal of World Prehistory* 27.3–4 (2014): 295–307. doi.org/10.1007/s10963-014-9082-0

Mays, Larry W. "Water Technology in Ancient Egypt," *Ancient Water Technologies* (Dordrecht, Netherlands: Springer, 2010).

Truesdell, W. A. "The First Engineer," *Journal of the Association of Engineering Societies* 19 (1897): 1–19.

『オリエンタル・デスポティズム——専制官僚国家の生成と崩壊』カール・A・ウィットフォーゲル著、湯浅赳男訳、新評論、1995年

Wu, Q., et al. "Outburst flood at 1920 BCE supports historicity of China's Great Flood and the Xia dynasty," *Science* 353.6299 (2016): 579–582. doi.org/10.1126/science.aaf0842

Zong, Y., et al. "Fire and flood management of coastal swamp enabled first rice paddy cultivation in east China," *Nature* 449.7161 (2007): 459–462. doi.org/10.1038/nature06135

Bannon, Cynthia. "Fresh Water in Roman Law: Rights and Policy," *Journal of Roman Studies* 107 (2017): 60–89. doi.org/10.1017/S007543581700079X

Campbell, Brian. *Rivers and the Power of Ancient Rome* (Chapel Hill: University of North Carolina Press, 2012).

Finkelstein, J. J. "The laws of Ur-Nammu," *Journal of Cuneiform Studies* 22.3–4 (1968): 66–82. doi.org/10.2307/1359121

——— "Sex Offenses in Sumerian Laws," *Journal of the American Oriental Society* 86.4 (1966): 355–372. doi.org/10.2307/596493

Frymer, T. S. "The Nungal-Hymn and the Ekur-Prison," *Journal of the Economic and Social History of the Orient* 20.1 (1977): 78–89. doi.org/10.2307/3632051

Gomila, M. "Ancient Legal Traditions," *The Encyclopedia of Criminology and Criminal Justice* (2014): 1–7. Wiley Online Library. doi.org/10.1002/9781118517383.wbeccj252

Husain, M. Z., and S. E. Costanza. "Code of Hammurabi," *The Encyclopedia of Corrections* (2017): 1–4. Wiley Online Library. doi.org/10.1002/9781118845387.wbeoc034

Press, 2000).
Tainter, Joseph A. *The Collapse of Complex Societies* (Cambridge: Cambridge University Press, 1990).
Davila, James R. "The Flood Hero as King and Priest," *Journal of Near Eastern Studies* 54.3 (1995): 199–214.
Kennett, D. J., and J. P. Kennett. "Early State Formation in Southern Mesopotamia: Sea Levels, Shorelines, and Climate Change," *Journal of Island and Coastal Archaeology* 1.1 (2006): 67–99. doi.org/10.1080/15564890600586283
Lambeck, K. "Shoreline reconstructions for the Persian Gulf since the last glacial maximum," *Earth and Planetary Science Letters* 142.1–2 (1996): 43–57. doi.org/10.1016/0012-821X(96)00069-6
Lambeck, K., and J. Chappell. "Sea Level Change Through the Last Glacial Cycle," *Science* 292.5517 (2001): 679–686. doi.org/10.1126/science.1059549
Ryan, W. B. F., et al. "Catastrophic Flooding of the Black Sea," *Annual Review of Earth and Planetary Sciences* 31 (2003): 525–554. doi.org/10.1146/annurev.earth.31.100901.141249
Teller, J. T., et al. "Calcareous dunes of the United Arab Emirates and Noah's Flood: the postglacial reflooding of the Persian (Arabian) Gulf," *Quaternary International* 68–71 (2000): 297–308. doi.org/10.1016/S1040-6182(00)00052-5
Tigay, Jeffrey H. *The Evolution of the Gilgamesh Epic* (Philadelphia: University of Pennsylvania Press, 1982).
Gangal, K., et al. "Spatio-temporal analysis of the Indus urbanization," *Current Science* 98.6 (2010): 846–852. www.jstor.org/stable/24109857
Giosan, L., et al. "Fluvial landscapes of the Harappan civilization," *PNAS* 109.26 (2012): 1688–1694. doi.org/10.1073/pnas.1112743109
Sarkar, A., et al. "Oxygen isotope in archaeological bioapatites from India: Implications to climate change and decline of Bronze Age Harappan civilization," *Scientific Reports* 6 (2016). doi.org/10.1038/srep26555
Tripathi, J. K., et al. "Is River Ghaggar, Saraswati? Geochemical Constraints," *Current Science* 87.8 (2004): 1141–1145. www.jstor.org/stable/24108988
『水の文化史――水文学入門』アシット・K.ビスワス著、高橋裕、早川正子共訳、文一総合出版、1979年

参考文献・インタビュー

プロローグ

Holden, Peter, et al. "Mass-spectrometric mining of Hadean zircons by automated SHRIMP multi-collector and single-collector U/Pb zircon age dating: The first 100,000 grains," *International Journal of Mass Spectrometry* 286.2–3 (2009): 53–63. doi.org/10.1016/j.ijms.2009.06.007

Kite, Edwin S., et al. "Persistence of intense, climate-driven runoff late in Mars history," *Science Advances* 5.3 (2019). doi.org/10.1126/sciadv.aav7710

Lyons, Timothy W., et al. "The rise of oxygen in Earth's early ocean and atmosphere," *Nature* 506 (2014): 307–315. doi.org/10.1038/nature13068

O'Malley-James, Jack T., et al. "Swansong Biospheres: Refuges for Life and Novel Microbial Biospheres on Terrestrial Planets near the End of Their Habitable Lifetimes," *International Journal of Astrobiology* 12.2 (2012): 99–112. doi.org/10.1017/S147355041200047X

Valley, John W., et al. "Hadean age for a post-magma-ocean zircon confirmed by atom-probe tomography," *Nature Geoscience* 7 (2014): 219–223. doi.org/10.1038/ngeo2075

第1章

『水と人類の1万年史』ブライアン・フェイガン著、東郷えりか訳、河出書房新社、2012年

Hurst, H. E. "The Roda Nilometer." (Book Review of *Le Mikyas ou Nilometre de l'lle de Rodah, Par Kamel Osman Ghaleb Pasha.*) *Nature* 170 (1952): 132–133. doi.org/10.1038/170132a0

Morozova, Galina S. "A review of Holocene avulsions of the Tigris and Euphrates rivers and possible effects on the evolution of civilizations in lower Mesopotamia," *Geoarchaeology* 20.4 (2005): Wiley Online Library. doi.org/10.1002/gea.20057

Shaw, Ian, ed. *The Oxford History of Ancient Egypt* (New York: Oxford University

著者略歴――――
ローレンス・C・スミス *Laurence C. Smith*

ブラウン大学のジョン・アトウォーター・アンド・ダイアナ・ネルソン環境学教授、および地球・環境・惑星科学教授。初の著書『2050年の世界地図』（邦訳はNHK出版より刊行）は、ウォルター・P・キスラー図書賞を受賞し、2012年の『ネイチャー』誌エディターズピックにも選ばれた。ダボスの世界経済フォーラムでの招待基調講演をはじめ、講演活動も頻繁に行なっている。

訳者略歴――――
藤崎百合 ふじさき・ゆり

高知県生まれ。名古屋大学の理学系研究科にて博士課程単位取得退学。訳書に『砂と人類』『すごく科学的』『ハリウッド映画に学ぶ「死」の科学』（いずれも草思社）、『ウイルスVSヒト』（文響社、共訳）、『ディープラーニング革命』（ニュートンプレス）、『生体分子の統計力学入門』（共立出版、共訳）などがある。

川と人類の文明史

2023年2月27日　第1刷発行

著　者　ローレンス・C・スミス
訳　者　藤崎百合
装幀者　Malpu Design（清水良洋＋佐野佳子）
発行者　藤田　博
発行所　株式会社草思社
〒160-0022　東京都新宿区新宿1-10-1
電話　営業 03(4580)7676　編集 03(4580)7680

本文組版　有限会社マーリンクレイン
印刷所　中央精版印刷株式会社
製本所　加藤製本株式会社
翻訳協力　株式会社トランネット

ISBN978-4-7942-2638-9　Printed in Japan　検印省略

http://www.soshisha.com/